天　敵

―生態と利用技術―

独立行政法人 農業技術研究機構
中央農業総合研究センター
虫害防除部 生物防除研究室長
矢 野 栄 二 著

東　京
株式会社
養 賢 堂 発 行

まえがき

私は1980年代の前半にオンシツツヤコバチの利用技術の開発に関わることができ，それ以後現在にいたるまで，本書では放飼増強法と呼んでいる，いわゆる生物農薬としての天敵昆虫の利用に関する研究に携わってきた．わが国における天敵の放飼増強法は，施設園芸害虫に対する利用を中心として最近急速な展開を見せている．ポリネーターとしてのマルハナバチの普及とともに，天敵利用の普及が進められており，まだ施設園芸全体に占める割合は低いが放飼面積も着実に増加しつつある．

天敵利用の普及には，現場で天敵を利用したり，あるいは利用の指導を行う立場の人が，天敵の生物学的特性や天敵の効果に対する環境の影響を理解することが必要である．また，これまでのところ外国で商品化されている天敵の利用が主体であるが，わが国の風土に適応した在来天敵の利用の試みも盛んになっている．在来天敵の利用は，導入天敵の土着生物相への影響の回避という視点からも重要である．土着天敵の実用化には，大量増殖技術の開発，有望天敵の選抜，防除資材としての評価等に関する多くの研究の蓄積が必要である．最近，総合的害虫管理（IPM）への取り組みが本格化しているが，土着天敵の保護利用が重要な役割を占めるものと思われる．しかしながら，天敵利用技術の開発に携わる研究者や，現場で天敵の利用の普及に当たる関係者が参考にできる本はほとんど無い．

本書の主たるねらいは，これらのニーズに合わせて天敵に関する知見を網羅して解説することと，天敵利用技術の開発のための手法を説明することである．本書は8章から構成されている．1章では天敵の生態学的な基礎知識，重要なキーワードを説明した．2章は施設園芸害虫およびその天敵の生態，天敵の利用法およびその効果に影響する要因について，3章はチョウ目害虫の防除に広く利用される卵寄生蜂タマゴコバチ類（*Trichogramma*）の生態と利用について解説した．4章はこれらの放飼増強法において利用される天敵の利用技術の開発に関する総説である．5章および6章は天敵利用の別の側面である永続的利用および土着天敵の保護利用の考え方，手法，原理について説明した．最近の話題として，7章では天敵利用に関する新技術開発，8章では外来導入天敵の環境影響を取り上げた．情報化学物質の利用は天敵の行動制御により，天敵の育種は遺伝的改変により機能の向上をもたらす新技術として注目されている．導入天敵は対象害虫以外の土着の植食性昆虫や天敵を激減させるなどの悪影響が懸念されており，現在では国際的に問題となっている．なお天敵を利用する立場では1，2，3，6章が重要である．利用技術開発を試みる場合は4，7章も参考となる．

本書は天敵としてはカブリダニ類を含む天敵昆虫に限定して取り上げた．天敵としては微生物天敵も重要であるが，内容をしぼるねらいから割愛した．天敵利用技術は歴史も古く，内容も多様である．本書では私の専門に近い放飼増強法に力点を置きつつも，敢えてすべての天敵利用技術を網羅して単著とした．天敵利用全般についての自分なりの主張や考えを盛り込んで全体的な統一を持たせるためである．

本書の内容に誤りや不適切な記述が無いかを確認するため，広瀬義躬，鈴木芳人，永井一哉，下田武志，望月雅俊の各博士に原稿を読んでいただいた．厚くお礼申し上げる．本書で引用した写真は多くの方々からお借りした．写真の説明にお借りした方々のお名前は記してあるが，心からお礼申し上げる．他の引用した図表については，著者，学会，出版社に許可を得た．最後にこれまで私がこれまで研究を行うに当たりお世話になりご指導いただいた，故巖俊一博士，久野英二博士，桐谷圭治博士，広瀬義躬博士，釜野静也博士，腰原達雄博士をはじめ，多くの方々に厚くお礼申し上げる．

2003年2月

矢野栄二

目　　次

第1章　天敵利用の基礎

1．天敵利用の特徴と意義

天敵（natural enemy）は，寄生や捕食により他の生物から栄養を摂取して生活している．昆虫の天敵は他の昆虫を殺して栄養を摂取するのが普通であり，自然界における害虫の密度制御に重要な役割を果たしている．そのため，農薬により天敵を死滅させた場合に害虫の多発（誘導多発生またはリサージェンス）が引き起こされたり，天敵のいない環境に害虫が新たに侵入した場合，しばしば害虫の大発生が見られる（van Driesche and Bellows, 1996）．

天敵は，自然界の害虫制御要因の中では，人為的に制御し利用することが可能な要因でもある．天敵利用の根本理念は，自然界における天敵による制御の仕組みを積極的に利用しようとするものである．侵入害虫に対する外来天敵の導入は，害虫の原産地における天敵による自然制御の再構築がねらいであるし，天敵の大量放飼は，天敵が大量発生した状態を人為的に創出することがねらいになる．土着天敵の保護利用は，圃場に生息する天敵による害虫の制御能力を補強し利用するのが目的である．

天敵利用では，防除資材として生きた天敵そのものを利用する．そのため性フェロモンのように，天然由来ではあるが物質レベルまで還元して利用する資材に比べ，生物を扱うことによる技術的困難さをともなう．一方，農薬のような化学的防除資材に比べ，抵抗性の発達や薬害の心配はほとんどない（安松，1970）．また天敵昆虫の放飼は農薬散布よりはるかに省力的である．天敵利用の最も重要な側面は，総合的害虫管理（IPM）において，天敵の人為的放飼や土着天敵の保護利用がしばしば基幹技術となることである．天敵利用は大量生産，利用技術開発について研究面からの支援が欠かせない技術であるが，自然の仕組みを利用した害虫防除技術として今後も重要性は増すと思われる．

2．天敵の種類

天敵は，捕食者（predator），寄生者（parasite），病原微生物（pathogen）に分けられる（村上，1982）が，天敵昆虫（ダニを含む）はすべて捕食者か寄生者に属する．害虫防除のための天敵利用を生物的防除（biological control）と呼ぶ．

捕食性天敵昆虫は，他の昆虫を捕獲して餌として食べる生物で，直接咀嚼して食べるもの以外に，特殊な口器で害虫の体液を吸収して殺すタイプの吸汁性捕食者も多い．害虫防除では，大量増殖後人為的に放飼して利用される他，総合的害虫管理において土着害虫の抑圧のため土着捕食者の保護利用も図られる．害虫に対し抑圧効果のある捕食者は32科にもまたがるが，中でもハナカメムシ科 Anthocoridae，カメムシ科 Pentatomidae，サシガメ科 Reduviidae，オサムシ科 Carabidae，テントウムシ科 Coccinellidae，ハネカクシ科 Staphylinidae，クサカゲロウ科 Chrysopidae，タマバエ科 Cecidomyiidae，ショクガバエ科 Syrphidae，アリ科 Formicidae は重要である（van Driesche and Bellows，1996）．

クモ類はすべて捕食者で多食性であるが，生息場所に対して強い選好性を示す．土着害虫に対する抑圧効果は最近になり解明されつつある．重要な農業害虫であるハダニ類の主要な天敵はすべて捕食者であり，カブリダニ類，アザミウマ類，テントウムシ類などが捕食者として知られている．昆虫を摂食する脊椎動物の捕食者は多様であり，鳥，小型哺乳類，トカゲ，両生類，魚などがある．鳥類や哺乳類は，森林のような安定した環境で土着害虫の重要な死亡要因となっていると考えられている．

寄生者の攻撃の仕方はより多様である．脊椎動物の寄生者は，寄主から栄養を摂取するだけで寄主を殺すことは希であるが，寄生性天敵昆虫は，寄主の害虫を殺すのが特徴である．このような性質から捕食寄生者（parasitoid）と呼ばれる．生物的防除に利用される捕食寄生者は，ほとんど寄生蜂と寄生バエのどちらかに属する．捕食寄生者が寄生する際には，害虫の体内，体表や側に卵を1個または複数個産み付け，孵化した幼虫が寄主の体内か外部から寄主の体組織を摂食し，最終的には死に至らしめる．

捕食寄生者には，寄主の体内で寄生する内部捕食寄生者（endoparasitoid）と，体外から寄生する外部捕食寄生者（ectoparasitoid）とがあり，さらに攻撃する寄主の発育段階に応じて，卵捕食寄生者（egg parasitoid），幼虫捕食寄生者（larval parasitoid），蛹捕食寄生者（pupal parasitoid），成虫捕食寄生者（adult parasitoid）などに分類される．1頭の寄主に1頭の捕食寄生者しか寄生できない場合は単寄生性（solitary），複数寄生できる場合は多寄生性（gregarious）と呼ぶ．捕食寄生者の成虫が1頭の寄主に複数産卵した場合，一部またはすべての捕食寄生者が発育途中に死亡する現象が過寄生（superparasitism）である．捕食寄生者には，産卵する時に寄主の発育を停止させ，次世代個体が利用できる寄主の資源量が増加しない種類（idiobiont）と，幼虫寄生蜂の内部捕食寄生者などのように，産卵後天敵の幼虫が孵化した後も寄主が発育し続ける種類（koinobiont）とがある．捕食寄生者（一次捕食寄生者，primary parasitoid）に寄生する捕食寄生者を二次捕食寄生者（secondary parasitoid）と呼ぶ．一次寄生と二次寄生の両方を行う捕食寄生者が，随意的二次捕食寄生者（facultative secondary parasitoid）である．1個体の寄主に複数種の一次捕食寄生者が寄生することを，共寄生（multiple parasitism）と呼ぶ．捕食寄生者が産卵管で寄主を突き刺し，沁み出した寄主体液をなめる行動は，寄主体液摂取行動（host feeding）と呼ばれる．

害虫防除に利用されている捕食寄生者は26科にも及ぶが，特に寄生蜂の中で，コマユバチ科 Braconidae，ヒメバチ科 Ichneumonidae，ヒメコバチ科 Eulophidae，コガネコバチ科 Pteromalidae，トビコバチ科 Encyrtidae，ツヤコバチ科 Aphelinidae などは多くの種が利用されている．利用されている種数は多くないが，実用的にはタマゴコバチ科 Trichogrammatidae の寄生蜂も重要である．寄生バエの中ではヤドリバエ科 Tachinidae の種が多くの重要種を含んでいる（van Driesche and Bellows，1996）．

3．天敵の利用法

害虫を防除するための天敵利用法は大きく分けて3通りある．永続的利用，放飼増強法および保護利用である（van Driesche and Bellows, 1996；広瀬，1987）．

（1）永続的利用

外部から新しい天敵を導入して定着させ，永続的な防除効果を得ることをねらいとする方法であり，「伝統的生物的防除」（classical biological control）とも呼ばれる．最も歴史のある天敵利用法であり，最初の画期的成功例であるベダリアテントウによるイセリアカイガラムシの防除（図1.1）をはじめ，幾多の成功例を産みだしてきた．この方法では主に侵入害虫が防除対象となる．そのため侵入害虫の多い北米，オーストラリアのような新大陸でよく用いられてきた方法である．侵入害虫の原産地で有望天敵が探索され，放飼する国に輸送される．検疫や安全性に関する検査を経て，放飼・定着が図られる．

成功した場合，効果が永続的であるのが長所である．しかし主として果樹のような永年性作物を加害するカイガラムシ等の固着性の害虫に成功例が偏っており，一年生作物ではあまり成功していない．最近では，土着害虫の防

図1.1　イセリアカイガラムシ（白色）とベダリアテントウ（写真，古橋嘉一氏）

除を目的とした導入天敵の利用も試みられており，neoclassical biological control と呼ばれている．現在では用いられる天敵が，ほとんど寄主範囲の狭い少食性（oligophagous）の寄生蜂に限定されている．導入や検査に専門的な技術と知識を必要とするため，公立の研究機関や大学などが天敵の導入・放飼を行うことが多い．永続的利用は歴史的には侵入害虫対策としての意味が大きく，成功すれば労力やコストを余り掛けずに大きな経済的効果が得られる．しかし利用場面が限定されており，害虫防除の基幹技術にはなりにくい．

（2）放飼増強法

温室や畑作物，露地野菜の圃場で，土着天敵が存在しなかったり密度が低いために効果が期待できない場合，人為的に天敵を放飼して天敵の効果を増強する方法を放飼増強法（augmentation）と呼ぶ．この方法は，わが国では一般に生物農薬的利用と呼ばれ，大量放飼（inundative release）と接種的放飼（inoculative release）に分けられる．前者は放飼個体の捕食や寄生による直接の防除効果を期待して天敵を大量放飼する方法である．後者は少量の天敵を放飼して増殖させ，後代の防除効果を利用する方法である．いずれにしろ，常時天敵を室内で大量に生産して供給できる体制が必要となる．大量放飼に利用される天敵としては，畑作物，露地野菜のチョウ目害虫に対するタマゴコバチ類（*Trichogramma* 属の卵寄生蜂）（図 1.2）が代表的である．接種的放飼では，チリカブリダニやオンシツツヤコバチ等が施設園芸害虫の防除に利用されている．

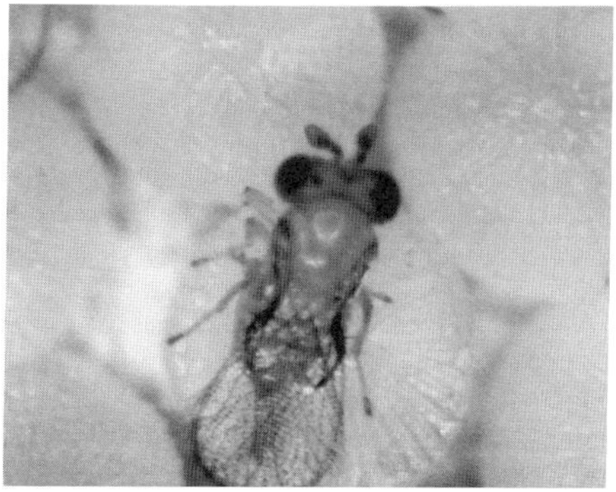

図 1.2　メアカタマゴバチ成虫（写真，鈴木芳人氏）

放飼増強法の長所は土着害虫，侵入害虫いずれも対象にできることであり，天敵も土着，導入天敵の両方が利用できる．短所は室内で累代飼育により大量増殖された天敵の能力低下の可能性と，生産コストがしばしば高くなることである．そのため，商品価値の高い施設栽培野菜などの作物に利用するか，安いコストで生産できる天敵の利用に限定される傾向が強い．放飼増強法では，天敵放飼の時期や密度が防除効果に大きく影響するのが技術的特徴である．技術的に習熟するのに時間がかかる反面，放飼技術のマニュアル化が可能である．

欧米では専門の天敵生産会社が天敵を生産し商品として販売している．旧ソ連や中国のように，国家事業として大規模な生産ラインにより大量に生産，供給するケースも多い． 放飼増強法は農薬と生産や利用の仕方が似ているが，1種の天敵で防除できる害虫の種類が限定される．

(3) 保護利用

農業生態系の中で，土着天敵は土着害虫の発生を抑圧する潜在能力があると考えられる場合が多い．土着天敵の保護利用（conservation）は，人間の活動による天敵への悪影響を抑え，天敵の生息場所としての農耕地の環境を整えることにより，土着天敵の効果を最大限利用しようとするものである．土着害虫には適用できるが，侵入害虫には適用し難い．

土着天敵に最も強く影響するのが化学合成殺虫剤，特に殺虫スペクトラムが広く，残効の長い殺虫剤である．耕起，作物栽培体系，圃場周辺の天敵生息場所の破壊も悪影響を与える．天敵の活動を助長する方法としては，天敵の隠れ場所を提供したり，代替寄主，餌を与えたり，条刈りなどで収穫時に天敵の保全を図る方法がある．殺虫剤の施用にしても，天敵に影響の少ない選択性殺虫剤を活用したり，全面施用するのではなく局部施用する方法，土壌への施用などの方法で天敵への影響を軽減することができる．

土着天敵の保護利用では，圃場において土着天敵が潜在的に有効に働いていることを確認する必要があり，天敵相の調査や天敵の効果の評価が行われる．効果が証明されれば土着天敵を活用した害虫管理体系が構築できる．わが国においても，茶のハダニ類に対する殺虫剤抵抗性ケナガカブリダニ（図1.3）の保護利用やナスのミナミキイロアザミウマに対するヒメハナカメムシ

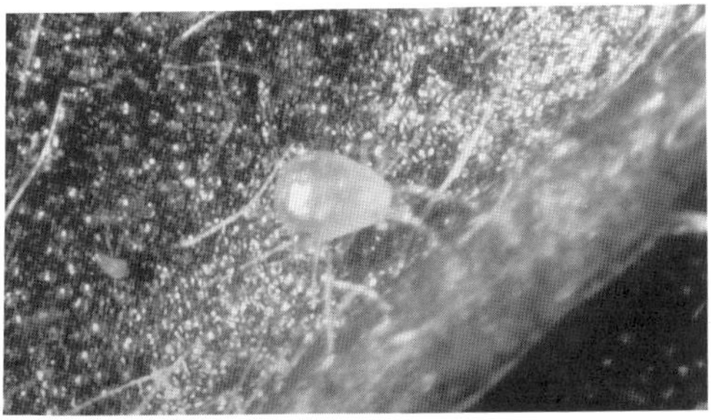

図 1.3　ケナガカブリダニ成虫（写真，望月雅俊氏）

類の保護利用の可能性が示されている．

この方法の短所は対象圃場に関する生物学的な情報が必要なことである．また場所や時期が異なると土着天敵を含む土着生物相が違うため，技術の普遍化に問題を残す．土着天敵の保護利用は，これらの問題点はあるものの総合的害虫管理の基幹技術となり得る技術である．

（4）　総合的害虫管理

総合的害虫管理（Integrated Pest Management または IPM）は総合防除とほぼ同義であり，農薬に対する過度の依存による農薬残留，薬剤抵抗性の発達，害虫のリサージェンスなどの問題に対処するため，それに代わる害虫防除の指針として提案された．その概念は FAO により「あらゆる適切な技術を相互に矛盾しない形で使用し，経済的被害を生じるレベル以下に害虫個体群を減少させ，かつ低いレベルに維持するための害虫個体群管理システム」として定義された（Smith and Reynolds, 1966）．経済的被害許容水準の概念と種々の技術を組み合わせることの重要性が強調されている．IPM は元来 1 種の主要害虫に対する概念であったが，普及するにつれ，ある作物に対するすべての害虫群集に対して害虫管理システムが必要であることが認識されるようになった．現在ではこのような意味での害虫管理システムを IPM と呼ぶことが多い．IPM においては防除手段の中で何を基幹技術にするかで，組み合わせの戦略が変わってくる．基幹技術の効果を最大にするように，他の防除手段を組み合わせたり，発生調査や栽培管理を行う．天敵の放飼や土着天敵の保護は IPM における基幹技術として重要である．

4. 天敵の生態

以下の記述において，天敵の中でも他種の昆虫を攻撃する天敵昆虫およびカブリダニ等の節足動物天敵に対象を限定する．また単に「天敵」という場合はこれらの天敵のグループを指すこととする．

(1) 天敵の生活史

a. 天敵の繁殖

天敵の中でも寄生蜂類は，半数二倍性（haplodiploidy）と呼ばれる特殊な遺伝様式により性決定を行う種が多い．卵が受精すると二倍体の雌になり，受精しないと半数体の雄になる．親雌は授精で産む卵の性を調節することができる．この繁殖様式では，普通性比は1:1にならず，一方の性に偏ることが多い．このように受精しない卵から雄が生じる現象を産雄単性生殖（arrhenotoky）と呼ぶ．一方受精しないと雌のみが生じる現象，雌雄両方が生じる現象を，それぞれ産雌単性生殖（thelytoky），産雌雄単性生殖（deuterotoky）という．産雌単性生殖の原因として，種間交雑や共生微生物の影響が知られている．特に後者については細胞内リケッチア *Wolbachia* が重要であり，タマゴコバチ類やオンシツツヤコバチの産雌単性生殖の原因となっている．

多寄生性の寄生蜂は一度にたくさんの卵を同じ寄主に産むが，少数の親から産まれた次世代の成虫間で近親交配を行うと，兄弟間で雌をめぐって局所的配偶者競争（local mate competition）が起こる．この場合かなり雌に偏った性比になる．ほとんどの捕食性天敵と寄生バエは通常の両性生殖を行い，繁殖には交尾が必須である．カブリダニ類は寄生蜂のように半数二倍性であるが，産卵には受精を必要とする繁殖様式が基本であり，偽産雄単性生殖（pseudo-arrhenotoky）と呼ばれる．

b. 産卵と寿命

昆虫が産卵するには，まず体内で蔵卵しなければならないが，羽化時にすでに十分蔵卵している斉一成熟性（proovigenic）の種と，蔵卵には羽化後の栄養摂取が必要な逐次成熟性（synovigenic）の種がある．多くの寄生性天敵，一部のクサカゲロウ類やヒラタアブ類の成虫は，花蜜，甘露，花粉などを摂取して生存する．寄主体液摂取行動を示す寄生蜂の中には，蔵卵に寄主体液摂取が必須の種と，そうでない種が存在する．一般に成虫の餌として，花蜜のように糖が主成分の餌は成虫の寿命を引き伸ばし，昆虫のように蛋白の多い餌は蔵卵に利用される．

大部分の捕食性天敵は，多食性（polyphagous）で複数の科にまたがる種の昆虫を餌として利用しているが，餌の種類により成虫の産卵数や寿命は異なる．非生物的環境要因としては温度，湿度，日長，日周性が産卵や寿命に影響する．温度は極めて影響が大きく，産卵には最適な温度が存在し，寿命は温度が低いほど長くなる．天敵の成虫の生存には特定の湿度の保持が必要である．日長は成虫が生殖休眠（reproductive diapause）する天敵では非常に重要な要因であり，臨界日長以下の短日で休眠に入った天敵の成虫は産卵しない．

c. 発育と死亡

卵・幼虫期の発育や死亡についても，餌の量や質は大きな制限要因である．特に捕食寄生者は，発育にせいぜい1頭の寄主しか利用できないことが多い．そのため幼虫期の発育，生存は寄主の体サイズに強く影響される．多寄生性の捕食寄生者では，1頭の寄主に対する寄生個体数が多くなると羽化する成虫は小型になる．単寄生性の捕食寄生者が過寄生した場合は，その程度に応じて死亡率は高くなる．

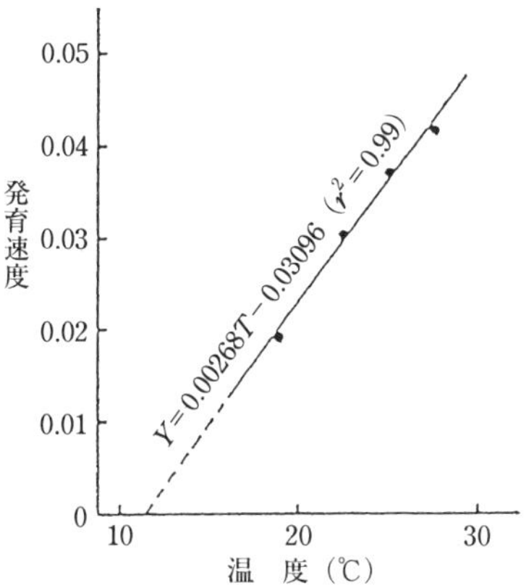

図 1.4　ヤノネツヤコバチ *Coccobius fulvus* の温度（T）と卵・幼虫期の発育速度（Y）の関係（緒方，1987）

内部捕食寄生者の卵・幼虫は寄主の免疫反応により死亡することがある．免疫反応としては，捕食寄生者の卵や幼虫が寄主の体液から形成された膜に包まれる反応（被包化，encapsulation）が重要である．多食性の捕食者は，餌の種類が発育日数や生存率に強く影響する．好適な餌ほど発育が速やかで，生存率も高くなる．

非生物学的環境要因としては，温度が極めて重要である．経験的に発育速度（発育日数の逆数）が，温度とほぼ直線的な関係をもつことが知られている（積算温度法則，図1.4）．温度を T，その温度におけるあるステージの発育完了に要する日数を D とすると，

$$D\,(T - T_0) = K$$

という関係が成り立つ．T_0 を発育零点（developmental zero），K を有効積算温度定数（thermal constant）と呼ぶ（例えば Jervis and Kidd，1996）．

d. 休　眠

テントウムシ類，クサカゲロウ類，ヒメハナカメムシ類，カブリダニ類等の多くの捕食性天敵や一部の寄生蜂は，成虫期に生殖休眠を示し，一定の条件下で産卵しなくなる．休眠を誘起する条件としては短日条件が最も一般的で（図1.5），温度，湿度や餌条件も影響する場合がある．内部寄生性の寄生蜂で休眠する種があるが，休眠の誘起が寄主昆虫の生理的条件に強く影響される．

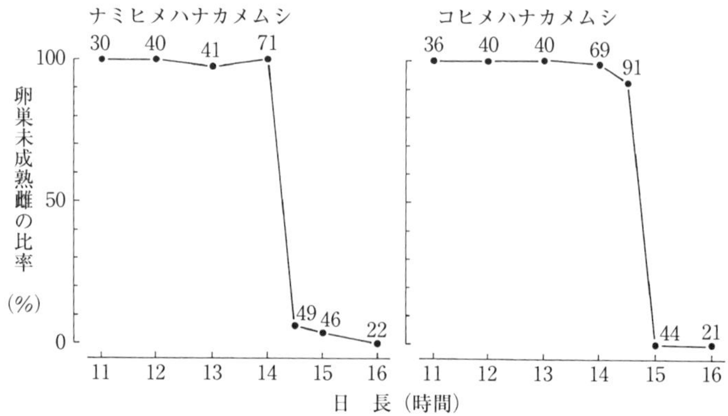

図1.5　ヒメハナカメムシ2種の卵巣成熟と日長の関係（Ito and Nakata，1998）
卵巣未成熟雌は休眠雌と思われる．図中の数字は供試雌数．

e. 増殖能力の指標

生物の集団としての増殖能力の指標には，内的自然増加率（intrinsic rate of natural increase）r_m がよく使われる．生まれてから齢 x までの雌の生存率を l_x，繁殖年齢に達してからの齢 x に産む雌の子供または卵の数を m_x とする．x に関する l_x，m_x の関数をそれぞれ，生存曲線，産仔（産卵）曲線という（図 1.6）．1 世代の長さ T，および 1 世代の増殖率（純増殖率）R_0 は，

$$T = \frac{\sum_x x l_x m_x}{\sum_x l_x m_x}$$

$$R_0 = \sum_x l_x m_x$$

となる．内的自然増加率 r_m は，

$$\sum_{x=0}^{M} l_x m_x e^{-r_m x} = 1$$

を解いて得られる．M は生きて子供または卵を産める最高齢である．昆虫では普通 x は 1 日単位である．なお内的自然増加率は雌だけの増殖を扱っている．内的自然増加率は，l_x，m_x のスケジュールに従って生物が指数関数的に増殖した場合の指数関数の係数になる．したがって，$\exp(r_m)$ が，集団の日当たりの増殖倍率になる（伊藤ら，1992）．

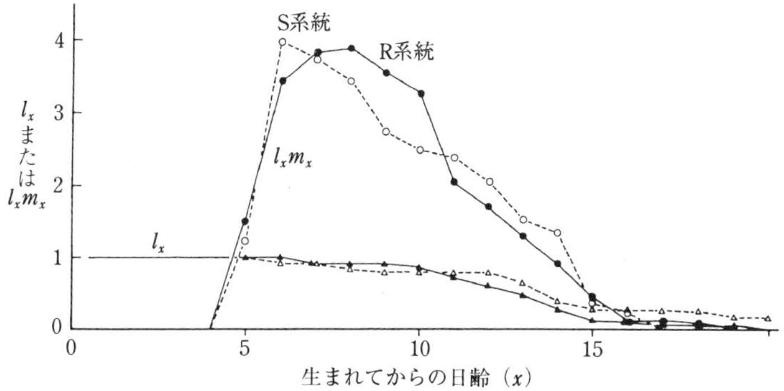

図 1.6　ケナガカブリダニの薬剤抵抗性系統（R 系統）と感受性系統（S 系統）の日齢（x）に関する生存曲線 l_x および l_x と産卵曲線 m_x の積　$l_x m_x$（浜村，1986）

（2） 天敵の寄主発見

捕食寄生者の寄主への産卵に至るまでの行動は，寄主生息場所の発見，寄主の発見，寄主の容認，寄主の適合性および寄主の制御の5段階に分けられる（図1.7）．捕食者の場合も，寄主の制御を除き捕食寄生者と同様の過程が働いている．これらの行動に関連する因子として，産卵前期間，日周性，交尾などの内的因子および温度，湿度，光などの物理的環境，寄主（または餌動物），植物由来の因子，花蜜，甘露等，成虫の餌由来の因子などの外的因子がある．外的因子としては，音，形，光などの物理的刺激よりは，化学的刺激が決定的役割を果たしている．

化学的刺激としては，寄主（または餌動物）の生息場所発見の手がかりとなる植物由来の物質と，寄主（または餌動物）由来でその発見に利用される物質が重要である．一般に，それ自体の機能はないが，生物が受容して機能

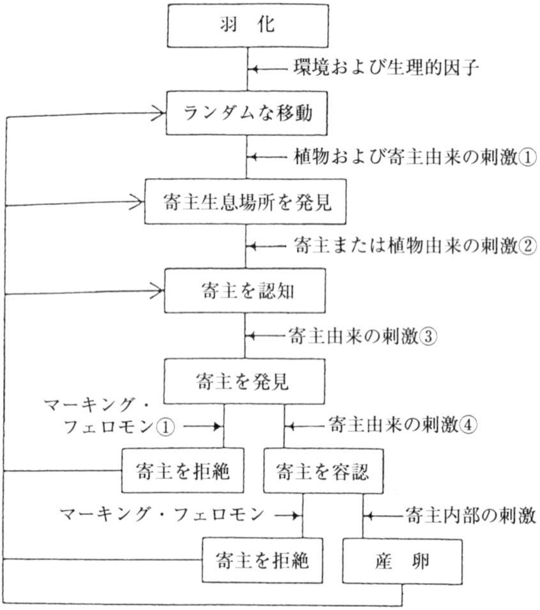

図1.7　寄生性昆虫の寄主発見・産卵行動パターン（戒能，1987）

を発揮する物質は，情報化学物質（infochemical）と呼ばれる．異種間に作用する情報化学物質で，受信する種にのみ有利で発信する種には有利でない物質をカイロモン（kairomone），逆に発信する種のみに有利な物質をシノモン（synomone）という．したがって，天敵が寄主（または餌動物）発見に利用する化学物質で植物由来の物質がシノモン，寄主（または餌動物）由来の物質がカイロモンの１種と考えられる．これらの化学的刺激は，天敵の触角，産卵管，脚部などで受容される．寄主（または餌動物）の生息場所の発見には，遠距離からの定位が必要なため揮発性物質が利用されている．天敵に利用されている植物由来の物質は，おおよそ揮発性物質である．寄主（または餌動物）が植物を摂食したときに出る匂い物質（herbivore induced plant volatile または HIPV）に天敵が誘引されたり，寄主（または餌動物）による食害痕に天敵の探索行動が刺激される．

寄主由来の揮発性物質として，寄主成虫の放出している性フェロモン（pheromone）や集合フェロモンを，カイロモンとして卵寄生蜂などが利用している例は多い．一方，近距離からの寄主発見や寄主の容認には，揮発性の低い寄主由来のカイロモンが利用される．卵寄生蜂が利用するカイロモンは，卵の表面や体液など寄主そのものに存在する場合と成虫の鱗粉に含まれる場合とがある．幼虫期の寄主に寄生する場合，カイロモンの由来は寄主幼虫の体表，幼虫の大腮腺分泌物，絹糸，唾液，脱皮殻，糞，甘露等様々である．

天敵のこのような化学的刺激に対する反応は，必ずしも生まれつき固定されたものではなく，天敵の種によっては寄主や餌動物と結びつきの強い刺激を学習する能力があり（連合学習，associative learning），天敵の化学的刺激に対する反応は可塑的である．経験による刺激に対する一般的な反応性の向上も学習の１種であり，プライミング（priming）と呼ばれる．一方，幼虫期に利用した寄主または餌に対して，成虫になってからも選好性を示すという現象がよく見られるが，幼虫期における学習とも考えられる（ホプキンスの寄主選好法則）．

(3) 密度に対する天敵の反応

a. 寄主または餌密度に対する反応の定量化

天敵が寄主（または餌動物）を探索した結果，発見し攻撃することになるが，応用上は天敵の攻撃能力の指標が重要となる．1頭の天敵に異なる密度の寄主（または餌動物）を与えた場合，一定時間に寄生（または捕食）する寄主（または餌）密度の変化を，与えた寄主（または餌）密度に対して示したものを機能の反応（functional response）と呼ぶ．これは最大寄生・捕食能力だけではなく，低密度における寄主（または餌動物）の発見能力も包含した反応である．機能の反応は一般には上限値を持つが，上限まで直線的に増加す

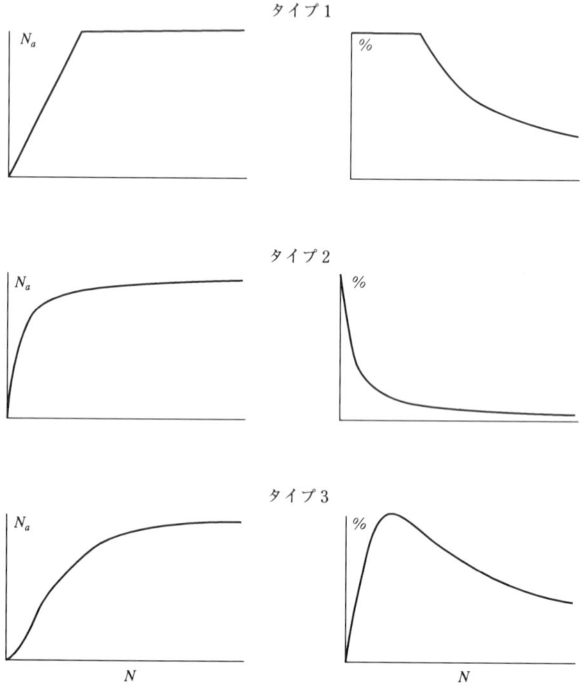

図1.8　機能の反応の3タイプ Holling (1965)．N は餌または寄主密度，N_a は食われた餌個体数または寄生された寄主個体数，%は捕食率または寄生率を示す．

る1型，飽和型曲線となる2型，S字型曲線となる3型にタイプ分けされる(図1.8)．一方，寄主(または餌)の密度の変化に対して，天敵が移動や増殖により密度を変化させる反応を数の反応(numerical response)と呼ぶ．

b. 天敵昆虫間の行動反応

機能の反応は，天敵1頭当たりの反応であるが，天敵の集団レベルの反応を扱う場合は，種内，種間の天敵個体間の行動反応が問題となる．同種の天敵個体間の行動干渉により，天敵の寄主発見能力が低下することを相互干渉(mutual interference)と言う．捕食寄生者の場合は間接的干渉として，他の個体に寄生された寄主への寄生を避ける既寄生寄主回避行動がしばしば見られる．捕食者では種内の個体間捕食は，共食い(cannibalism)行動として知られている．種間の捕食で重要なのは，同じ寄主(または餌動物)をもつ天敵間の捕食である．このような天敵種の集まりをギルドと呼ぶため，ギルド内捕食(intraguild predation)と言われており，生物的防除で複数種の天敵が存在する場合に問題となる現象である．

c. 寄主(または餌動物)と天敵昆虫の集団レベルの相互作用と生物的防除

主として侵入害虫を対象として原産地からの天敵の導入・定着を図る永続

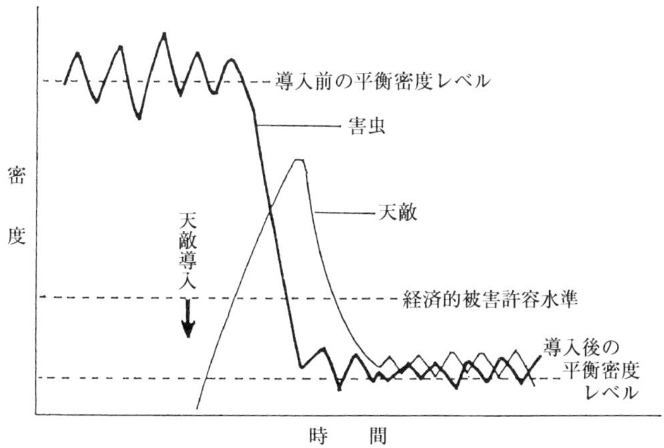

図1.9　導入天敵の永続的利用が完全に成功した場合の模式図(広瀬，1987)

的利用においては，害虫の永続的な抑圧が目標となる．この場合，天敵導入以前より害虫の密度を低下させ，かつそれを安定的に維持することになる(図1.9)．天敵の高い寄主発見能力や害虫の低い増殖能力は害虫の密度を低下させる．害虫密度を安定化させるためには，害虫の種内競争，天敵による密度依存的死亡，天敵の相互干渉，害虫の集団の一部が何らかの空間的もしくは時間的要因で，天敵の攻撃から免れるなどの要因が重要である．放飼増強法においては，長期の害虫の抑圧は重要ではないので，安定化よりは密度抑圧効果が重視される．また天敵を人為的に放飼するため放飼時期や密度が密度抑圧効果に影響する．

ボックス1.1 密度の安定性と密度依存性による密度調節

生物的防除は天敵による害虫の密度抑圧と調節をねらいとしている．密度抑圧については，天敵が害虫を発見して殺す能力が高いことや，すみやかな増殖能力が重要で，探索能力や増殖能力が重視される．密度調節の概念はやや複雑である．

ある短い期間Δtの間の密度Nの変化をΔNとすると

$$\Delta N = B + I - D - E$$

と表現できる．ここでBおよびIはそれぞれ出生および移入による密度増加，DおよびEはそれぞれ死亡および移出による密度減少を示す．密度の変化は出生，死亡，移動の過程のバランスで決定されていることがわかる．ここで密度に比例した密度変化を考えると，

$$\frac{\Delta N}{\Delta t} = r'N$$

となり(r'は定数)，さらに$\Delta t \to 0$とすると，

$$\frac{dN}{dt} = rN$$

が得られる．これを解くと

$$N = N_0 e^{rt}$$

となる．これはN_0を初期値とする指数関数的な密度変化の式であり，瞬間変化率rが正で指数関数的増殖(次頁図)，負で指数関数的減少を示す．指数関数的密度

増加に密度の上限 **K** を設けたのがロジスチック増殖であり，微分方程式では

$$\frac{dN}{dt}=r\left[1-\frac{N}{K}\right]N$$

で表されるが，実際の曲線の形は右図のような S 字型曲線となる．

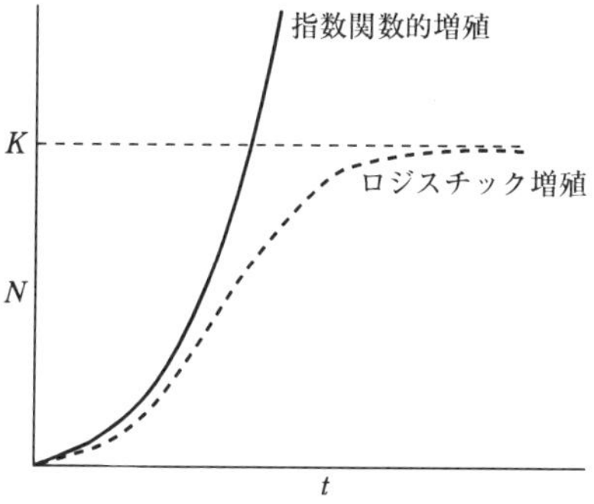

ロジスチック増殖における瞬間増殖率 **dN/dt** と **N** の関係は下図で表される．**dN/dt** が 0 となる点

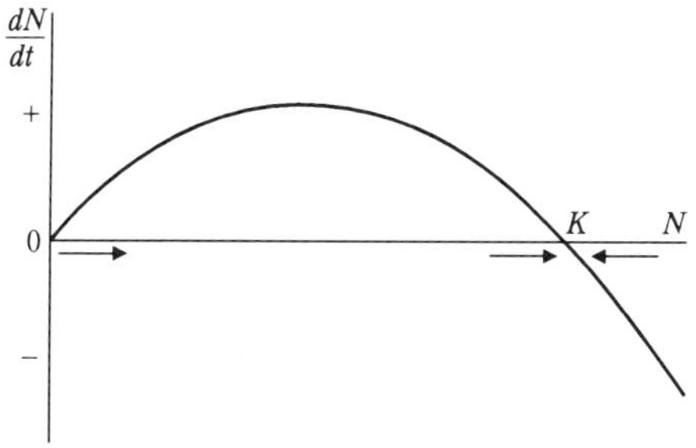

は増殖率が 0 となり，平衡密度と呼ばれる．ロジスチック増殖は 0 と **K** の 2 個の平衡密度をもつが，**K** はその近くの密度から収束する平衡密度であるのに対し，0 は少しでも離れると 0 には戻らない性質を持つ．この **K** のような平衡密度をもつ系を安定であるという．安定な平衡密度が存在するためには，平衡密度を超えたときに平衡密度に戻すような負のフィードバック機構が必要である．このような機構の存在の説明として密度依存的死亡が重視される．密度依存的死亡を促す要因は，密度が高くなると死亡率が高くなるような死亡要因のことであり，例えば天敵のタイプ 3 の機能の反応は，寄主（または餌動物）密度が低い場合，密度依存的死亡を引き起こす．

引用文献

浜村徹三（1986）薬剤抵抗性ケナガカブリダニによる茶園のカンザワハダニの生物的防除に関する研究. 茶試報 21，121-201.

広瀬義躬 (1987) 第2章天敵昆虫の利用，第2節導入天敵の永続的利用技術. 岡田斉夫・坂斉・玉木佳男・本吉總男編，バイオ農薬・生育調節剤開発利用マニュアル. エルアイシー，東京，130-142.

Holling, C.S. (1965) The functional response of predators to prey density and its role in mimicry and population regulation. Mem. Entomol. Soc. Can. 45, 43-60.

Ito, K. and T. Nakata (1998) Effect of photoperiod on reproductive diapause in the predatory bugs, *Orius sauteri* (Poppius) and *O. minutus* (Linnaeus) (Heteroptera : Anthocoridae).Appl. Entomol. Zool. 33, 115-120.

伊藤嘉昭・山村則男・嶋田正和 (1992) 動物生態学. 蒼樹書房，東京，507pp.

Jervis, M. and N. Kidd (1996) Insect Natural Enemies. Chapman & Hall, London, 491pp.

戒能洋一 (1987) 第3章生理活性物質の利用，第4節大量生産と放飼技術，第4節天敵昆虫の行動制御物質. 岡田斉夫・坂斉・玉木佳男・本吉總男編，バイオ農薬・生育調節剤開発利用マニュアル. エルアイシー，東京，254-277.

村上陽三 (1982) 害虫の天敵. ニューサイエンス社，東京，88pp.

緒方健 (1987) ヤノネカイガラムシの導入寄生蜂ヤノネツヤコバチの発育に及ぼす温度の影響. 応動昆 31，168-169.

Smith, R.F. and H.T. Reynolds (1966) Principles, definitions and scope of integrated pest control. Proc. FAO Symposium on Integrated Pest Control 1, 11-17.

Van Driesche, R.G. and T.S. Bellows, Jr (1996) Biological Control. Chapman & Hall, New York, 539pp.

安松京三 (1970) 天敵—生物的防除へのアプローチ. 日本放送協会，東京，204pp.

第2章　施設園芸における天敵利用の基礎知識

1．施設園芸における天敵利用の歴史

現在利用されている天敵のうち，オンシツツヤコバチの利用の歴史が最も古く，1920年代にイギリスでオンシツコナジラミに対する寄生が確認された．以後イギリスで大量生産されるようになり，他のヨーロッパ諸国やオーストラリア，カナダなどに輸出された．戦後の有機合成殺虫剤の登場にともない，オンシツツヤコバチの利用は中断した．その後，温室作物を加害するナミハダニで薬剤抵抗性の発達が問題となり，代替技術の開発が必要となった．1958年に記載されたチリカブリダニは，ナミハダニに高い防除効果を示すことが確認されたので，1968年にイギリスで温室栽培のキュウリのナミハダニに対して初めて小規模防除試験が行われた．その後イギリスでチリカブリダニの利用技術が開発されたが，オンシツコナジラミが多発するようになった．そこでオンシツツヤコバチの利用が見直され，天敵を周期的に放飼するドリブル法など現在の放飼技術が開発された．また温室を利用したチリカブリダニとオンシツツヤコバチの大量増殖技術が開発された結果，天敵の商業生産も開始された．イギリスでは温室作物研究所や普及機関，オランダでは温室作物試験場やワーゲニンゲン農科大学などが基礎，応用両面から天敵利用のための研究を発展させた．

ナミハダニとオンシツコナジラミが天敵で防除されても，他の主要害虫であるアブラムシ類，アザミウマ類，ハモグリバエ類などの防除対策との調和が問題となる．1970年代はチリカブリダニおよびオンシツツヤコバチの利用と選択性殺虫剤の併用で対応していたが，1980年代に入って，これらの害虫に対しても次々と天敵が利用できるようになった．この頃から西ヨーロッパに，マメハモグリバエ，ミカンキイロアザミウマ，シルバーリーフコナジラミなど，既存の天敵中心の防除体系をおびやかしかねない主要害虫が海外から侵入したが，これら侵入害虫の対応も可能な天敵利用技術およびIPM

体系が開発された．現在，アブラムシ類にはアブラバチ類とショクガタマバエ，アザミウマ類にはヒメハナカメムシ類とカブリダニ類，ハモグリバエ類にはヒメコバチ類とコマユバチ類が利用されている．これらの天敵の利用は選択性殺虫剤の利用と必要に応じて組み合わされ，作物別に体系化されている．最近は天敵に比較的悪影響の少ないIGR系の薬剤が利用できるようになりつつあり，天敵との併用が可能な薬剤が増えている（van Lenteren, 1995).

わが国においては，1966年にチリカブリダニが導入され，1960年代末から1970年代前半にかけて，大学や多くの国公立試験研究機関が参加して，生活史，捕食能力などに関する基礎研究から，大量増殖，貯蔵，農薬の影響評価，種々の作物における防除効果判定試験等の応用研究に至るまで広範な研究が行われた（森・真梶，1977)．オンシツツヤコバチについては，1980年代に，生活史，寄主－捕食寄生者系の動態機構，大量増殖，放飼試験，密度調査手法，シミュレーションによる天敵利用戦略などの研究が行われた（矢野，1988).

わが国にも西ヨーロッパと同様に，1970年代にオンシツコナジラミとミナミキイロアザミウマ，1990年前後にシルバーリーフコナジラミ，ミカンキイロアザミウマ，マメハモグリバエと次々に海外から害虫が侵入し，施設園芸の主要害虫となった．その対策として農薬のスクリーニングと平行して，シルバーリーフコナジラミに対するオンシツツヤコバチおよびサバクツヤコバチ，ミカンキイロアザミウマに対するヒメハナカメムシ類やククメリスカブリダニ，マメハモグリバエに対するイサエアヒメコバチなど導入・土着天敵の放飼による防除試験も試みられた．施設園芸における天敵利用の普及には，商品化された天敵の販売が重要なポイントであるが，そのために，わが国では天敵の農薬としての登録が必要である．この登録手続きのため天敵の商品化が遅れたが，1995年のチリカブリダニとオンシツツヤコバチの登録を皮切りに次々と農薬登録がされるようになり，2001年現在10種の天敵が利用できるようになった（表2.1)．その結果，天敵と選択性殺虫剤を組み合わせた体系化も可能となり，天敵の放飼面積は徐々に増加しつつある．

表 2.1　わが国の施設園芸で農薬登録のある節足動物天敵
(2001 年 7 月現在，日本植物防疫協会資料より作成)

天敵和名	天敵学名	対象害虫	対象作物	最初の登録
チリカブリダニ	*Phytoseiulus persimilis*	ハダニ類	イチゴ，シソ，ナス，キュウリ，ブドウ，スイカ，ピーマン　インゲンマメ	1995年3月10日
オンシツツヤコバチ	*Encarsia formosa*	オンシツコナジラミ	キュウリ，トマト	1995年3月10日
		タバココナジラミ	トマト	1998年5月24日
		コナジラミ類	メロン，ナス	2000年8月29日
イサエアヒメコバチ・ハモグリコマユバチ混合剤	*Diglyphus isaea*+ *Dacnusa sibirica*	マメハモグリバエ	トマト，ナス	1997年12月24日
イサエアヒメコバチ	*Diglyphus isaea*	マメハモグリバエ	トマト	1999年3月25日
ハモグリコマユバチ	*Dacnusa sibirica*	マメハモグリバエ	トマト	1999年3月25日
ククメリスカブリダニ	*Amblyseius cucumeris*	ミナミキイロアザミウマ	キュウリ，ナス，ピーマン，メロン	1998年4月6日
		ミカンキイロアザミウマ	ピーマン，イチゴ	1998年4月6日
コレマンアブラバチ	*Aphidius colemani*	アブラムシ類	キュウリ，イチゴ，スイカ，メロン，ナス，ピーマン	1998年4月6日
ショクガタマバエ	*Aphidoletes aphidimyza*	アブラムシ類	キュウリ，メロン，イチゴ	1998年4月6日
ナミヒメハナカメムシ	*Orius sauteri*	ミナミキイロアザミウマ	ピーマン，キュウリ，ナス	1998年7月29日
		ミカンキイロアザミウマ	ピーマン，ナス	1998年7月29日
タイリクヒメハナカメムシ	*Orius strigicollis*	ミナミキイロアザミウマ	ピーマン	2001年1月30日
		ミカンキイロアザミウマ	ピーマン	2001年1月30日
		ヒラズハナアザミウマ	ピーマン	2001年1月30日
		ミナミキイロアザミウマ	ナス	2001年6月22日
ヤマトクサカゲロウ	*Chrysoperla carnea*	ワタアブラムシ	イチゴ，ナス	2001年3月14日
		アブラムシ類	ピーマン	2001年3月14日

2．施設園芸における天敵の生態と利用法

(1) コナジラミ類の天敵

a. コナジラミ類の生態と被害

オンシツコナジラミ *Trialeurodes vaporariorum* (Westwood) は，北米原産で現在は世界中に広く分布する．84 科 249 属の植物種が寄主植物としてあげられており，極めて多食性である．施設栽培果菜類，特にトマト，キュウリ，ナス，スイカなどの主要害虫である．わが国には 1974 年に侵入した外来害虫である．

白いワックス状の粉に覆われた翅をもつ体長約1.5 mmの雌成虫は葉裏に紡錘形の卵を産み付ける．孵化した1齢幼虫はしばらく周囲を徘徊するが，すぐ固着生活に入り，以後羽化するまで4齢を経過する．4齢後半の体の厚みを増した幼虫はしばしば蛹と呼ばれる．成虫は羽化後2〜3日以内に交尾する．交尾しない場合は雄卵のみを産み，交尾した場合は雌卵か雄卵を産む．成虫は羽化後，上位の新葉に移動して産卵する．成虫は黄色〜黄緑色に誘引される．オンシツコナジラミによる被害は，直接の吸汁害より，排泄した甘露を栄養源とするスス病の蔓延が問題である．植物の光合成や呼吸を阻害し，汚染果は商品価値が低下する（Vet, *et al.*, 1980）．ウィルス病の媒介虫としては，それほど重要ではない．

シルバーリーフコナジラミ *Bemisia argentifolii* Bellows & Perring は，1986年にフロリダのポインセチアで発見され，その後ポインセチアの流通にともなって世界中に広がった（Brown *et al.*, 1995）．わが国では1989年に，愛知県においてポインセチアで初発生が確認された．

シルバーリーフコナジラミは，米国の在来型のタバココナジラミ *B. tabaci* (Gennadius) と形態的に区別できないが，寄主植物が異なる．タバココナジラミはサツマイモ，マメ類，ワタなどの害虫であるのに対し，シルバーリーフコナジラミはそれらに加えてキャベツ，カリフラワー，メロン，カボチャ，トマトなどの野菜類を寄主として利用でき，施設栽培の主要害虫となった．また両種間で有効な交尾はできない（Perring *et al.*, 1993）．ただし，シルバーリーフコナジラミをタバココナジラミと別種とするかどうかについては，米国でも結論は出ておらず，タバココナジラミのB系統という呼び方もされる（Brown *et al.*, 1995）．

成幼虫ともオンシツコナジラミに類似するが，4齢幼虫期にオンシツコナジラミに比べ，体がより扁平で体色が黄色くワックスの刺毛がないのが特徴である．成幼虫ともオンシツコナジラミよりやや小さい．生活史や成虫の習性はオンシツコナジラミと類似しているが，飛翔能力はより高い．オンシツコナジラミと同様にスス病の蔓延による汚染を引き起こす他，TYLCV等によるウイルス病の媒介者として重要である．またトマトの着色異常やカボチ雄は雌よりやや大きい．単性生殖でのみ繁殖し，雄は繁殖に関与しない．本種の産雌単性生殖は，雌の体内に共生している *Wolbachia* 属のリケッチアによって引き起こされていることが最近確認された（Zchori - Fein *et al*., 1992）．オンシツツヤコバチは温室内で放飼されてから，ランダム飛翔して葉上に降りる．昼間に飛翔するが，その活動性は温度に依存する．13℃でも飛翔可能で，18℃では 90 分間に 5 m 飛翔した（van der Laan *et al*., 1982）．

雌成虫は葉上でランダムに歩いてコナジラミ幼虫を探索する（van Lenteren *et al*., 1976 a）．寄主の発見には，これまでいかなる視覚刺激や嗅覚刺激の関与も証明されていない．しかし葉上でコナジラミの甘露，脱皮殻，コナジラミ幼虫との遭遇を経験すると滞在時間が長くなる（van Roermund and van Lenteren, 1995 b）．雌成虫は最も好適な寄主であるオンシツコナジラミのすべての齢期に寄生が可能であるが，特に 3 齢および 4 齢初期幼虫に好んで寄生する（Nell *et al*., 1976）．また，すでに寄生された幼虫への寄生を回避する傾向がある（van Lenteren *et al*., 1976 b）．成虫はコナジラミ幼虫の排泄する甘露を摂食するが，産卵管でコナジラミ幼虫を殺して，寄主体液摂取行動によっても栄養を摂取する．この行動は特にコナジラミの若齢幼虫に対して多く見られる（Nell *et al*., 1976）．

雌成虫は羽化時に蔵卵していないが，蔵卵には寄主体液摂取は必ずしも必要ではなく，オンシツコナジラミの甘露などからも栄養を摂取している．成虫の寿命や産卵数は温度や湿度などの環境条件に強く影響される．生涯産卵数は 25℃では約 400 個にも達する（van Roermund and van Lenteren, 1992）．オンシツツヤコバチの卵は寄主の体内で孵化後，3 齢を経過して蛹となるが，その際，寄生された寄主の外観が黒変する（寄生により黒変した寄主幼虫はマミーと呼ばれる）．23℃では産卵されてから黒変するまで約 10 日，その後，新成虫が羽化するまでさらに約 10 日を要する．

トマトのオンシツコナジラミの防除にオンシツツヤコバチを利用する場合，厚紙の上に前述のマミーを張り付けたカードをトマト株の下位葉の葉柄に吊り下げる．1 株当たり 2 頭の放飼密度で，1 週間間隔で 4，5 回程度繰り返して放飼する（石井，1999）．コナジラミの発生が確認されたらできるだャの葉などの白化を引き起こす(松井, 1992). なおコナジラミ類の生態や防除に関しては, 林(1994)やGerling(1990)がある.

b. オンシツツヤコバチ

オンシツツヤコバチ *Encarsia formosa* Gahan(図2.1)は世界で約5,000 haの温室で放飼されている(van Lenteren, 1995). わが国でも施設栽培トマトのオンシツコナジラミを対象に農薬登録され, 天敵を利用したトマト害虫のIPMの基幹技術として期待されている. 本種の総説としては, 矢野(1979), Vet *et al.* (1980) および Hoddle *et al.* (1998 a) がある.

オンシツツヤコバチは北米原産のツヤコバチ科の単寄生性内部寄生蜂である. 寄主はコナジラミ類に限られ, これまで14種が確認されている(Hoddle *et al.*, 1998 a). オンシツツヤコバチは一次寄生しかしないが, 他種の寄生蜂, 特に *Encarsia* 属の寄生蜂に二次寄生されることが知られており, わが国でもヨコスジツヤコバチ *Encarsia transvena* (Timberlake)やニホンツヤコバチ *Encarsia japonica* Viggiani に野外で二次寄生を受ける(Kajita, 1999)(図2.2).

図2.1　オンシツツヤコバチ雌成虫(写真, アリスタ　ライフサイエンス社)

雌成虫は体長が約0.6 mmで

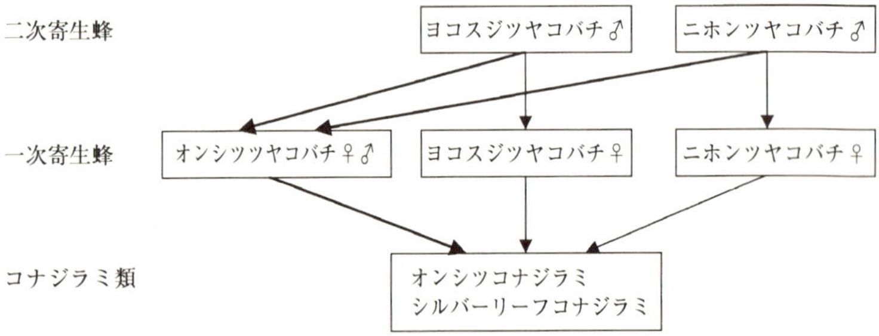

図2.2　コナジラミ類－一次寄生蜂－高次寄生蜂間の寄生関係(Kajita, 1999を一部改変, 太田, 2001)

矢印の方向, 太さは寄生の方向, 相対的な強度を示す.

け速やかに放飼することが確実な防除には重要である．コナジラミの発生確認後に放飼していたのでは失敗する可能性もあるので，発生が確認できない時点から放飼する方法も推奨されている (van Lenteren and Martin, 1999). コナジラミ成虫の発生調査には黄色粘着トラップがよく利用される．

現在の放飼方法はイギリスで開発されたドリブル法と呼ばれる方法に基づいている (Parr *et al.*, 1976). これ以外にもコナジラミをあらかじめ放飼しておいてから寄生蜂を放飼するまき餌法，コナジラミとオンシツツヤコバチのマミーの着生した植物を持ち込むバンカー植物法なども同時に考案されたが，いずれもコナジラミの人為的放飼が農家に好まれず普及しなかった (Hoddle *et al.*, 1998 a ; van Lenteren and Martin, 1999). 最近では，ポインセチアに発生するシルバーリーフコナジラミを対象にして，栽培期間中継続的にオンシツツヤコバチを放飼する大量放飼法も試みられている (Hoddle *et al.*, 1997) (図 2.3).

オンシツツヤコバチの効果には物理的環境要因，栽培慣行上の要因および生物的要因など種々の要因が関係している．物理的要因で最も重要と思われるのが温度の影響である．オンシツツヤコバチとオンシツコナジラミのトマトにおける内的自然増加率を比較すると，オンシツツヤコバチの値は 13 ℃以下ではオンシツコナジラミより低く，かなり効果が低下することが推測できる (van Roermund *et al.*, 1997). また，オンシツツヤコバチの雌成虫は，18 ℃以下では葉上で寄主探索は全く行わないことが最近明らかにされた (van Roermund and van Lenteren, 1995 a). 一方では，オンシツツヤコバチの成虫は 13 ℃でも飛翔可能であるとする報告もある (van der Laan *et al.*, 1982). 体内における卵成熟は 5 ℃以上であれば進行する (Kajita and van Lenteren, 1982).

他の物理的環境要因としては，日長が休眠誘起要因として重要であるが，オンシツツヤコバチは非休眠性である．極端な高湿度や低湿度は成虫の産卵や寿命に悪影響を与える (梶田, 1979). ハウスの場合は近紫外線除去フィルムがよく利用される．紫外線は昆虫の移動分散行動に重要な役割を果たしているので，オンシツツヤコバチにも影響する可能性が考えられるが，オン

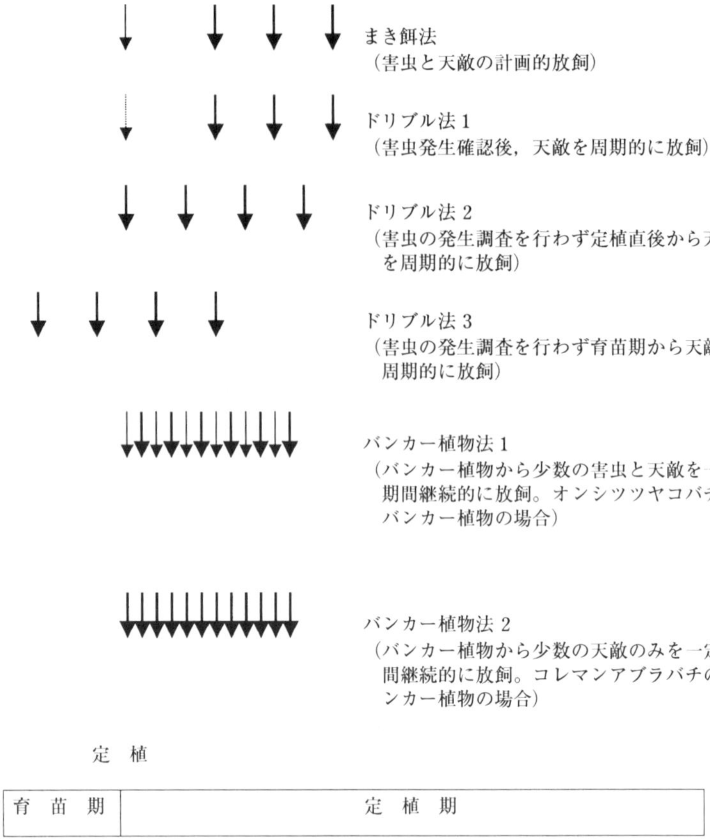

図 2.3　施設栽培の害虫防除のための種々の天敵放飼方法.
太い実線矢印は天敵放飼，細い実線矢印は害虫の放飼を示す．点線の矢印は発生調査による害虫発生確認を示す.

シツツヤコバチは余り影響されないと報告されている（梶田，1986）.

栽培慣行上の問題としては，下葉除去によるオンシツツヤコバチのマミーの減少（van Lenteren and Martin，1999）が指摘されている．温室のサイズについては小型温室の方がオンシツツヤコバチの効果が不安定であるといわれている.

生物的要因としては，コナジラミおよび作物の種類，品種が重要である.

オンシツツヤコバチにとってオンシツコナジラミは好適な寄主であり，寄生率も高くなるが，シルバーリーフコナジラミに対しては，寄生以外の要因による死亡率も高い（松井，1995）（図 2.4）．寄生以外の死亡要因としては寄主体液摂取が重要である．またコナジラミ幼虫体内の寄生蜂の幼虫も，発育を完了できず死亡する個体も多いと考えられる．シルバーリーフコナジラミに対するオンシツツヤコバチの効果は不安定で，ポインセチアにおける放飼試験でも成功と失敗の両方が報告されている（Heinz, 1996）．

オンシツツヤコバチを放飼する作物の種類や品種も影響する．これにはコナジラミの増殖率が作物の種類や品種によって異なることによる間接的効果と，植物の葉の表面構造がオンシツツヤコバチの探索行動に影響する直接的効果によるものとがある．前者については，一般に天敵による害虫防除は害虫の増殖率の低い方が成功するといわれており，理論的にも証明されている（Hassell, 1978）．その意味で，オンシツコナジラミの増殖率の低いトマトでは，より高いキュウリやナスよりも防除が容易であることが推測できる．植物の種類や品種によって，葉裏面の毛茸の密度が異なり，毛茸から粘着物や

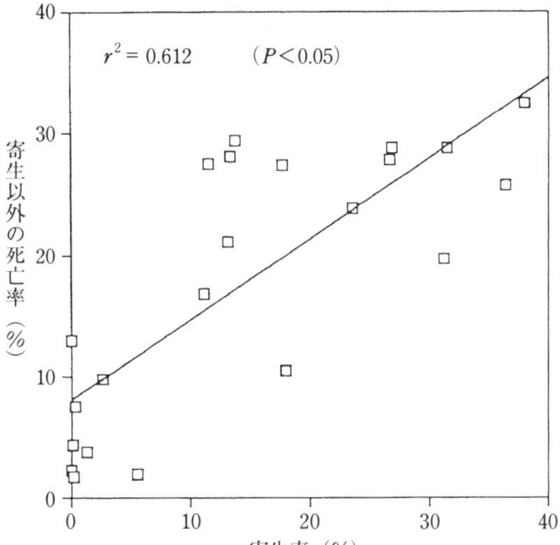

図 2.4 オンシツツヤコバチによるシルバーリーフコナジラミ 4 齢幼虫に対する寄生率と寄生以外の死亡率の関係（松井，1995）

毒性のある物質を分泌することもある．高密度の毛茸の存在やこのような物質の分泌がオンシツツヤコバチの寄主探索を阻害する可能性がある（Hoddle *et al.*, 1998 a ; van Lenteren and Martin, 1999）．

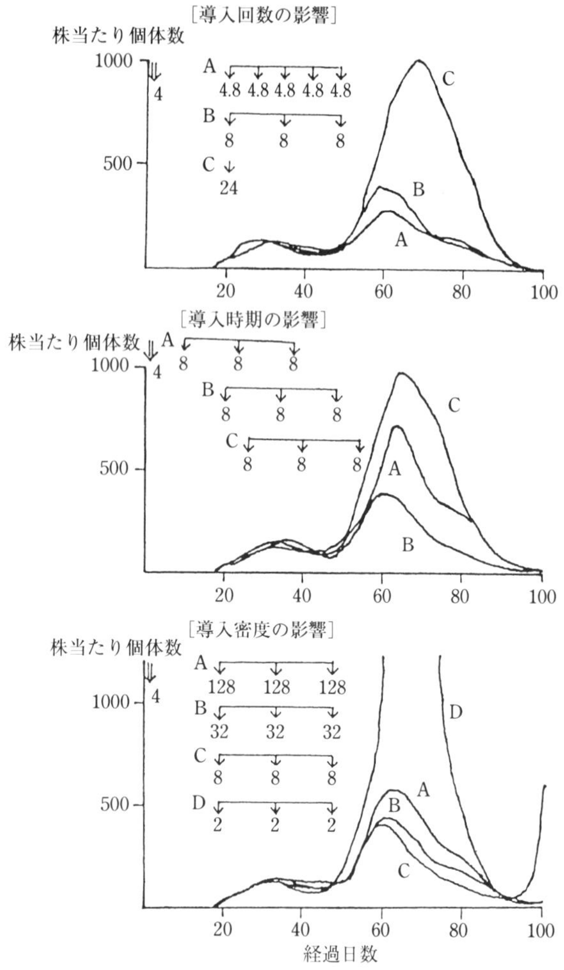

図 2.5　オンシツコナジラミ 3，4 齢幼虫の密度変動に及ぼすオンシツツヤコバチの放飼回数，放飼時期，放飼密度の影響．矢野（1988）を改変．
白矢印：オンシツコナジラミ成虫の放飼，黒矢印：オンシツツヤコバチの放飼，矢印の下の数字は株当たり放飼密度

オンシツツヤコバチの放飼方法もその効果に影響する．オンシツツヤコバチの放飼は経験的には，成虫羽化時に寄生に好適な寄主幼虫が存在すること，放飼密度は寄主との相対密度が重要であること，総放飼数が同じ場合放飼回数は多い方がよいこと，温室内に均一に放飼するのではなく，コナジラミの密度の高い場所に重点的に放飼するのがよいとされている．矢野(1988) はオンシツツヤコバチの最適な放飼方法を，オンシツコナジラミとオンシツツヤコバチの個体群動態モデルにより検討し，放飼密度，回数，時期について，これら経験的にいわれている法則と同じ結果を得た (図 2.5).

c. サバクツヤコバチ

サバクツヤコバチ *Eretmocerus eremicus* Rose & Zolnerowich は，カリフォルニア南部の砂漠地帯でシルバーリーフコナジラミに寄生している土着寄生蜂で，1997 年に命名された (Rose and Zolnerowich, 1997). オンシツツヤコバチと同じくツヤコバチ科の内部寄生蜂である．雌成虫はサツマイモ葉上でランダムに探索するが，シルバーリーフコナジラミの 2 齢幼虫に好んで産卵する (Headrick *et al.*, 1995). シルバーリーフコナジラミに対しては，オンシツツヤコバチより寄主発見能力，寄主殺傷能力ともに高い (Hoddle *et al.*, 1998 b). サバクツヤコバチの増殖能力はコナジラミの寄主植物に影響され，ワタの方がサツマイモより高い．しかし 28 ℃で卵幼虫期間や雌成虫の生涯産卵数に差はなかった (Headrick *et al.*, 1999).

シルバーリーフコナジラミに対する防除効果は最初，野外ケージ内のワタでの放飼試験で確かめられ，放飼量を多くすると寄生率は 61 %に達し，十分な効果が得られた (Simmons and Minkenberg, 1994). その後ポインセチアのシルバーリーフコナジラミを対象に，放飼密度を変えて栽培期間中継続的に毎週放飼するという方法で試験が試みられた．株当たり 3 雌成虫の放飼密度で，コナジラミの卵幼虫期の死亡率は 99 %にまで達したが，うち寄生率は 7 %にとどまった (表 2.2). 寄生以外の要因による死亡率が高いものと推測されている (Hoddle *et al.*, 1996).

サバクツヤコバチ以外の寄生蜂では，*Eretmocerus mundus* が有望視されており，米国では人為的放飼による野外での定着が図られている (Hoelmer

表2.2 施設栽培ポインセチアのシルバーリーフコナジラミに週1回定期的にサバクツヤコバチを放飼した区と放飼しない対照区におけるシルバーリーフコナジラミの簡略生命表 (Hoddle *et al.*, 1996)

コナジラミ発育段階	対照区	サバクツヤコバチ放飼区	
		1雌/株/週	3雌/株/週
卵	1068	757	847
幼虫	951	658	770
成虫	861	126	10
卵から成虫羽化までの総死亡率	25%	84%	99%
サバクツヤコバチによる寄生率	−	32%	7%

and Kirk, 1999). サバクツヤコバチは原産地からみて高温には適応した種と思われるが，わが国で利用の可能性が高いトマトのシルバーリーフコナジラミに対する研究は米国ではほとんど行われていない．

d. 捕食性天敵

Macrolophus caliginosus Wagner は，フランスやスペインの地中海沿岸地域で無防除のナスやトマトに見られる土着のカスミカメムシの1種である (Malausa *et al.*, 1987). 現在，ヨーロッパ特に地中海沿岸諸国では，オンシツツヤコバチより普及している．

通常はオンシツツヤコバチと併用してトマトのコナジラミ類の防除に利用されるが，非常に多食性でアブラムシ類，ハダニ類，ハモグリバエ類，チョウ目害虫の捕食者でもあり，トマトの葉から吸汁するだけで産卵も可能である．したがってトマトのほとんどすべての害虫に効果を示す (Koskula *et al.*, 1999). 捕食性天敵の増殖によく利用されるスジコナマダラメイガ卵でも増殖可能で，タバコの葉上にスジコナマダラメイガの卵をばらまいて室内増殖が行われる．

本種の利用で問題になるのは，条件によっては吸汁によりトマトの葉の生育異常や果実の落果等の被害をもたらすことであり，特にミニトマトで被害が出易い (Sampson and Jacobson, 1999). わが国では害虫と見なされており，輸入は許可されていない．コナジラミ類に効果のある捕食性天敵としては，これ以外にタバココナジラミの卵を大量に捕食する小型のテントウムシ

Delphastus pusillus (Hoelmer *et al.*, 1993) や，スペインで利用されている多食性のカスミカメムシの1種 *Dicyphus tamaninii* がある．後者は商品化されてはいるが，土着集団の保護利用が中心である (Albajes *et al.*, 1996).

(2) ハダニ類の天敵

a. ハダニ類の生態と被害

わが国で施設栽培作物の主要害虫となっているハダニ類は，ナミハダニ *Tetranychus urticae* Koch とカンザワハダニ *Tetranychus kanzawai* Kishida の2種である．ともに雌成虫は体長 0.5 mm 程度であり，卵，幼虫，第1静止期，第1若虫，第2静止期，第2若虫，第3静止期という七つの発育段階を経て成虫になる．ナミハダニには体色の違いから赤色型と黄緑型があり，後者は胴体に二つの黒い紋がある．両型とも休眠成虫は体色が鮮やかな朱色になる．カンザワハダニは黒ずんだ赤色をしており，やはり冬期に成虫休眠する．ナミハダニの卵・幼虫期間は 25 ℃で約 10 日であり，雌成虫は2週間で約 100 個の卵を産む．繁殖様式は産雄単性生殖であるが，交尾した雌が産む卵の雌比率が高いため，集団全体の性比は雌に偏っている．

ナミハダニ，カンザワハダニともに施設栽培野菜の主要害虫で，特にキュウリ，メロン，スイカ，カボチャ，ナス，ピーマン，イチゴ，ホウレンソウの被害が大きい．その他インゲン，バラ，ナシ，カキなどの害虫でもあり，クズ，カラスノエンドウ，ホトケノザ，オオイヌノフグリ，セイタカアワダチソウ，ハルノノゲシ，アケビ，クサギなどの野山の草木でも生存できる．ハダニ類は植物の葉を好んで加害し，口針を刺してクロロフィルや水分を吸収する．その結果，葉にまず白い小さな斑点が現れ，被害がさらに進行すると葉全体が白色または褐色になり，最後に落葉する．クロロフィルが失われるため作物の光合成能力が低下し，収量や品質に影響する．多発すると植物全体がハダニ類の出す糸で形成された網に覆われる．ハダニ類は野外では風雨の影響を強く受け減少するが，施設内では風雨の影響を免れ，しかもより高温のため多発し易い．施設栽培のハダニ類は野外より薬剤抵抗性が発達し易いことが大きな問題である．ハダニ類の生態と防除に関する本としては，和

書では井上 (1993)，森 (1993)，江原・真梶 (1996)，高藤 (1998) がある．洋書では Helle and Sabelis (1985) の包括的大著がある．

b. チリカブリダニ

チリカブリダニ *Phytoseiulus persimilis* Athias-Henriot (図 2.6) は，アルジェリアで最初に発見され，1 年後にこれと独立してチリでも発見された．現在では地中海地方やチリが原産地と見なされている．日本にはチリ系統が 1966 年に導入された．ナミハダニ，カンザワハダニなどの *Tetranychus* 属のハダニ類を攻撃する捕食性の天敵で，成虫を含めたハダニ類のすべての発育ステージを捕食するが，卵を特に好んで捕食する．活発な捕食活動を行うのは第 1 若虫以後のステージである．ハダニ類に対する発見効率が高く，そのコロニー（植物体上の昆虫のまとまった集団）の発見には，まずハダニ類に加害された植物の出すにおいを手がかりとして探索し，コロニー近くではハダニ類由来の排泄物，脱皮殻やハダニ類の出す糸のにおいに引きつけられて集まる (高藤，1998)．ハダニ類と同様に卵，幼虫，第 1 若虫，第 2 若虫および成虫の発育ステージに分けられ，全発育期間中にハダニ卵 10 個の捕食で成虫になる．成虫は植物葉上のハダニのいる場所にハダニ卵の約 2 倍の大きさの卵を産みつける．成虫は 1 日に 20 個余りのハダニ卵または 18 頭の第 1 若虫を捕食し，25 ℃では生涯産卵数は約 80 個である．雌は交尾しないと産卵しない．飢餓にも強く，産卵を停止して耐えることができる．成虫の雄と

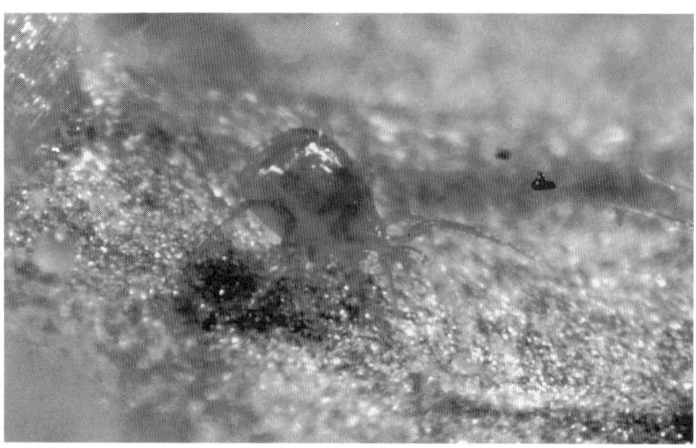

図 2.6　チリカブリダニ成虫 (写真，天野　洋氏)

雌の性比は約1:4である．またハダニより発育速度が速く，25℃では7日で発育を完了する．内的自然増加率はカブリダニの中でも最も高い部類に属し，0.317に達する (Takafuji and Chant, 1976)．分散能力が高いため，餌のハダニがいないとすぐ分散する反面，ハダニの密度の高いところでは定着する．

チリカブリダニはヨーロッパでは，当初，施設栽培キュウリのナミハダニの防除に利用されていたが，最近はイチゴに対しても利用されるようになった．カリフォルニアでは，露地栽培イチゴのナミハダニの防除に大量放飼され，野外でも定着している．わが国でもイチゴ，キュウリ，ナス，シソのハダニ類の防除に農薬登録された (木村, 1999)．製剤としては，500 ccのプラスチックボトルに約2,000頭のカブリダニとキャリアーとしてバーミキュライト等を入れたものが一般的である．よく混ぜてキャリアーを一定量葉上に置けば，一定量のチリカブリダニが放飼できる．ハダニ類の防除に利用する場合，最初の放飼は，ハダニ類の発生初期に1 m^2当たり2頭または1株当たり1頭を放飼する (日本植物防疫協会, 1999)．以後ハダニ類の発生に応じ2回目以後の放飼を行う．1回の放飼で十分な場合もあるが，通常は2回放飼することが多い．放飼量を決めるのに，ハダニ類に対するチリカブリダ

表2.3　チリカブリダニがハダニを食い尽くすまでの期間 (日) と温度，放飼比率の関係 (森, 1993, 一部改変)

平均気温 (℃)	放飼比率 (ハダニ:カブリダニ)			備考
	8:1	32:1	128:1	
10.5	a	a	a	昼 (13℃) − 夜 (8℃)
12.0	a	a	−	11月温室
15.5	12	18	24	昼 (18℃) − 夜 (13℃)
20.5	9	15	21	昼 (23℃) − 夜 (18℃)
23.5	10	15	−	6月温室
25.5	9	15	18	昼 (28℃) − 夜 (23℃)
25.5	12	12	15	恒温
28.0	15	12	15	恒温
30.0	12	b	b	恒温
32.0	15	b	b	恒温

(注) a:カブリダニの放飼後ハダニの密度が減少しなかった．
b:カブリダニの放飼後もハダニが増えた．
−:未調査

ニの初期密度比が重視され（森，1993），チリカブリダニの初期密度比が高いほど効果は高い（表 2.3）．またチリカブリダニの効果を発揮させるには，放飼の初期密度はチリカブリダニに対するハダニ類の密度を 30 倍以下にするのが望ましいとされている．

チリカブリダニの最初の放飼時期の決定は，ハダニ類の発生調査に基づいて行う．キュウリについては少数のハダニ類の食害痕が容易にわかるため，イギリスで被害程度に基づくナミハダニの発生調査技術が開発された．被害度指数として，無被害の 0 から葉が白化し始める 5 までランクづけされた（Scopes，1985）．チリカブリダニの最初の放飼適期はこの指数が 0.2〜0.4

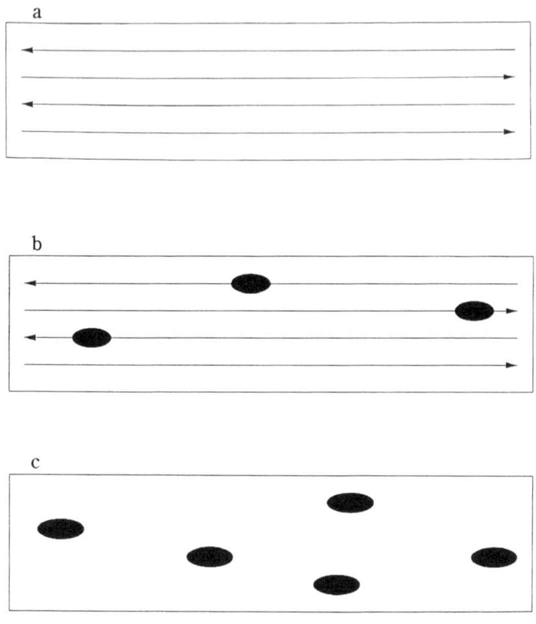

図 2.7　施設栽培イチゴのハダニに対するチリカブリダニの放飼方法（日本植物防疫協会，1999）

図中の黒楕円はスポット放飼点を，矢印のある直線は均一放飼と放飼しながら移動する方向を示す．

a：均一放飼（ハダニの発生密度が低く発生場所を特定できない場合）

b：スポット放飼＋均一放飼（ハダニの発生場所を把握している場合）

c：スポット放飼（ハダニの発生場所に局所的に補完放飼する場合）

とされている (Stenseth, 1985). イチゴは品種によっては葉が厚いため，葉の表だけで被害の確認をしていたのでは発生確認が遅れる．この場合は葉をサンプリングして，ハダニ類の寄生葉率から発生を確認する方法が利用できる (Nachman, 1984). チリカブリダニの放飼が遅れると，チリカブリダニがハダニ類を抑圧する以前に被害が出てしまう可能性が高まる．一方，余り極端にハダニ類の密度が低いとチリカブリダニは定着せず分散してしまう．これを解決する放飼法として，局部的にハダニ類の密度が高い株 (ホットスポット) に重点的に放飼するのがよい (図 2.7).

チリカブリダニの利用のもう一つの重要な問題点は，本種の活動が温湿度に強く影響されることである．チリカブリダニは 25 ℃ではハダニ類より速やかに増殖するが，15 ℃ではほとんど増殖せず，30 ℃近くになると温度が高くなっても増殖速度がほとんど変化しない．さらに 30 ℃以上では捕食活動が鈍り，33 ℃以上では繁殖障害を起こす (森，1993). 低温も捕食能力に影響する．雌成虫の捕食能力は 20 ℃以下では急速に低下し，10 ℃ではほと

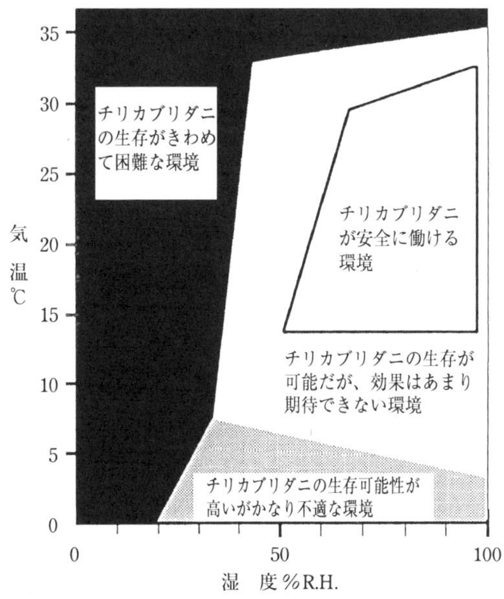

図 2.8　チリカブリダニが利用可能な温度と湿度の範囲 (森，1993)

んど捕食しなくなる（芦原ら，1976）．相対湿度もかなり強く影響する．卵の孵化率は50％以下では極端に低下するが（浜村・真梶，1977），成虫の捕食能力は33％程度の低湿度でむしろ高く，100％では著しく低下する（Mori and Chant，1966）．以上からチリカブリダニの活動に好適な温湿度は15～30℃，50～90％であるといわれている（図2.8）．

チリカブリダニは薬剤抵抗性系統の利用についても検討されている．わが国ではドイツからMEP（フェニトロチオン）抵抗性の系統が導入され，MEP散布との併用によるナミハダニの防除が放飼実験とシミュレーションにより評価された（中尾ら，1987）．シミュレーションモデルはさらに改良が加えられて，所定の期間である密度のハダニを防除するのに必要なチリカブリダニの放飼密度を予測するモデルが開発された（斎藤ら，1996 a，b）．チリカブリダニの生態と利用法については，チリカブリダニ研究会の成果をまとめた森・真梶（1977）の他に，一般向けにわかり易く書かれた森（1993）がある．より詳しい形態，分類，生活史，個体群動態については Helle and Sabelis（1985）がある．

c. ミヤコカブリダニ

ミヤコカブリダニ *Amblyseius californicus*（McGregor）（図2.9）はカリフォルニアや地中海地方に広く分布する．わが国にも分布するが，これまで生態や利用に関してはほとんど研究されてこなかった．ミヤコカブリダニは現在ヨーロッパの天敵生産業者によって商品化されており，高温でも増殖能力が高いことを利用して，チリカブリダニの使いにくい地中海地方における利用が図られている（Griffiths，1999）．ミヤコカブリダニの一番の特徴は高温における高い増殖能力であり，内的

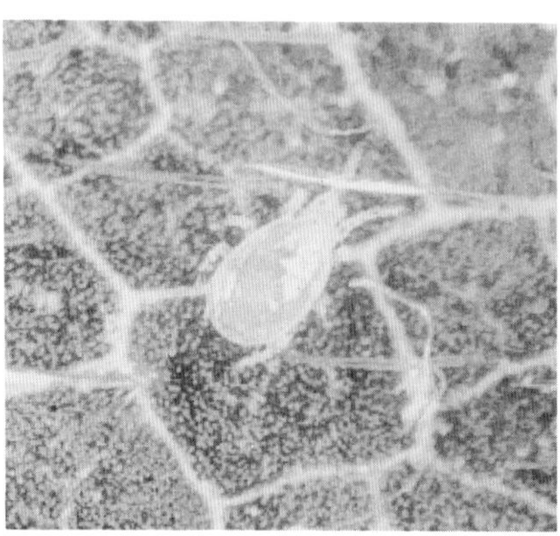

図2.9　ミヤコカブリダニ成虫（写真，下田武志氏）

自然増加率は 15 ℃から 33 ℃まで温度とともに高まり，33 ℃では 0.337 に達する (Castagoli and Simoni, 1991)．しかし 26 ℃では，ミヤコカブリダニはチリカブリダニより，ナミハダニ卵に対する捕食能力が劣り，発育日数も長く，産卵数も少なく，雌の性比も低かった (Friese and Gilstrap, 1982)．一方，ミヤコカブリダニはチリカブリダニより多食性で，チリカブリダニが捕食しないリンゴハダニの土着天敵として，その大発生を抑圧する効果をもつことが示されている (Monetti and Fernandez, 1995)．また温室のライムのチャノホコリダニ (Peña and Osborne, 1996)，露地イチゴに発生したナミハダニに対して放飼試験が行われ (Oatman *et al.*, 1977)，効果が確認されている．わが国では，土着カブリダニではケナガカブリダニ *Amblyseius womersleyi* Schicha の有効性が確認されているが (Mori *et al.*, 1990)，現段階では効率的な大量増殖法は開発されておらず実用化には至っていない．

d. ハダニバエ類

ハダニバエ (図 2.10) の 1 種である *Feltiella acarisuga* (Vallot) が，欧米では施設栽培のハダニ類の防除に実用化されている．定着にはある程度の大きなハダニ類のコロニーの存在が必要で，その後近くのより小さなコロニー

図 2.10　ハダニバエの 1 種の幼虫 (写真，下田武志氏)

に分散する．キュウリなど，ある程度の密度のハダニの存在を許容できる作物では利用できるが，花きや観賞植物には不向きである．ハダニ類の大きなコロニーに蛹を集中的に放飼するが，放飼後の発生確認が必要である．しばしばチリカブリダニと併用される (Griffiths, 1999)．成虫の産卵数はアブラムシ類の甘露を与えることにより増加し増殖率も高まる．22 ℃で卵・幼虫期間は，8.6 日，蛹期間は 11.7 日，内的自然増加率は 0.1128 である (Brødsgaard *et al*., 1999)．幼虫の捕食能力は相対湿度に影響され，相対湿度 45 % より 80 % の方が有意に捕食数が多くなった (Svendsen *et al*., 1999)．わが国における調査では，ハダニバエ (*Feltiella* sp.) はカンザワハダニ雌成虫や卵を捕食する．5～25 ℃の範囲では 15 ℃で最も捕食能力が高く 5 ℃でもかなり捕食し，低温で能力の高い捕食者であることが明らかにされている (中川, 1986).

e. その他の土着天敵

わが国のハダニ類の土着天敵としては，カブリダニ類やハダニバエ類以外に，ケシハネカクシ類，ハダニアザミウマ *Scolothrips takahashii* Priesner，キアシクロヒメテントウ *Stethorus japonicus* H. Kamiya 等が知られている．ケシハネカクシ類にはハダニカブリケシハネカクシ *Oligota yasumatsui* Kistner とヒメハダニカブリケシハネカクシ *Oligota kashmirica benefica* Naomi (図 2.11) の 2 種がミカンハダニ，ナミハダニ，カンザワハダニなどの天敵として報告されている．この 2 種では後者が優占種で生態や行動が調べられている．成虫，卵，幼虫期はハダニ類のコロニー内で生活するが，土中で蛹化する．幼虫や成虫も捕食するが，特にハダニ類の卵を好む．25 ℃で羽化までの発育日数が 19.6 日であり，十分ハダニ卵を与えられた雌成虫は平均 73.9 日生存し，総捕食数は 7478.8 卵，総産卵数は 226.6 個である

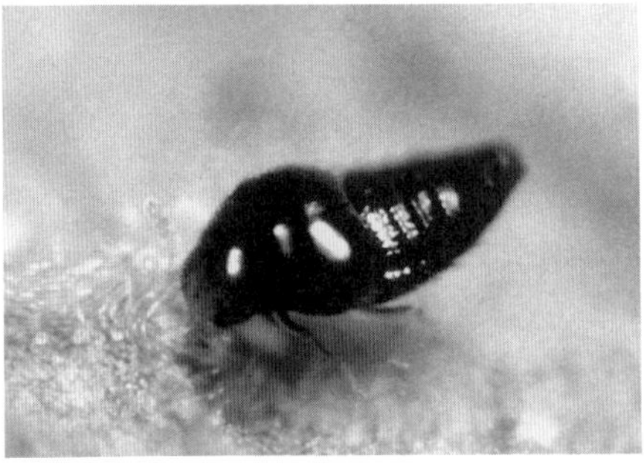

図 2.11　ヒメハダニカブリケシハネカクシ成虫 (写真，下田武志氏)

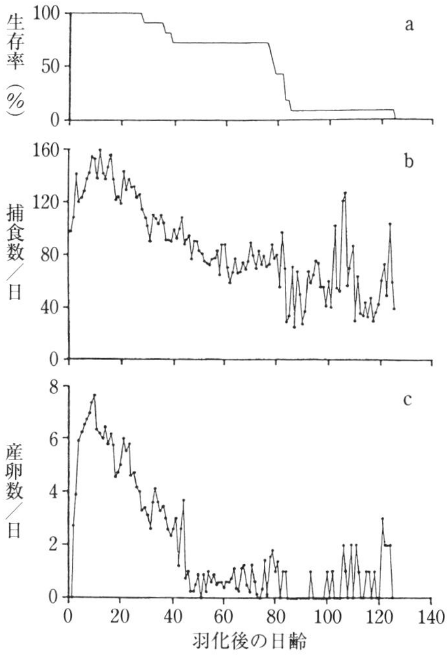

図 2.12　ヒメハダニカブリケシハネカクシ雌成虫の羽化後の日齢と生存率，ハダニ捕食数および産卵数（下田ら，1993）
a：生存率，b：ハダニ卵捕食数，c：産卵数

(図 2.12)．発育や産卵に大量の餌を必要とし，増殖率も高くないので，放飼増強法には不向きであると考えられている（下田ら，1993）．ハダニアザミウマは茶園におけるハダニ類の重要天敵であるとみなされてきた．幼虫期と成虫期に捕食するが，25 ℃における全発育期間は 15.5 日で，成虫の日当たり捕食量は 30 ℃まで高温ほど高くなり，雌成虫は日当たり 10.7 頭のカンザワハダニ雌成虫または 54 個の卵を捕食する．ミヤコカブリダニと同様に高温で能力を発揮できる天敵であると考えられる（中川，1987）．ヒメハダニカブリケシハネカクシやハダニアザミウマは，ナミハダニに加害されたマメの発するにおいに誘引されることが室内実験および野外試験で示された（Shimoda *et al.*, 1997；下田ら，未発表）．

（3） アザミウマ類の天敵

a. アザミウマ類の生態と被害

最近アザミウマの仲間が施設栽培の野菜や花きの主要害虫として注目されている．主要害虫のアザミウマ類は侵入害虫が多く，わが国には，1978 年頃にミナミキイロアザミウマ *Thrips palmi* Karny，1990 年にミカンキイロアザミウマ *Frankliniella occidentalis* (Pergande) が侵入した．前者は温室栽培のキュウリ，ナス，ピーマン，メロンなどの主要害虫となり，後者は温室栽培のキク，ガーベラ，イチゴ，ピーマン，トマト等の主要害虫となった．また他種のアザミウマ類は比較的簡単に殺虫剤で防除できるが，この2種は有効な殺虫剤が少なく防除対策の確立は容易ではなかった．アザミウマ類は少数の個体でも花びらや果実の表面を傷つけ，商品価値を大幅に下げてしまうのが特徴である．またウイルス病の媒介虫として重要であり，特にミカンキイロアザミウマはナス科，キク科およびマメ科植物の主要病害であるトマト黄化えそ病ウイルス（TSWV）の主要な媒介虫である．ミナミキイロアザミウマは沖縄でスイカの灰白色斑紋病ウイルス（WSMoV）やメロン黄化えそ病ウイルス（MYSV）を媒介するが，媒介虫としてはそれほど重要ではない．

ミナミキイロアザミウマは東南アジアまたは南アジア原産で，わが国では露地でほとんど越冬できない．葉上や花の内部で食害し，成虫は葉組織内に産卵する．孵化した幼虫は2齢を経た後，地上に落下し土中で前蛹となる．さらに蛹となってから成虫が羽化して植物上に移動する．成虫は白，青，黄色などに誘引されるため，この習性を利用した有色粘着トラップが発生調査に使用されている．ウリ科およびナス科の主要害虫であるが，トマトは加害しない．キク科，マメ科をはじめ多くの雑草が寄主植物となる．

ミカンキイロアザミウマは北米西部が原産と推定されている．習性や生活史は多くがミナミキイロアザミウマと共通するが，花の中で花弁や花粉を食べて育つ．寄主植物はミナミキイロアザミウマよりさらに広く，キク科やナス科の野菜，花き類，ミカン，ブドウ，リンゴなどの果樹，イチゴなどに被害をもたらす．ミナミキイロアザミウマより耐寒性が強く，西日本では露地で越冬可能である．

ミナミキイロアザミウマの総説は数多く出されているが，一般的な解説としては永井（1994）がある．ミカンキイロアザミウマは世界的な大害虫であり，和書としては片山（1998）がある．アザミウマ類全般については，梅谷ら（1988）の他，洋書では Parker *et al.*（1995）および Lewis（1997）がある．

b. ヒメハナカメムシ類

欧米では，ヒメハナカメムシ数種が温室栽培のピーマンやキュウリのミカンキイロアザミウマやネギアザミウマの防除に利用されている（Riudavets, 1995；Castañé *et al.*, 1999）．ヨーロッパでは，地中海沿岸原産の *Orius laevigatus*（Fieber）および *O. albidipennis*（Reuter），中央ヨーロッパ原産の *O. majusculus*（Reuter），カナダでは北米原産の *O. insidiosus*（Say）および *O. tristicolor*（White）が利用されており，どの種もそれぞれの地域の土着種である．

わが国土着のアザミウマ類の有力捕食性天敵であるヒメハナカメムシ類としては，ナミヒメハナカメムシ *O. sauteri*（Poppius）（図2.13），タイリクヒメハナカメムシ *O. strigicollis*（Poppius）（図2.14），コヒメハナカメムシ *O. minutus*（L.），ミナミヒメハナカメムシ *O. tantillus*（Motschulsky）およびツヤヒメハナカメムシ *O. nagaii* Yasunagaの5種が主要種として報告されている（Yasunaga, 1997）．この中で最も普通にみられるのがナミヒメハナカメムシである．タイリクヒメハナカメムシが関東以西，ミナミヒメハナカメムシは南西諸島に分布が限定される．世界的な地理的分布については，コヒメハナカメムシはユーラシア大陸全体，ミナミヒメハナカメムシは東アジアからオセアニアに広く分布しているが，他種は極東地域に分布が限られている．わが国では，1998年にピーマンのミナミキイロアザミウマとミカンキイロアザミウマに対してナミヒメハナカメムシが農薬登録された．続いてタイリクヒメハナカメムシが2001年に登録された．ヒメハナカメムシ類の生態と利用法については，Riudavets（1995），Sabelis and van Rijn（1997），永井（1993 b, 1994）およびYano（1996）がある．

図2.13　ナミヒメハナカメムシ成虫（写真，大野徹氏）

図2.14　タイリクヒメハナカメムシ成虫（写真，大野徹氏）

ヒメハナカメムシ類は捕食性天敵であり，長い口吻を餌の昆虫や卵に突き刺して体液を吸収する．幼虫，成虫のあらゆる発育ステージが捕食でき，幼虫期は発育が進むにつれ捕食能力が高くなる（例えばナミヒメハナカメムシについては Nagai and Yano, 2000 参照）．ヒメハナカメムシ類は多食性の天敵であり，アザミウマ類だけではなく，アブラムシ類，ハダニ類や各種チョウ目昆虫卵を餌として利用している（Riudavets, 1995）．またヒメハナカメムシ類全般に，植物の葉や茎から吸汁する習性が知られているが，*O. insidiosus* は餌動物を与えなくとも，マメなどの好適な植物からの吸汁により生存や産卵が可能なことが明らかにされた（Coll, 1996）．ワタアブラムシ，カンザワハダニおよびミナミキイロアザミウマを対象としてナミヒメハナカメムシの選好性を比較した試験では，ミナミキイロアザミウマが最も選好され，カンザワハダニがそれに次ぎ，ワタアブラムシが最も好まれなかった（永井，1993 a）．ミナミキイロアザミウマの成虫と幼虫をナミヒメハナカメムシの成幼虫に与えて選択させると，若齢幼虫はアザミウマ幼虫を選択し，成虫への攻撃を回避する傾向が見られた（Nagai and Yano, 2000）．アザミウマ類やアブラムシ類の密度に対するナミヒメハナカメムシや *O. insidiosus* の機能の反応が調べられている．大部分の結果は飽和型のタイプ 2 の反応であったが（Isenhour and Yeargen, 1981；永井，1993 a；Coll and Ridgway, 1995），雌成虫など捕食能力の高い発育ステージでは，餌密度が著しく高くなっても捕食量が上限に達しない反応も見られた（van den Meiracker and Sabelis, 1999；Nagai and Yano, 2000）（図 2.15）．

ヒメハナカメムシ類の発育や産卵は温度や餌の種類で変動する．ナミヒメハナカメムシを 25 ℃で飼育すると，モモアカアブラムシ（Nakata, 1995）やミナミキイロアザミウマ（Nagai and Yano, 1999）を餌とした場合に卵・幼虫期の発育日数は 16 日であったが，スジコナマダラメイガの卵では 17 日（Honda *et al.*, 1998）または 19 日（Yano *et al.*, 2002）であった．

ヒメハナカメムシ類の卵は植物の新葉，茎，マメの鞘，花弁など毛羽だった箇所や潜り込める箇所に産卵される．ナミヒメハナカメムシの生涯産卵数は 25 ℃条件で，スジコナマダラメイガ卵を与えて飼育した場合 68 個（Hon-

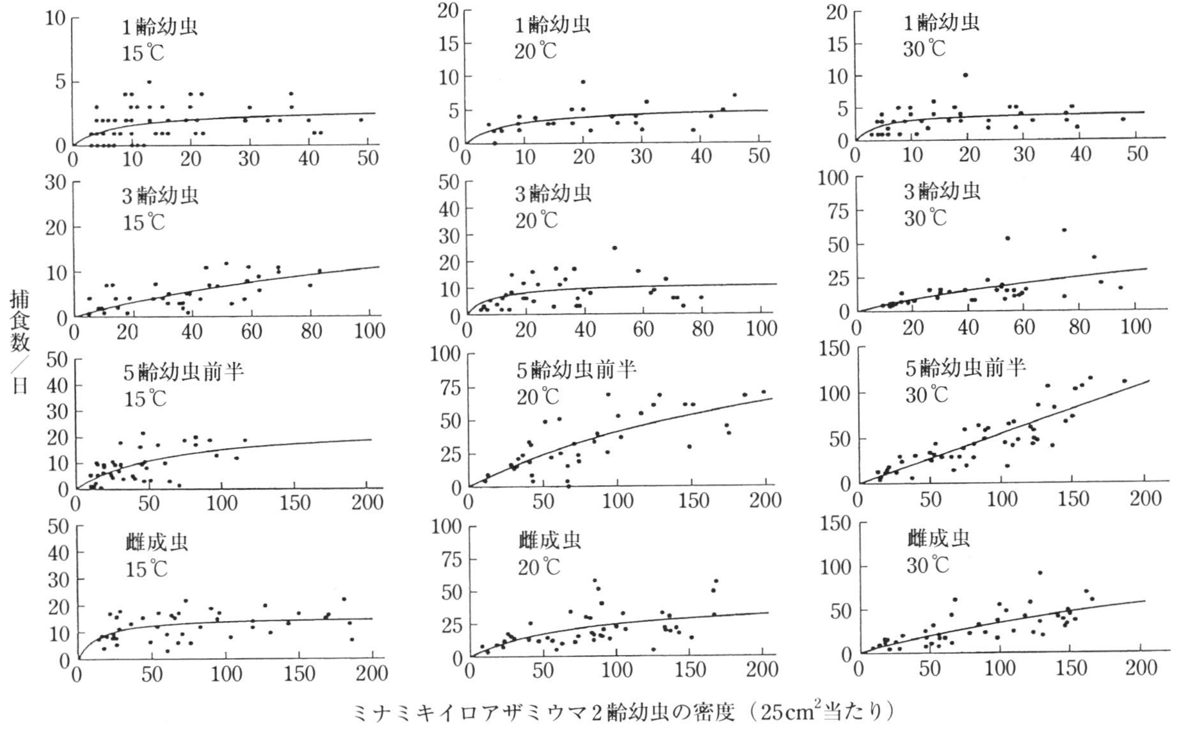

図 2.15　異なる温度条件下におけるミナミキイロアザミウマ2齢幼虫に対するナミヒメハナカメムシ幼虫および成虫の機能の反応（Nagai and Yano, 2000, 永井, 2001）

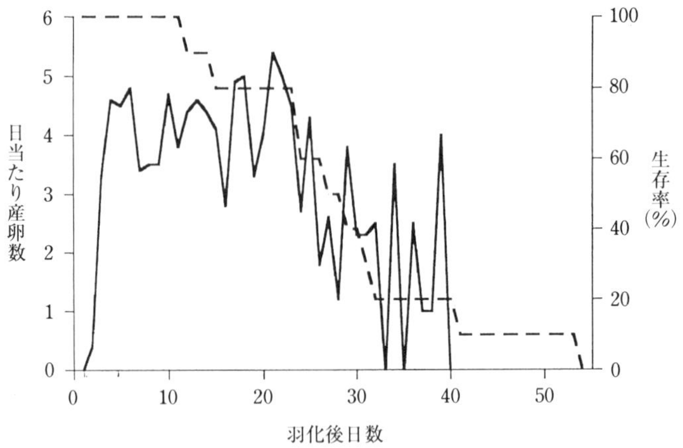

図2.16 スジコナマダラメイガ卵を与えられたナミヒメハナカメムシ雌成虫の25 ℃における羽化後の産卵数（実線）と生存率（破線）の変化（Yano et al., 2002）

da *et al.*, 1998）または104個（Yano *et al.*, 2002）であったが（図2.16），ワタアブラムシおよびミナミキイロアザミウマを与えた場合はそれぞれ29個（船生・吉安，1995）および75個（Nagai and Yano, 1999）となった．25 ℃におけるナミヒメハナカメムシの内的自然増加率は，スジコナマダラメイガ卵で飼育した場合，0.132（Honda *et al.*, 1998）または0.115（Yano *et al.*, 2002），ミナミキイロアザミウマで飼育した場合は0.128（Nagai and Yano, 1999）であった．ミカンキイロアザミウマを与えた場合の *O. laevigatus* と *O. albidipennis* の内的自然増加率はそれぞれ0.105および0.121であり（Cocuzza *et al.*, 1997），ナミヒメハナカメムシよりやや低い．ミナミキイロアザミウマ幼虫を餌として与えた場合の，異なる温度条件におけるナミヒメハナカメムシの卵・幼虫期の発育，成虫の寿命，産卵数を表2.4，2.5に示した（Nagai and Yano, 1999）．

ヒメハナカメムシ類は多くの種が，短日条件で生殖休眠に入り雌成虫が産卵しなくなる．北米原産の *O. insidiosus* は短日条件で生殖休眠に入るが（Ruberson *et al.*, 1991），高温長日条件で休眠が覚醒する．ヨーロッパでは地中海地方原産の *O. albidipennis* の休眠性が弱く，北方系の *O. majusculus*

表 2.4　ミナミキイロアザミウマ 2 齢幼虫で飼育した場合のナミヒメハナカメムシの発育に及ぼす温度の影響 (Nagai and Yano, 1999)

温度 (℃)	平均発育日数						
	卵	1 齢幼虫	2 齢幼虫	3 齢幼虫	4 齢幼虫	5 齢幼虫	全幼虫期間
15	13.7 (26) a	6.6 (29) a	6.1 (29) a	6.8 (27) a	7.9 (25) a	13.5 (19) a	40.9 (19) a
20	7.5 (35) b	4.3 (21) b	3.0 (19) b	2.8 (19) b	3.2 (19) b	5.6 (18) b	18.9 (18) b
25	4.5 (59) c	2.3 (37) c	1.8 (37) c	1.7 (36) c	1.9 (36) c	4.0 (35) c	11.5 (35) c
30	3.2 (36) d	2.0 (19) d	1.5 (19) d	1.2 (19) d	1.5 (19) d	3.0 (19) d	9.5 (19) d

(注) 括弧内の数字は調査個体数を示す．同じ列の記号の違いは温度間で有意差があることを示す (p = 0.05)

表 2.5　ミナミキイロアザミウマ 2 齢幼虫で飼育した場合のナミヒメハナカメムシ成虫の生存と産卵に及ぼす温度の影響 (Nagai and Yano, 1999)

温度 (℃)	平均成虫寿命 (日)		平均産卵前期間 (日)	1 雌当たり平均生涯産卵数	1 雌当たり平均日当たり産卵数
	雌	雄			
15	35.8 (10) a	24.9 (11) a	15.6 (5) a	12.2 (10) a	0.3 (10) a
20	19.6 (19) b	14.3 (18) b	6.3 (19) b	51.3 (19) b	2.6 (19) ab
25	20.3 (15) b	14.8 (12) b	4.3 (15) c	74.5 (15) b	3.6 (15) bc
30	9.0 (13) c	6.6 (12) c	2.3 (13) d	52.8 (13) b	5.7 (13) c

(注) 括弧内の数字は調査個体数を示す．同じ列の記号の違いは温度間で有意差があることを示す (p = 0.05)．

ははっきりした休眠性を示す (van den Meiracker, 1994)．わが国では沖縄地方にのみ分布するミナミヒメハナカメムシが非休眠性であるのに対し (Nakashima and Hirose, 1997)，ナミヒメハナカメムシやコヒメハナカメムシは短日条件で休眠することが知られている (Kohno, 1997) (図 1.5 参照)．ナミヒメハナカメムシは 26 ℃の高温では短日条件でも休眠率は低下する (Kohno, 1998)．休眠に入るか否かを決める日長の感受期は成虫ではなく幼虫期である．ナミヒメハナカメムシとコヒメハナカメムシの雌成虫は生殖休眠に入ると体内の脂肪含量が増加し越冬可能となるが，雄成虫についてはそのような変化は起こらず，越冬不可能となり死亡すると推測されている (Ito and Nakata, 1998)．

欧米ではヒメハナカメムシ類の種をアザミウマ類の防除に利用する場合，

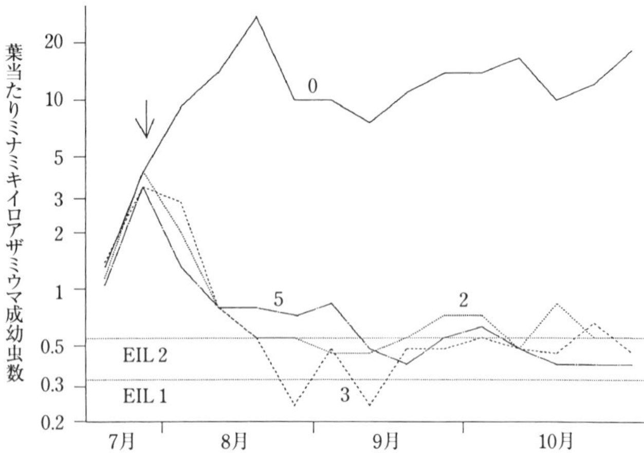

図 2.17　施設栽培ナスのミナミキイロアザミウマ防除のために異なる密度のナミヒメハナカメムシ5齢幼虫を放飼した場合のアザミウマ成幼虫密度の変動 (Kawai, 1995)

図中の矢印と数字はナミヒメハナカメムシの放飼時期と株当たり放飼密度，EIL1，2は2段階の経済的被害許容水準 (EIL1 = 0.33，EIL2 = 0.55) を示す．

成虫が温室内に放飼される．1回の放飼密度はキュウリやピーマンでは株当たり1～3頭で，高温条件では1回，低温条件では数回放飼される．わが国でも，ハウスナスのミナミキイロアザミウマに対し，異なる密度でナミヒメハナカメムシ幼虫が1回放飼され防除試験が行われた．その結果，株当たり2頭以上の放飼密度で，ほぼ経済的被害許容水準にアザミウマの密度を保つことができた (Kawai, 1995) (図 2.17)．ハウスナスのミカンキイロアザミウマに対して，株当たり2.2頭のタイリクヒメハナカメムシ成虫を2回放飼した試験においても，放飼区では無放飼区に比べミカンキイロアザミウマの発生が抑えられた結果，有意に低い被害程度となった (柴尾・田中，2000)．ヒメハナカメムシ類の効果は速効的で，適正な密度で放飼すれば放飼直後からアザミウマ類の急速な減少をもたらすが，全滅させることは少ない．ヒメハナカメムシ類はハウス内で20 mを移動するのに1カ月を要し，成虫や老熟幼虫に比べ若齢幼虫の分散速度は遅かった (河合，1995)．

ヒメハナカメムシ類による防除効果には，様々な生物的要因や環境条件が関係している．ヒメハナカムシ類の種によっては，放飼する作物の生産する花粉の存在が代替餌として重要であるとされており，花粉を大量に生産するピーマンでは有効であるが，花粉を全く生産しないキュウリでは効果は不安定であるといわれている（van den Meiracker and Ramakers, 1991）．また花粉を好んで食べるミカンキイロアザミウマの場合，花粉を生産中の花に集中する傾向が強いが，ヒメハナカメムシ類もすきまに潜り込む習性があるため，やはり花に集中して分布し，その結果アザミウマを効率的に攻撃できるとも考えられている（Chambers *et al.*, 1993）．オランダにおいて，ピーマンに発生したミカンキイロアザミウマを防除するため *O. insidiosus* を放飼したところ，1 個の花当たり 30 頭以上存在したミカンキイロアザミウマが約 2 週間でほぼ絶滅したのに対し，*O. insidiosus* はミカンキイロアザミウマが絶滅後も花粉を餌として少数の個体が生き残った（van den Meiracker and Ramakers, 1991）．

ナミヒメハナカメムシの有効性にも，種々の要因が関係している．ミナミキイロアザミウマは植物の種類により異なる増殖能力を示す（河合，1986）（表 2.6）．一般に害虫の増殖能力の低い植物の方が生物的防除は容易である．その意味からキュウリはナスやピーマンに比べ天敵利用の困難な作物であると考えられる．ナミヒメハナカメムシの産卵能力や捕食能力は温度の影響を強く受ける．30 ℃程度の高温でも十分な能力を発揮するが，15 ℃では産卵（表 2.5），捕食能力ともに非常に低下する（Nagai and Yano, 1999, 2000）．

表 2.6 種々の作物におけるミナミキイロアザミウマの増殖能力（河合，1986 より抜粋）

作物	日当たり内的自然増加率 r_m	純増殖率 R_0	平均世代時間（日） T
キュウリ	0.134	28.0	24.8
メロン	0.111	13.0	23.2
カボチャ	0.080	7.3	24.8
ニガウリ	0.040	2.7	25.0
ナス	0.102	13.3	25.4
ピーマン	0.047	2.9	22.8
インゲン	0.061	4.7	25.2

また短日条件で成虫が生殖休眠に入るため増殖が不可能となることも，利用する際の制限要因になると考えられている．対策としては，非休眠性の種や系統を利用する方法が一般的である．この意味から現在ではナミヒメハナカメムシより休眠性の弱いタイリクヒメハナカメムシの利用が期待されている．またイギリスでは温室内を人工照明で長日にして休眠を打破する方法が試みられている（Chambers *et al*., 1993）．ナミヒメハナカメムシを温室に放飼する際の放飼時期，密度なども防除効果に影響する．これについては，シミュレーションモデルを用いて検討された．ナミヒメハナカメムシの放飼はミナミキイロアザミウマが発生したらできるだけ早く，高密度で放飼する方が効果は確実であることが示された（矢野ら，未発表）．

c. カブリダニ類

ククメリスカブリダニ *Amblyseius cucumeris*（Oudemans）（図 2.18）は世界中に広く分布する種であるが，わが国には土着していない．カブリダニの一種であるが，アザミウマ類，ナミハダニ，コナダニ類，チャノホコリダニの捕食者であり，欧米ではキュウリやピーマンのミカンキイロアザミウマとネギアザミウマの防除に最もよく利用される種である（Riudavets, 1995）．わが国でも導入種ではあるが国内生産されており，1998 年にナス，キュウリ，ピーマンのミナミキイロアザミウマおよびイチゴ，ピーマンのミカンキイロアザミウマを対象に農薬登録された（木村，1999）．本種の利用法の解説としては小林（1999）があるが，生態については Riudavets（1995）に記述されている．

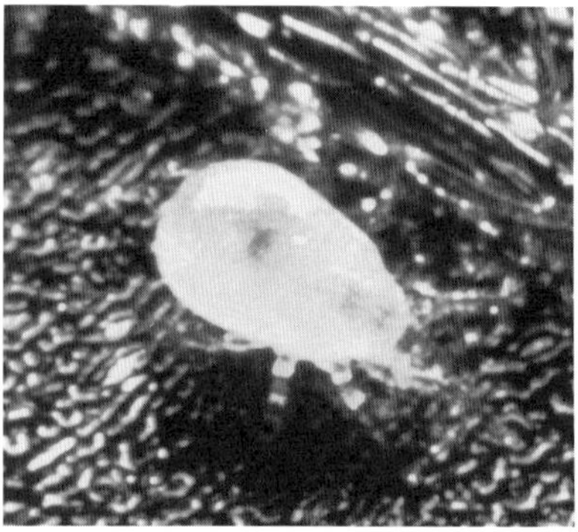

図 2.18 ククメリスカブリダニ成虫
（写真，コパート社）

ククメリスカブリダニの成虫は，アザミウマ類の幼虫を捕食できるが成虫はほとんど攻撃できない．アザミウマ幼虫でも主として 1 齢幼虫を捕食する．ククメリスカブリダニの幼虫は成虫より攻撃能力が劣るため，ハダニ類

表 2.7 ミカンキイロアザミウマ 1 齢幼虫を餌としたときのククメリスカブリダニ雌成虫の 1 日の捕食量に及ぼす温度と湿度の影響 (Shipp *et al.*, 1996)

相対湿度 (%)	温度 (℃)		
	15	20	25
12	5.90	5.00	7.75
33	6.75	6.75	4.25
55	8.92	6.81	3.75
75	8.65	7.47	5.45
97	9.57	9.86	9.35

や花粉などを代替餌として利用しており，それでも餌がないと共食いをしているものと思われる (Sabelis and van Rijn, 1997). 捕食能力は性別や交尾経験の有無，植物の種類により異なる. 雌成虫は雄成虫より，既交尾雌は未交尾雌より捕食能力が高い. 表面に毛茸の多いキュウリよりは，毛茸の少ないピーマン上で捕食効率が高い. 既交尾雌成虫は，ピーマン葉上では 1 日当たりミカンキイロアザミウマ 1 齢幼虫を，10 頭程度捕食できる (Shipp and Whitfield, 1991). ミカンキイロアザミウマに対する捕食能力は 17～25 ℃に管理された温室では高湿度の方が高い傾向が見られた (Shipp, *et al.*, 1996) (表 2.7). ミカンキイロアザミウマを与えるとククメリスカブリダニの卵・幼虫期の発育日数は 20, 25 ℃でそれぞれ 11.1, 8.7 日，発育零点は 7.7 ℃である. 雌成虫の日当たり産卵数は 20 ℃で 1.5 個である (Gillespie and Ramey, 1988). 成虫の寿命は 25 ℃で雌が 34.3 日，雄が 18.9 日であり，雌の産卵前期間は約 3 日である. 成虫の生存率は 25 ℃以上の高温で低湿度では著しく低下する (Shipp and van Houten, 1997). 性比はやや雌比が高く約 60 %である. 内的自然増加率は 28～29 ℃で最も高く 0.2 近くに達するが，32 ℃では高温障害のため増殖不可能である (Cloutier *et al.*, 1995). 利用され始めた頃は短日低温条件で生殖休眠する系統が利用されており，臨界日長は昼間 22 ℃ 夜間 17 ℃ の条件で 12.45 時間であった (Morewood and Gilkeson, 1991). 温室栽培キュウリのミカンキイロアザミウマ防除のため放飼されたククメリスカブリダニは下位葉と中位葉に多いが，上位葉には少

表2.8 キュウリ株上におけるミカンキイロアザミウマと
ククメリスカブリダニの分布（Steiner, 1990）

株内の位置	ミカンキイロアザミウマ		ククメリスカブリダニ
	成虫数/葉	幼虫数/葉	成虫数/葉
頂部	0.94	7.97	0.48
中位	2.05	32.61	2.72
下部	2.49	19.06	3.08

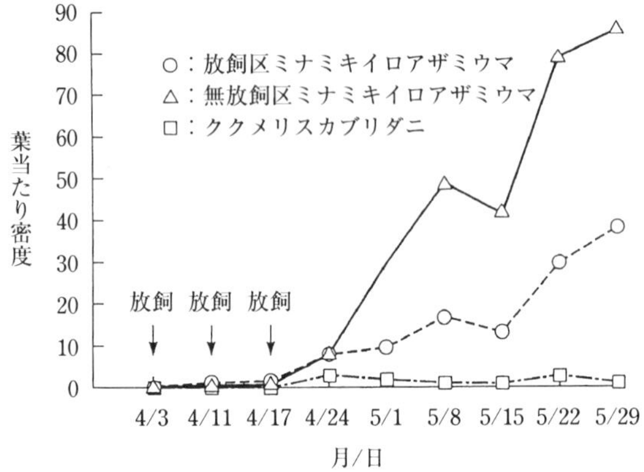

図2.19 半促成栽培ナスのミナミキイロアザミウマに対するククメリスカブリダニの放飼効果（足立, 2001）

なく，ミカンキイロアザミウマの分布パターンと一致した．分布はやや集中的であった（Steiner, 1990）（表2.8）．

わが国におけるククメリスカブリダニの放飼法では，キュウリとイチゴのアザミウマ類に対し株当たり100頭，ナスとピーマンのアザミウマ類に対し株当たり50〜100頭を，発生初期から1週間間隔で3回株元に放飼する（小林, 1999）．カブリダニを収容した紙パックを植物体上に吊り下げるタイプもある．防除効果はヒメハナカメムシ類に比較して遅効的で放飼後もアザミウマ類が多少増えることもあるが（図2.19），花粉やハダニの卵などの代替餌を食べて増殖できるため（表2.9），アザミウマ類の発生初期に予防的に放飼するには適している．

表 2.9　植物の花粉またはアザミウマを与えた場合のククメリスカブリダニの生活史データ（van Rijn and Sabelis, 1990）

餌の種類	発育		日当たり産卵数	日当たり内的自然増加率 r_m
	生存率（%）	1 世代期間（日）		
ソラマメ花粉	＞80	13	0.5	0.08
アイスプラント花粉	＞80	12	1.0	0.11
ピーマン花粉	＞80	13	0.9	0.10
ミカンキイロアザミウマ	–	12	1.5	0.13
ネギアザミウマ	–	9	1.4	0.15

ククメリスカブリダニの大量増殖技術および放飼技術は，近縁種の *Amblyseius barkeri* (Hughes) とともに進められた．*A. barkeri* の方が薬剤耐性が高く大量増殖も容易であったにもかかわらず，現在ではククメリスカブリダニのみが利用されている．ククメリスカブリダニの方が花粉のみで十分増殖でき，予防的放飼に適していたことが大きな理由である．ククメリスカブリダニの短所の一つは，高温や低湿度では生存率や増殖率が著しく低下することである．この対策として最近になって，より高温や乾燥に対する耐性が高く非休眠性のディジェネランスカブリダニ *Amblyseius degenerans* Berlese の利用技術が開発された（van Houten *et al*., 1995 a）．この種はククメリスカブリダニとの競争にも優勢であり，ミカンキイロアザミウマに対する効果もより高いが（van Houten and van Stratum, 1995），唯一の弱点はコナダニ類で増殖できないため生産コストが極めて高くなることである（Ramakers, 私信）．しかしディジェネランスカブリダニはマメの 1 種（caster bean）の花粉で大量生産することが可能で，このマメをバンカー植物として利用する方法も試みられている（Ramakers and Voet, 1996）．ククメリスカブリダニが花粉で増殖できるため，ピーマンのように花粉を生産する作物では放飼後の定着率が高まる一方，キュウリのように花粉を生産しない作物では定着が不安定になる．(van Rijn and Sabelis, 1990)．

利用され始めたころのククメリスカブリダニの大きな欠点は，短日条件における生殖休眠による効果の低下であった．これについては，室内淘汰による非休眠系統の作出が試みられた．休眠性の弱いニュージーランドの系統を

10世代淘汰した結果，休眠率を0にすることができ，休眠誘起条件下でも休眠しなかった（van Houten *et al.*, 1995 b）．現在は非休眠性系統も実用化されている．

（4）アブラムシ類の天敵

a. アブラムシ類の生態と防除

アブラムシ類は施設栽培の主要な害虫グループの一つであり，多くの害虫種は多食性である．ワタアブラムシ *Aphis gossypii* Glover は多くの観賞植物やウリ類等の野菜の主要害虫である．チューリップヒゲナガアブラムシ *Macrosiphum euphorbiae*（Thomas）は，トマトの主要害虫であり，ウイルスの媒介者でもある．モモアカアブラムシ *Myzus persicae*（Sulzer）は，多食性で増殖能力が高く，またワタアブラムシと並んで殺虫剤抵抗性を発達させる能力が高い．特に野菜，果樹や観賞植物の害虫として重要である．アブラムシ類の生活環は複雑で，夏と冬で寄主植物を転換したり，繁殖戦略が異なる種が多い．しかし温室内では，アブラムシは単性生殖で雌のみで急速に繁殖する．アブラムシは葉や新梢から師管液を吸汁して，奇形，萎縮，落葉などを引き起こす．花や花芽を加害すると退色や花芽の落下を引き起こす．間接的被害としてはウイルスを媒介する．また大量の甘露を排泄し，それを栄養源としてスス病が蔓延する．温室内におけるアブラムシの増殖は極めて速く，防除には複数の手段の併用が必要となる．

アブラムシ類は，施設栽培だけでなく，露地野菜，花き，畑作物，果樹，森林などあらゆる作物の主要害虫であり，和文，英文を問わず多くの総説がある．英文で最も包括的な総説として，Minks and Harrewijn（1987）がある．和文では野菜のアブラムシについて田中（1976）や農家向けの谷口（1995）がある．施設栽培のアブラムシの生態については，Hussey and Scopes（1985）や Albajes *et al.*（1999）の中に述べられている．

b. 寄生蜂類

アブラムシ類の寄生蜂はアブラバチ亜科もしくはツヤコバチ科に属し，前者の方がアブラムシ類のみに寄生し，より重要である．アブラバチの中ではコレマンアブラバチ *Aphidius colemani* Viereck (図 2.20) が，ワタアブラムシとモモアカアブラムシの防除に広く利用されている．施設園芸害虫のアブラムシ類に対して天敵利用が開始されたころは，別種の *A. matricariae* Haliday が利用されていたが，ワタアブラムシには有効でなかったので，コレマンアブラバチが利用されるようになった．コレマンアブラバチは1頭のアブラムシに1個の卵を産みつけ，アブラムシの体内で孵化した幼虫は4齢を経過してから蛹になる．寄生されたアブラムシは膨張して光沢のある薄茶色のカラのようになり，マミーと呼ばれる．成虫はマミーに小さな穴をあけて羽化してくる．通常，羽化1日後に交尾し，受精卵から雌，未受精卵から雄が生まれる．雌雄の比率は約2:1である．雌成虫はアブラムシに遭遇すると，腹部を曲げて前脚間の胸部の下にもってきて腹部を突き出し，産卵管をアブラムシの体に突き刺して産卵する（マライス・ラーフェンスベルグ，1995）．コレマンアブラバチはモモアカアブラムシとワタアブラムシを同程度選好し，寄生後の生存率も変わらない (van Tol and van Steenis, 1994)．キュウリのワタアブラムシに対するコレマンアブラバチの寄生能力および防除効果は，ほかのアブラバチ3種，*A. matricariae*，*Ephedrus cerasicola* Starý，*Lysiphlebus testaceipes* Cresson と比較して最も優れていた (van Steenis, 1995 a)．コレマンアブラバチはキュウリ上のワタアブラムシとほぼ同じ高い内的自然増加率を示し，20℃で 0.352，25℃で 0.438 であった (van Steenis, 1993) (表 2.10)．わが国でナスのワタアブラムシを用いた調査では，25℃でコレマンアブラバチ雌成虫の生存日数は 5.8 日，最大生涯産卵数は 384 個となった（山下・矢野，1996）．

図 2.20　コレマンアブラバチ雌成虫（写真，アリスタ　ライフサイエンス社）

コレマンアブラバチは，1998年にキュウリとイチゴのアブラムシ類を対

表 2.10　コレマンアブラバチとワタアブラムシの日当たり内的自然増加率 r_m の比較（van Steenis, 1993）

コレマンアブラバチ								ワタアブラムシ	
20℃				25℃				18℃	24℃
x	l_x	m_x	r_m	x	l_x	m_x	r_m	r_m	r_m
13.71	0.859	89.84	0.352	11.00	0.722	102.68	0.438	0.38-0.44	0.37-0.45
14.71	0.859	55.22		12.00	0.722	80.67			
15.71	0.814	26.01		13.00	0.682	35.56			
16.71	0.769	11.59		14.00	0.441	18.29			
17.71	0.588	2.97		15.00	0.281	2.08			
18.71	0.317	0.40		16.00	0.201	12.64			
19.71	0.226	0.00		17.00	0.080	9.79			
20.71	0.181	0.00		18.00	0.080	0.00			
21.71	0.091	0.00		19.00	0.000				
22.71	0.091	0.00							
23.71	0.091	0.00							
24.71	0.091	0.00							
25.71	0.000	0.00							

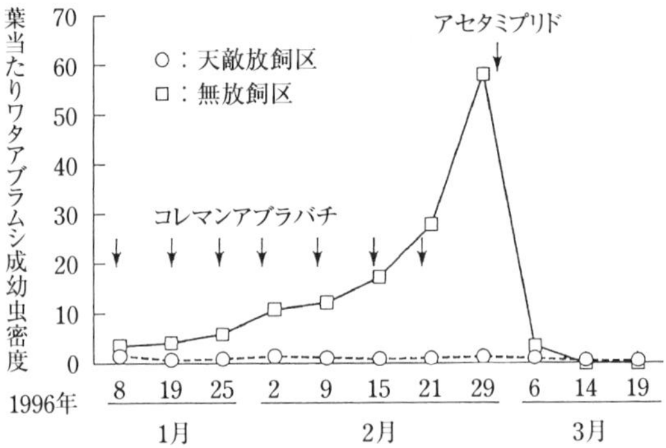

図 2.21　施設栽培イチゴにおけるワタアブラムシに対するコレマンアブラバチの効果（山下・藤富，1998）

矢印はコレマンアブラバチの放飼を示す．

象に農薬登録された．ボトルに入った成虫を 1 m^2 当たり 1～2 頭の密度で，発生初期から 1，2 週間間隔で連続して放飼する（日本植物防疫協会，1999）．イチゴのワタアブラムシに対する放飼試験では，無放飼区に比べ顕著な効果が得られた（山下・藤富，1998）（図 2.21）．コレマンアブラバチを利用する

図 2.22　コレマンアブラバチ用バンカー植物

場合，初期から予防的に高密度で放飼し，また連続してアブラバチが存在するようにしないと効果が安定しない（van Steenis and El-Khawass, 1995）．そこで継続的なコレマンアブラバチの放飼をねらって，代替寄主のムギクビレアブラムシを着生させた小麦をバンカー植物（図 2.22）として，コレマンアブラバチの放飼を行う方法が考案され，2 週間毎の連続放飼より効果の高いことが証明された（van Steenis, 1995 b）．同様のバンカー植物を利用してコレマンアブラバチとショクガタマバエの同時放飼も試みられ，キュウリのワタアブラムシの迅速かつ継続的な防除に成功した（Bennison and Corless, 1993）．チューリップヒゲナガアブラムシはコレマンアブラバチが寄生しないので，ツヤコバチ科の *Aphelinus abdominalis* やアブラバチ類の *Aphidius ervi* がヨーロッパでは利用されている．後者の方が遅れて利用技術が開発されたが，増殖能力が高く探索能力もより優れている（Rabasse and van Steenis, 1999）．

c. ショクガタマバエ

ショクガタマバエ *Aphidoletes aphidimyza*（Rondani）（図 2.23）はタマバエ科に属する捕食性天敵である．北米，ヨーロッパ，日本などに広く分布する．アブラムシ類以外捕食しないが，モモアカアブラムシ，ワタアブラムシなど主要害虫を含むアブラムシ類 60 種を餌として利用できる．わが国在来のショクガタマバエは沖縄を除く

図 2.23　アブラムシを攻撃中のショクガタマバエ幼虫（写真，コパート社）

全国に分布しており，19 種のアブラムシが餌種となっている（Yukawa *et al.*, 1998).

ショクガタマバエが捕食者として働く発育ステージは赤や橙色をした幼虫であり，アブラムシ類の脚に噛み付いて毒液を注入して麻痺させてから，胸部に取り付いて体液を吸収する．幼虫期間の発育にショクガタマバエ 1 頭当たり 7 頭のモモアカアブラムシしか必要としないが，過剰のモモアカアブラムシを与えると，多数の個体をただ殺すだけで摂食しない．幼虫の発育期間は 21 ℃で 3.8 日である（Uygun, 1971). 幼虫が十分成熟すると地上に降りて土中に潜り，繭を作ってから中で蛹化する．休眠しない場合の蛹期間は 12 ～14 日である．終齢幼虫期に短日を感知して，繭の中で休眠に入り越冬する．休眠の臨界日長は採集場所により異なる．春になると蛹は繭から出て地上に移動し，成虫が羽化する．成虫は 2 mm 程度の体長で脚が長く，雌の方が長く後方へ曲がった触角をもつ．繁殖は特殊で，1 頭の雌成虫がすべて雄かまたはすべて雌の子孫を残す．性比は雄 1 に対し雌 1.7 である．夜間や薄暮時のみ活動し，アブラムシ類の甘露を摂食するが，寿命は短く数日である．その間に 1 頭当たり 100 個程度の卵をアブラムシ類のコロニー内に産み付ける．産卵にはアブラムシ類および植物由来の化学刺激が関与していると推測されている．ショクガタマバエの形態や生活史については，Makkula and Tittanen (1985) やマライス・ラーフェンスベルグ (1995) が詳しい．

わが国ではショクガタマバエはキュウリのアブラムシ類に対し利用できる．蛹を 1 m^2 当たり 2 頭の密度で，発生初期から 1，2 週間間隔で連続して放飼する（日本植物防疫協会，1999)．キュウリのワタアブラムシに対する放飼試験では，効果の発現にはやや時間がかかるが，ある程度の効果は示した（柏尾，1996) (図 2.24)．増殖する際は，ピーマンやナスで飼育したモモアカアブラムシを餌として増殖し，幼虫が老熟してから葉ごと切り取って，それを湿った砂を敷き詰めたケージに移し，砂の中で蛹化させる（Markkula and Tittanen，1977)．多種のアブラムシ類を攻撃するため，モモアカアブラムシ，ワタアブラムシ，チューリップヒゲナガアブラムシなど多くの主要種の防除に利用できる（El- Titi，1974；Makkula and Tittanen，1977；

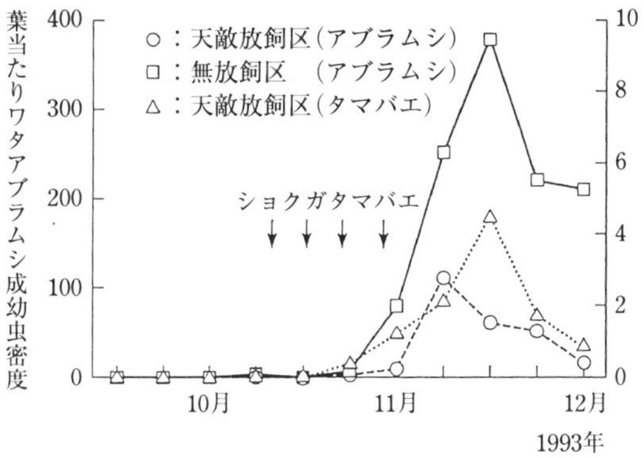

図 2.24　施設栽培キュウリにおけるワタアブラムシに対するショクガタマバエの効果 (柏尾, 1996)
矢印はショクガタマバエの放飼を示す.

Chambers, 1990). マメのヒゲナガアブラムシをソラマメに着生させたものを, バンカー植物として利用する試みも成功している (Hansen, 1983).

ショクガタマバエを利用する際の留意点は, 乾燥に弱いことと, 蛹で放飼するため, 捕食能力を発揮する幼虫に発育するまでに, 成虫の羽化, 交尾, 産卵, 次世代幼虫の孵化・発育という段階を踏まなければならないことである. そのため, 効果の発現に日数を要する上に, これらの段階のどれかで死亡したり, 交尾や産卵をしないと定着に失敗する. 成虫の羽化や交尾を助けるため, 放飼点に植木鉢をかぶせるなどの工夫が推奨されている. コレマンアブラバチと同様にアブラムシ類が初期発生の段階から放飼しなければならない (Makkula and Tittanen, 1985). 短日で休眠に入ると増殖しないが, 人工照明で休眠を打破することができる (Chambers, 1990). 高温の方がより効果が高い. 長所としては, 発育を完了するのにそれほど多数のアブラムシ個体を必要としないので, 捕食者としては生産コストが比較的安いことと, 定着性が高いため次世代以後の効果も利用できることである (Markkula and Tittanen, 1977).

d. クサカゲロウ類

クサカゲロウ類の中では, 特にヤマトクサカゲロウ *Chrysoperla carnea*

図 2.25 ヤマトクサカゲロウ成虫（写真，林直人氏）

(Stephens)（図 2.25）が生物的防除に広く利用されており，わが国でも 2001 年に登録された．本種は，幼虫が 5 目 70 種に及ぶ昆虫とハダニ類の捕食者である．アブラムシ類，キジラミ類，コナカイガラ類，ウンカ類，コナジラミ類の重要天敵であるが，ヤガ類の卵の捕食者としても知られている．

幼虫は 3 齢を経過した後，繭を作って蛹化する．成虫は甘露や花粉を食べて生存し蔵卵する．甘露に含まれるトリプトファンの分解物や植物の出す揮発性の物質に誘引される．雌は葉裏に長い柄をもつ卵を産み付ける．成虫は短日条件で休眠に入る．配偶行動における誘引には，雌雄とも腹部を振動させて発生する求愛ソングを利用している（Hagen *et al.*, 1999）．

ヤマトクサカゲロウは室内で大量生産した個体を野外や温室で放飼するか，野外虫を誘引，定着させて利用する．放飼する発育ステージは卵か若齢幼虫である．卵の方が放飼し易いが，共食いのため孵化率が低下し，効果の発現に 1 週間程度要する．畑作物では，ワタやダイズのヤガ類やコロラドハムシの防除への利用を目的として試験が行われている．露地のナス，ピーマン，トマト，ジャガイモのモモアカアブラムシなどを対象とする放飼試験も行われている．野外虫を利用する場合には，糖と蛋白を含む人工の甘露を散布することによりクサカゲロウ類を誘引し，産卵させる試験や，砂糖水の散布によって定着させる試験が行われている（Hagen *et al.*, 1999）．

温室における放飼については，最初イギリスでキクのモモアカアブラムシの防除でヤマトクサカゲロウの有効性が示された．1 日齢の幼虫をモモアカアブラムシに対して 1 : 50 の比率で放飼するとモモアカアブラムシは絶滅した（Scopes, 1969）．その後ピーマン，ナス，キュウリ，セロリ，レタスのモ

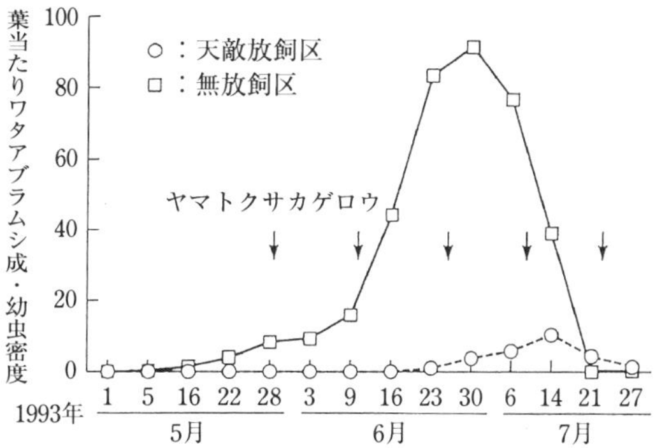

図 2.26　施設栽培メロンにおけるワタアブラムシに対するヤマトクサカゲロウの効果（戸田ら，1996）
矢印はヤマトクサカゲロウの放飼を示す．

モアカアブラムシを主体とするアブラムシ類に対して放飼試験が行われた（Tulisalo, 1984）．モモアカアブラムシに対する放飼比率は，幼虫を放飼する場合 1 : 5〜1 : 30，卵を放飼する場合は 1 : 1.3 が，十分な効果を得るため必要である．わが国でも施設栽培メロンを加害するワタアブラムシにヤマトクサカゲロウ 1 齢幼虫を放飼したところ，すぐれた防除効果を示した（戸田ら，1996）（図 2.26）．

クサカゲロウ類の活動し易い作物として，葉がよく茂り，アブラムシ類が均一に分布している作物がよい．クサカゲロウ類の活動は温湿度に影響され，30 ℃以上の高温や高湿度，散水は活動を妨げる（Tulisalo, 1984）．

e. テントウムシ類

テントウムシ類は野外ではアブラムシ類の有力捕食者であり，特に終齢幼虫の捕食能力が高い．温室で利用する場合，成虫で放飼すると窓から外へ飛び出し逃げる傾向が強い．したがって幼虫の放飼が現実的である（Rabasse and van Steenis, 1999）．ナミテントウムシ *Harmonia axyridis*（Pallas）や北米原産の *Hippodamia convergens*（Guérin- Méeneville）の放飼が試みられている．後者については野外の越冬地からの採集個体の利用が行われていたが，採集による生態系への影響や野外虫からのテントウムシの病気等の感染が問題視されている．室内増殖すると非常に生産コストが高いのが難点である．

(5) マメハモグリバエの天敵

a. マメハモグリバエの生態と被害

マメハモグリバエ *Liriomyza trifolii* (Burgess) は，フロリダ原産と推測されており，寄主植物となる作物や花の苗の移動にともなって世界中に分布を広げた．わが国では，1990 年に静岡県と愛知県で初めて発生が確認された．寄主範囲が広く，世界では 21 科 120 種以上にも及ぶ (Minkenberg and van Lenteren, 1986)．わが国で被害が大きいのは，施設栽培のキク，ガーベラ，セルリー，トマト，チンゲンサイなどである (西東，1992)．

幼虫が葉肉内に潜り，くねくねした線状の食害痕を残す．成虫は葉に多くの点状の食害痕や産卵痕を残す．これらの被害は農作物の外観を損ね，商品価値を著しく下げる．多発すると光合成阻害の結果，減収をもたらしたり苗を枯死させることもある．成虫は黄色と黒が混じった体色で，雌は雄より大きく腹部末端に発達した産卵管をもつ．雌は産卵管を利用して葉に穴を開け，産卵するだけでなく，しみだす汁液をなめたりする．成虫は黄色に誘引される習性があり，黄色粘着トラップが発生調査に利用される．幼虫は葉肉を摂食しつつ 3 齢を経過してから葉を脱出して，落下後地上で蛹になる．非休眠性で性比は 1 : 1 である．発育，産卵および増殖能力は，温度や寄主植物 (図 2.27) に強く影響される (西東ら，1995 a ; 小澤ら，1999 a)．内的自然増加率は 15，20，25，および 30 ℃でそれぞれ −0.0042，0.0655，0.1607 および 0.00995 となった．マメハモグリバエの総説としては，西東 (1992) の他，単行書として西東 (1994) がある．

b. 導入寄生蜂

わが国ではマメハモグリバエの防除のため 2 種の導入寄生蜂が実用化されている．コマユバチ科のハモグリコマユバチ *Dacnusa sibirica* Telenga (図 2.28) がオランダで，ヒメコバチ科のイサエアヒメコバチ *Diglyphus isaea* (Walker) (図 2.29) がイギリスで 1980 年代に実用化された．イサエアヒメ

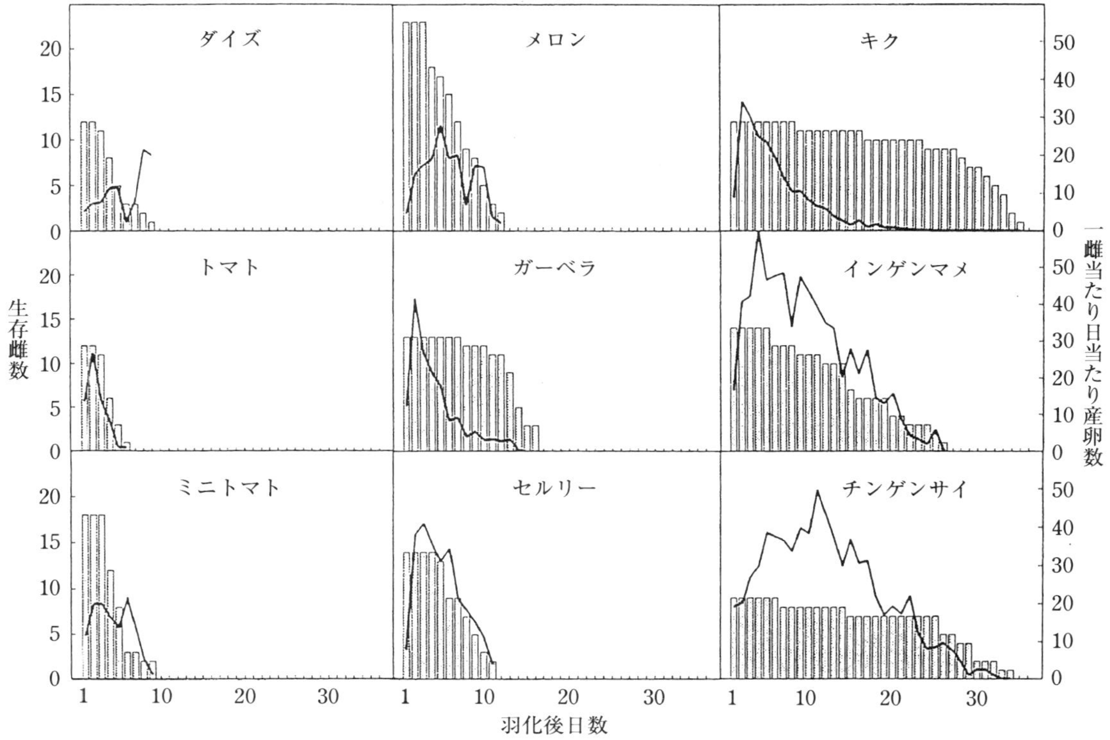

図 2.27　各種作物におけるマメハモグリバエ雌成虫の羽化後の生存と産卵（西東ら，1995 a）
棒グラフは生存雌数，折れ線グラフは 1 雌当たり日当たり産卵数を示す．

図 2.28 ハモグリコマユバチ雌成虫（写真，アリスタ ライフサイエンス社）

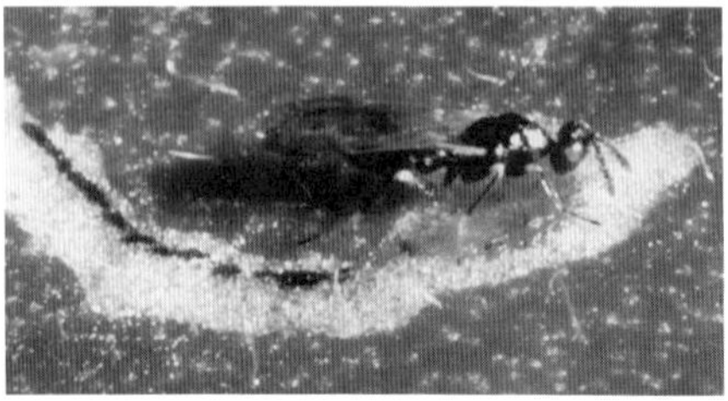

図 2.29 イサエアヒメコバチ雌成虫（写真，アリスタ ライフサイエンス社）

コバチはわが国にも土着しているが，商品化された系統はヨーロッパ原産の系統である．当初ハモグリコマユバチとは別種のコマユバチ科の *Opius pallipes* Wesmael が，近縁種のナスハモグリバエ *Liriomyza bryoniae*（Kaltenbach）に対して，イサエアヒメコバチがキクにつくハモグリバエの1種 *Chromatomyia syngenesiae* Hardy に対して利用された（Wardlow, 1985 a）．マメハモグリバエの侵入後，*O. pallipes* があまり有効でないことから，ハモグリコマユバチとイサエアヒメコバチの2種の利用技術が，マメハモグリバエに対して確立された（Minkenberg and van Lenteren, 1990）．北米ではキクのマメハモグリバエに対して，ヒメコバチの *D. begini* や *D. intermedius* の利用が試みられている（Parrella *et al*., 1987；Heinz *et al*., 1990）．

ハモグリコマユバチは黒色で体長2〜3 mmの内部寄生蜂であり，体長と同程度の長い触角を持つ．雌成虫は触角で葉を叩きながら葉上で探索してハモグリバエ類の幼虫を発見し，その体内に産卵する（Wardlow, 1985 a；Onillon, 1999）．本種の生態については，ほとんどすべてナスハモグリバエを寄主として研究されている．雌成虫は20 ℃では6日間に94個の卵を産

表 2.11　ナスハモグリバエを寄主とした場合のハモグリコマユバチ雌成虫の生存，産卵，増殖に及ぼす温度の影響 (Minkenberg, 1990)

項目	温度 (℃)		
	15	20	25
生涯産卵数	225	94	48
産卵期間 (日)	18.4	6.0	5.6
寿命 (日)	20.2	−	7.4
日当たり産卵数	11.4	14.2	8.6
純増殖率 R_0	91	40	21
日当たり内的自然増加率 r_m	0.107	0.145	0.163

むが，15 ℃では 18.4 日で 225 個産卵する (Minkenberg, 1990) (表 2.11). 雌はすでに寄生された幼虫への産卵を回避する傾向が強い (Hendrikse *et al.*, 1980). また若齢のナスハモグリバエの幼虫に好んで寄生する. この蜂の卵・幼虫期の発育期間は 22 ℃で 18.3 日である (Hendrikse *et al.*, 1980). 幼虫はナスハモグリバエの蛹内で蛹化し，その後成虫が羽化する. 内的自然増加率は 15，20，25 ℃でそれぞれ 0.107，0.145 および 0.163 である (Minkenberg, 1990).

イサエアヒメコバチは多寄生性の外部寄生蜂とされているが，通常は単寄生する. 体長が 1〜2 mm の緑がかった黒色の寄生蜂で触角は短い (Wardlow, 1985 a). 5 属 18 種のハモグリバエ類を寄主とする (Onillon, 1999). 雌成虫はハモグリバエ類の幼虫に毒液を注入して麻痺させ，動けないようにしてから幼虫の近傍または体表に 1 卵を産みつける. 孵化後，幼虫は外部寄生しながら 3 齢を経過して蛹になる. 蛹化時に脱糞したものを体外で円柱状にするので，外部から寄生の確認ができる. 成虫は寄生だけではなく寄主体液摂取によっても，多くのハモグリバエ類の幼虫を殺す. 蔵卵のため栄養を寄主体液摂取により補給していると考えられている (Wardlow, 1985 a). 雌成虫が寄生するか寄主体液摂取するかについては寄主齢が影響し，若い幼虫に対して寄主体液摂取を行い，老熟幼虫に寄生する傾向がある. また次世代成虫は，親成虫が 3 齢幼虫に寄生したときのみ雌が出現する (小澤ら，未発表).

表2.12 イサエアヒメコバチから産卵または寄主体液摂取で攻撃されたナスハモグリバエ幼虫数およびイサエアヒメコバチの寿命と温度の関係 (Minkenberg, 1989)

項目	温度 (℃)			
	15	20	25	8-22変温
寄主体液摂取個体数	192	70	73	48
日当たり寄主体液摂取個体数	8.1	2.2	5.8	2.2
生涯産卵数	293	286	209	263
日当たり産卵数	12.7	9.0	18.9	12.6
産卵前期間 (日)	1.4	2.2	1.1	2
寿命 (日)	23	32	10	21

イサエアヒメコバチの発育，産卵，増殖については，Minkenberg (1989) の詳細な研究がある．25℃でマメハモグリバエを寄主とした場合，卵から羽化するまでの発育日数は雌が10.5日，雄が10.3日であり，その間の死亡率は23%である．ナスハモグリバエを寄主とした場合25℃の雌成虫の寿命は10日で，生涯産卵数が209個，寄主体液摂取個体数は73個である (表2.12)．雌成虫の生涯産卵数や寄主体液摂取個体数は実験によりばらつきが大きく，25℃で前者が125個，後者が358個とする報告もある (Onillon, 1999)．内的自然増加率は15，20，25℃でそれぞれ，0.114，0.175，0.273と推定されている (Minkenberg, 1989)．

ハモグリコマユバチとイサエアヒメコバチの製剤には，それぞれ1種のみの単剤と両種を同数含む混合剤とがある．どれも羽化成虫がポリエチレンボトルに封入されており，放飼密度はイサエアヒメコバチ単剤が10a当たり100～200頭，ハモグリコマユバチ単剤が250～500頭，混合剤が1,000～2,000頭となっている (石井，1999)．ハモグリバエ類の発生初期から放飼を開始し，1週間間隔で3回もしくはそれ以上の回数放飼する．

ハモグリコマユバチは当初からイサエアヒメコバチや *O. pallipes* と併用されることが多く，単独使用による試験は少ない．オランダの温室トマトで1月からナスハモグリバエが発生していたケースでは，1月からハモグリコマユバチを早期放飼するとナスハモグリバエの増加を抑圧できたが，4月以後から放飼を開始すると6月に激発した．一方，無放飼区でも6月以後は温室周辺のイサエアヒメコバチ等の土着寄生蜂が侵入し，ナスハモグリバエの減少をもたらした (Hendrikse *et al*., 1980)．スウエーデンにおける試験では，蜂蜜，蜜源植物，コナジラミ類の甘露を与えることにより，ナスハモグリバエに対するハモグリコマユバチの寄生率が高くなった (Nedstam, 1983)．オランダでは，ハモグリコマユバチや *O. pallipes* は土着しており，野外で6月から活動し温室内に侵入する．それ以前はナスハモグリバエに対して土着寄生蜂の効果は期待できないが，6月以後の作付けでは土着寄生蜂を保護利用することにより被害を抑えられる (Woets and van den Linden, 1982)．ハモグリコマユバチが北欧で広く利用されるのに対し，イサエアヒメコバチは南欧でよく利用される．インゲンマメに発生したマメハモグリバエに対し初期放飼を行って，7週間後に80％の寄生率となった (Onillon, 1999).

最近，新たな放飼法として，ラナンキュラスを寄主植物として代替寄主のハモグリバエの1種 *Phytomyza caulinalis* Hering を飼育し，これをイサエアヒメコバチとハモグリコマユバチのバンカー植物として，レタスハモグリバエ *Liriomyza huidobrensis* (Blanchard) の防除に利用する方法が試みられた (Onillon, 1999).

わが国では，導入当初はハモグリコマユバチとイサエアヒメコバチの両種併用試験がいくつか実施された．静岡における試験では両種併用でも (小澤ら, 1993)，イサエアヒメコバチ単独放飼でも (小澤ら, 1999 b)，ハウストマトのマメハモグリバエに対して有効であった (図 2.30)．しかし6月以後に放飼した試験では，ハウス内に侵入した土着寄生蜂の寄生率が高くなって，導入寄生蜂の寄生率が上昇しない状況がしばしば観察された (西東ら, 1995 b)．導入種が有効であった試験でも，土着種が置き換わった試験でも，マメハモグリバエに対する効果は十分であった．

ハモグリコマユバチやイサエアヒメコバチの有効性に関する要因や両種の使い分けについては，両種の増殖能力やハモグリバエ類との同調性，種間干渉などと関連づけて議論されている (Wardlow, 1985 b ; Minkenberg and

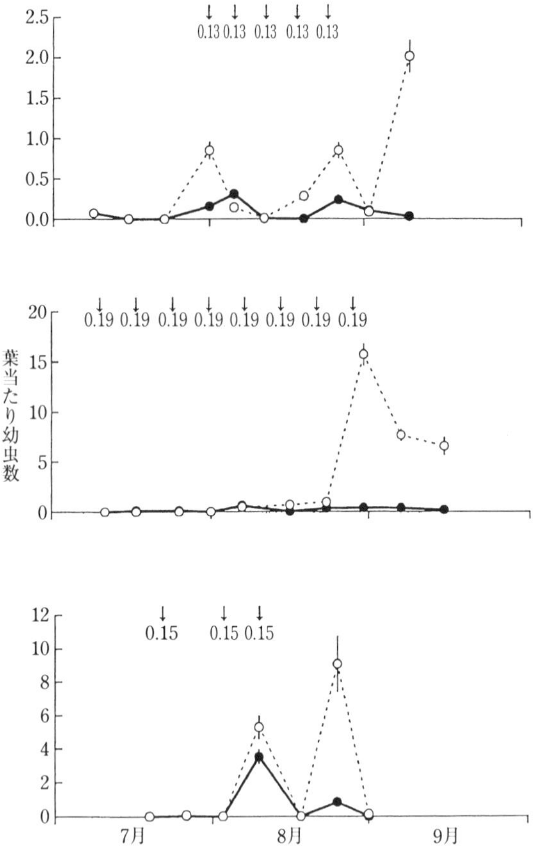

図2.30　施設栽培トマトにおけるイサエアヒメコバチ放飼によるマメハモグリバエの防除（小澤ら 1999 b）

各図は3回の試験の成績を示す．実線と破線はそれぞれイサエアヒメコバチ放飼区，無放飼区におけるマメハモグリバエの幼虫密度の変動，矢印と数字はイサエアヒメコバチ放飼時期と株当たり放飼密度を示す．

van Lenteren, 1990）．両種の内的自然増加率を比較すると，15 ℃では両種の寄生蜂はほぼ同等で，それ以上の温度ではイサエアヒメコバチが高い．また両種の寄生蜂の内的自然増加率はどの温度でもマメハモグリバエより高い（表2.13）．ハモグリコマユバチの優れている点は，マメハモグリバエと発育

表 2.13　異なる温度におけるマメハモグリバエ，ナスハモグリバエ，ハモグリコマユバチおよびイサエアヒメコバチの日当たり内的自然増加率の比較 (Minkenberg, 1989, 1990)

昆虫名	温度 (℃)		
	15	20	25
マメハモグリバエ	− 0.002	0.102	0.125
ナスハモグリバエ	0.046	0.116	0.184
ハモグリコマユバチ	0.107	0.145	0.163
イサエアヒメコバチ	0.114	0.175	0.273

日数がほぼ同じで発生が同調することである．イサエアヒメコバチは発育が早過ぎて発生時期が同調できず，世代が重ならない発生初期にうまく寄生できない可能性がある．両種に共通して言えることであるが，ハモグリバエ類の幼虫期間が短く，寄生に適した幼虫の齢期が限られているため，寄主と同調させるために複数回放飼が必要となる．また，探索能力は飛翔能力の優れたハモグリコマユバチの方が高いと予想される．種間の相互干渉では，外部寄生蜂のイサエアヒメコバチが常に有利であると考えられる．相互干渉の起こる頻度は寄生蜂の密度が高いほど起こる可能性が高くなる．以上からハモグリコマユバチは低温でハモグリバエ類の密度の低い発生初期に予防的に利用するのに適しており，イサエアヒメコバチは春から秋の高温時でハモグリバエ類が多発したり，土着寄生蜂の侵入が起きそうな状況で放飼するのに適していると考えられる．混合剤を用いればこのような使い分けの煩雑さは回避できる．

c. 土着寄生蜂

わが国におけるマメハモグリバエの土着寄生蜂としては，コマユバチ科 2 種，ツヤヤドリタマバチ科 2 種，コガネコバチ科 3 種およびヒメコバチ科 21 種の計 28 種が確認されており，種の同定には図解検索が利用できる (小西, 1998)．うち主要種はすべてヒメコバチ科に属するカンムリヒメコバチ *Hemiptarsenus varicornis* (Girault)， *Chrysocharis pentheus* (Walker)， *Neochrysocharis okazakii* Kamijo およびハモグリミドリヒメコバチ

Neochrysocharis formosa（Westwood）の4種である．静岡県下で温室および露地圃場におけるマメハモグリバエの捕食寄生者相が調べられ，16種が確認された．優占種は前述した4種であったが，温室ではカンムリヒメコバチが優占種であった（西東ら，1996）．沖縄県下の調査では12種が確認されたが，ハウスではカンムリヒメコバチ，ハモグリミドリヒメコバチおよび*N. okazakii*が優占種であった．ハモグリミドリヒメコバチの雌比がほぼ1に近かったことから，産雌単性生殖系統の存在が示唆された（Arakaki and Kinjo, 1998）．福岡県下の施設栽培のガーベラに発生したマメハモグリバエの調査では，主要寄生蜂はハモグリミドリヒメコバチと*C. pentheus*であり，寄生と寄主体液摂取による死亡がマメハモグリバエの重要な死亡要因であった（大野ら，1999）．

主要土着種4種の中では，カンムリヒメコバチがよく調べられており，形態的特徴（Bordat *et al.*, 1995）や温度と発育の関係（西東ら，1997）が明らかとなっている．マメハモグリバエで飼育すると，25℃では雌雄ともに卵から羽化するまでの日数は約9日である（表2.14）．イサエアヒメコバチと同様に，寄生と寄主体液摂取でマメハモグリバエ幼虫を殺すが，若齢幼虫を寄主体液摂取に，老熟幼虫を寄生に利用する傾向がある．また次世代の成虫の性が寄主幼虫の齢に強く影響され，若い幼虫に寄生するほど雄比が高くなる（矢野ら，未発表）．本種の生態や飼育については西東（1997）の総説がある．最近では，沖縄で発見されたハモグリミドリヒメコバチの産雌単性生殖系統が，増殖率の高さから生物的防除に有望視されている．

表2.14　マメハモグリバエとナスハモグリバエを寄主とするカンムリヒメコバチの発育日数と温度の関係（西東ら，1997）

寄主	雌雄	温度（℃）				
		15	20	25	30	35
マメハモグリバエ	雌	23.0	13.5	8.8	7.0	8.1
	雄	22.3	12.5	8.6	6.0	7.4
ナスハモグリバエ	雌	22.6	13.0	9.0	–	–
	雄	22.1	12.0	8.8	–	–

3．施設園芸におけるＩＰＭ

（1）天敵利用とIPM

施設園芸において害虫防除のため天敵を利用する場合，天敵で防除できる害虫の種類は限定されており，単独では防除効果が不完全なこともある．したがって天敵で防除できない害虫の防除技術，病害防除技術，栽培技術との調和を考えなければ天敵利用の実用化は不可能である．その意味からIPM的な視点が必要である．

現在の施設園芸におけるIPMは，各作物のすべての主要病害虫を対象に，天敵利用を含む生物的防除手段を基幹技術として組み立てられている．天敵の利用を基幹技術とする場合，農薬の施用だけではなく，栽培技術，作物の種類や品種まで考慮に入れる必要がある．なお施設園芸害虫のIPMに関しては Albayes *et al.*（1999），Gould (1987)，Hussey and Scopes (1985)，Jacobson (1997)，van Lenteren (1995)，van Lenteren and Woets (1988)，矢野 (2000) など多くの解説が出されている．

（2）施設園芸の環境条件と害虫の発生

施設園芸の環境条件の一般的な特徴として，作物を定植する時点では，ほぼ完全に害虫が存在しない状態で開始でき，風雨の影響が無く適切な温度管理がされた隔離環境であることである (van Lenteren, 1995)．このような条件では，一度害虫が侵入すると野外より速い速度で指数関数的に増加するため，頻繁な殺虫剤の施用が必要となる．このため施設園芸では害虫が殺虫剤抵抗性を発達させ易い．また施設園芸では野外に比べ，重要害虫がハダニ類，アブラムシ類，コナジラミ類，アザミウマ類などの吸汁性微小害虫にかなり限定されており，侵入害虫が多いのも特徴である (表2.15)．わが国では，1970年以後，オンシツコナジラミ，ミナミキイロアザミウマ，ミカンキイロアザミウマ，マメハモグリバエ，シルバーリーフコナジラミ，トマトハモグリバエが侵入し，いずれも主要害虫となった．

表2.15　施設園芸野菜の主要害虫（日本植物防疫協会，1998）

野菜の種類	害虫名
トマト	オンシツコナジラミ，シルバーリーフコナジラミ，マメハモグリバエ，モモアカアブラムシ，ワタアブラムシ，トマトサビダニ，サツマイモネコブセンチュウ
ナス	ミナミキイロアザミウマ，オンシツコナジラミ，シルバーリーフコナジラミ，モモアカアブラムシ，ワタアブラムシ，ハスモンヨトウ，ナミハダニ，カンザワハダニ，チャノホコリダニ，サツマイモネコブセンチュウ
ピーマン	ヒラズハナアザミウマ，ミナミキイロアザミウマ，ミカンキイロアザミウマ，モモアカアブラシ，ワタアブラムシ，ハスモンヨトウ，チャノホコリダニ
キュウリ	ミナミキイロアザミウマ，オンシツコナジラミ，シルバーリーフコナジラミ，モモアカアブラムシ，ワタアブラムシ，オカボノアカアブラムシ，サツマイモネコブセンチュウ
スイカ	ミナミキイロアザミウマ，モモアカアブラムシ，ワタアブラムシ，ナミハダニ，カンザワハダニ，サツマイモネコブセンチュウ
イチゴ	ミカンキイロアザミウマ，ワタアブラシ，イチゴクギケアブラムシ，イチゴネアブラムシ，ハスモンヨトウ，ドウガネブイブイ，ナミハダニ，カンザワハダニ，イチゴメセンチュウ，クルミネグサレセンチュウ

現在実用化されている天敵利用やIPMの技術は，北欧で開発された技術が基礎となっており，そのままわが国で当てはめるには問題がある．実用化に際しては北欧とわが国における状況の違いを認識して，わが国独自のIPM戦略を考える必要がある．北欧の温室は大規模ガラス温室であり，加温と窓の自動開閉により精密な温度管理がされている．温度はおおよそ20℃前後で安定している．温室内部は周辺から隔離された環境であり，周辺からの害虫や土着天敵の侵入は限られている．ロックウールなどを利用した養液栽培が広く普及しており土耕は少ない．また耐病性の品種の利用が普及している．これらの条件から，病害の問題は少なく地上部の害虫が主要な問題である．一方，わが国は地中海沿岸諸国のイタリア，スペイン，フランスと状況が似ている．温室は大部分が小規模のビニルハウスであり，換気のため温室を部分的に開放するので周囲との隔離は不十分である．そのため高温期には周囲からの害虫の侵入と土着天敵の侵入が頻繁に起こる．温室の内部は春から夏にかけては高温になり易い．一方，無加温栽培もよく行われ，冬期は夜

間温度がかなり低下することもある．したがって温室内が極端な高温や低温条件になる．土耕が主体で湿度が高く，土壌病害や地上部の病害が発生し易い．それにともない殺菌剤が頻繁に散布される (van Lenteren *et al.*, 1992)．天敵昆虫の利用には，北欧の温室は極めて好適な条件である．好適な温度条件で，しかも周囲からの土着昆虫による撹乱が少ないので放飼された天敵は安定した効果を発揮できる．南欧諸国やわが国では条件はより厳しいが，例えば高温下でも有効な天敵の利用技術を開発したり，温室の周辺の土着天敵を積極的に利用するなどの方向で打開が図られている．

(3) IPM における個別技術

温室内では害虫は侵入後指数関数的に増加するため，防除戦略としては初期密度をできるだけ下げるか，侵入後の増殖率を下げるかのどちらかである．前者は圃場衛生や侵入防止といった予防的技術である．後者は継続的効果をもつ天敵放飼や耐虫性品種の利用，環境制御などの技術と，一時的な効果をねらいとする殺虫剤施用とがある (表 2.16)．発生調査は防除手段を講じる時期の決定と防除効果の確認のために必要である．

a. 初期密度の低下—圃場衛生と侵入防止

圃場衛生は耕種的防除法，侵入防止は物理的防除法の 1 種であるが，とも

表 2.16　施設園芸害虫の IPM における個別防除技術

侵入防止による害虫初期密度の低減 (予防的技術)		
	防虫ネットの利用による遮蔽	
	温室の内部，周辺における害虫の寄主植物となる雑草の除草	
	育苗期のクリーンな管理	
	定植前の消毒	
害虫の増殖能力の低減		
	長期的な効果を持つ技術 (IPM 基幹技術)	
		耐虫性品種の利用
		天敵の利用
		温湿度制御
		輪作など耕種的防除技術
		トラップによる誘殺
	一時的効果をもつ技術 (治癒的技術)	
		殺虫剤施用
		蒸しこみなど一部の物理的防除法

に害虫の初期密度を下げる効果がある．圃場衛生は害虫の発生源を管理する方法であり，温室内および周辺の害虫の寄主植物となる雑草の除去，害虫の発生しない育苗期の管理が含まれる．温室周辺の除草は定植後に行うと，かえって施設内への害虫の侵入をもたらすことがあるので注意が必要である．侵入防止は温室の換気口，出入り口，窓などから害虫が侵入しないように防虫ネットなどを張る方法である．微小昆虫の侵入防止には細かい目のネットが必要であり，換気に支障をきたす可能性があることが問題である．害虫に忌避効果のあるシルバーネットなども利用されている（Jacobson，1997）．また近紫外線除去フィルムの効果も基本的には侵入防止であると言われている．

b．増殖率の継続的低下—天敵放飼，耐虫性品種の利用および環境制御

天敵放飼は害虫の増殖率の継続的低下をもたらす．放飼密度，環境条件，害虫や天敵の増殖能力，天敵の攻撃能力に応じて，害虫をほぼ絶滅させたりする場合や，害虫の増殖を遅らせる場合がある．殺虫剤施用以外の防除法は天敵には余り影響しない．

耐虫性品種の利用は，耐病性品種の利用と異なり，わが国ではほとんど普及していない．オランダでは，オンシツコナジラミに耐虫性のトマト，ナミハダニやミカンキイロアザミウマに耐虫性のキュウリが最近開発された（van Lenteren，1995；Jacobson，1997）．IPMにおける利用を指向して開発されたため，完全に害虫の加害を受けない強い耐虫性ではなく，増殖率をかなり抑える不完全な耐虫性である．

環境制御としては，冬期の夜の管理温度を上げて天敵の活動や増殖を助長させる方法，温室内を閉め切って一時的に高温にして害虫を死滅させる方法などがある．また地上部の病害の管理には換気により湿度を低く保つ方法がある．ショクガタマバエ，ヒメハナカメムシ類，カブリダニ類など一部の捕食性天敵は短日条件で休眠し，成虫が産卵しなくなることが知られている．これに対応するため，人工的に長日照明を行う方法がショクガタマバエやヒメハナカメムシ類を対象に試みられている．害虫や天敵の温湿度，日長に対

する反応を利用した環境制御は理にかなった方法であるが，適用するにはコストがかかるのが難点である．

c. 増殖率の一時的低下―殺虫剤施用

殺虫剤施用はIPMにおいても重要な防除技術である．ただ天敵と調和させて利用するには注意が必要である．調和させるには薬剤そのものが害虫に有効で天敵に影響の少ない選択性殺虫剤を使う方法と，直接散布すれば天敵に影響のある薬剤の施用法を工夫して天敵に影響がないようにする方法がある．前者の薬剤としては，BT剤のように生物由来の薬剤や最近開発の進んでいるIGR系の薬剤がある．なお，通常の殺虫剤は天敵に極めて有害であるが，ほとんどの殺菌剤は影響が無く，殺ダニ剤には天敵昆虫に影響の少ない薬剤がかなりある．後者については，DDVP（ジクロルボス）のように残効の短い薬剤で害虫を防除して，その天敵に対する影響が消失してから天敵を放飼する方法や，害虫のホットスポットに局所散布したり，薬剤を散布しない畝を残して天敵を保護する方法がある．また浸透性殺虫剤を粒剤として定植時に土壌施用すれば，散布剤として影響がある薬剤でも薬剤が天敵の体に直接触れることがないため，天敵に対する影響を軽減できる．養液栽培では，養液中に浸透性殺虫剤を混ぜることも考えられる．これらの考え方はわが国におけるIPMの体系化にも生かされている．

d. 発生調査

IPMにおける発生調査では，個体群動態調査のように密度を一定の精度で推定することより，要防除密度に達したかどうかを簡便に判断することが要求される．施設園芸の主要害虫のうち，コナジラミ類やハモグリバエ類の成虫は黄色に，アザミウマ類の成虫は白色や青色に誘引されることを利用して，これらの害虫の発生調査には有色の粘着トラップがよく使われる．トラップの利用は簡便ではあるが，トラップ上の捕獲頭数が，温度やトラップの位置，植物の繁茂状況等種々の要因に影響されるため，発生密度を必ずしも反映しないので注意が必要である．トラップを利用できないハダニ類やアブラムシ類の無翅虫などでは植物の直接観察に頼らざるを得ない．簡便な直接観察による密度推定法として存在頻度率の利用がある（図4.6参照）．存在頻度率の調査では，葉や株などの調査単位ごとに虫がいるかいないかだけを確認すればよく，個体数調査は不要である．また要防除密度に達したかどうかを確認する統計的検定法として逐次検定法があり，存在頻度率を利用した逐次検定法も開発されている．逐次検定ではサンプルを取るたびに検定を行い，要防除密度に達したかどうかの検定を最小サンプル数で行うことができる．これらの統計的手法を利用するには，事前に害虫や天敵の分布に関するデータを作物や作型別に収集しなければならない（Yano，2002）．

（4）IPM技術の体系化戦略

天敵利用を基幹技術とする体系化を行う場合の技術的ポイントは以下の通りである（矢野，2000）．

a. 作物別にあらゆる病害虫を対象とした体系化を考える．
b. 病害虫の種類が少ない作物を対象とする体系化が容易である．
c. 授粉昆虫を利用する作物が受け入れられ易い．
d. 圃場衛生（育苗期管理，除草）と侵入防止は可能な限り対策を施す．
e. 害虫の管理は，天敵と殺虫剤の組み合わせで体系化する．1種類の害虫に対して天敵と選択性殺虫剤の両方が利用できるようにするのが望ましい．天敵利用を基本とするが，防除に失敗した場合選択性殺虫剤が必要となる．選択性殺虫剤も多用すると害虫の抵抗性の発達を招く恐れがある．
f. 天敵を利用する場合，活動に好適な条件でのみ利用する．または温湿度管理等により環境条件を天敵に好適な条件に積極的に保つ．
g. 耐病虫性の品種を積極的に利用する．
h. 天敵の放飼時期決定および放飼後効果確認のための発生調査を行う．
i. 省力的な技術を開発，利用する．

このうちaはIPMの大前提である．bとcは天敵を利用し易い作物を示唆するもので，この観点から例えばトマトやイチゴがIPMに適した作物と考えられる．dは地味ではあるが着実な効果のある方法であり，IPMの基礎とも言える．eはIPM体系の主要技術である．gの耐病虫性品種の利用は今後より重視するべき技術開発である．fとhは天敵利用による防除をより安定かつ有効にするための補助手段である．iの省力化は IPM 技術の普及には是非とも必要である．天敵昆虫の放飼は化学農薬の散布よりはるかに省力的であることはいうまでもない．しかし殺虫剤と殺菌剤はよく混用されるので，殺菌剤を使っている限り農薬の散布の回数は減らないという指摘がある．また，たとえ生物農薬であっても微生物資材のように散布の労力を必要とする資材は省力化にはつながらない．一方，最近開発された有色テープに選択性殺虫剤を含浸させた製剤は成虫の色彩反応を利用して防除する方法で極めて省力的である．

(5) IPM と情報管理

IPM においては，問題が起こったときの対応は，問題の把握，複数の対策の立案，対策の評価，実施という過程を経ていると考えられる．これには種々の情報処理ツールが利用できる (Shipp and Clarke, 1999)．問題の把握や対策の立案には情報の入手が大切であるが，最近は電子メールで情報交換したり，サイトから関連情報を入手するのが容易に行える．また有用な関連情報を集積し，情報にアクセスするための応用プログラムを結びつけたデータベースの構築も重要である．複数の対策の評価基準としては，有効性，コスト，天敵への影響などが考慮されなければならない．評価して最適な対策を選択する場合も，リスクはあるが最も収益の高い対策を重視するか，最悪の場合でもある程度の収益をあげる対策を重視するかで選択は変わってくる．

作物の生長や病害虫の発生，天敵放飼の効果を予測できるシミュレーションモデルは対策の評価に有用である．施設園芸におけるトマトやキュウリの生長モデルは開発されている．天敵利用についても，ハダニ類に対するチリカブリダニ，オンシツコナジラミに対するオンシツツヤコバチ，ハモグリバエ類に対するヒメコバチ類の利用についてはシミュレーションモデルが開発されている．しかし大部分は研究のためのモデルにとどまっており，モデルを扱った経験のない人が，モデルを操作し結果を解釈して意思決定に役立てるには改良が必要である．施設園芸における生物相は野外に比べ極めて単純で環境条件も安定している．野外に比べモデル化が容易であると考えられ，今後の発展が期待できる．

エキスパートシステム（ES）は知識工学の手法で，簡単にいうと名医の診断をコンピューターでできるようにしたものである．情報を集約し一定の法則に基づいて診断したり，問題解決のための方法を評価し，最良の解決策を決めることができる．これまで最も広く使われているのが病害虫の診断である．またトマトの温度管理をトマトの成長，暖房コスト，病害発生，生理障害の発生を考慮して最適に管理するESが開発されている．これらエキスパートシステム，データベースシステム，シミュレーションモデルなどを有機的に結びつけたものがIPMにおける意思決定支援システム（Decision Support Systems またはDSS）である．

カナダのオンタリオ州ではHGMと呼ばれる施設園芸病害虫のIPMを支援するDSSが開発されている．HGMは病害虫診断，最良の防除対策の決定，コスト配分の計算，作物生産，病害虫発生消長，労力などのデータの蓄積ができる．HGMは単なるIPM支援システムの枠を越え，総合的作物管理（ICM）の枠組みをねらいとして開発された（Shipp and Clarke，1999）．

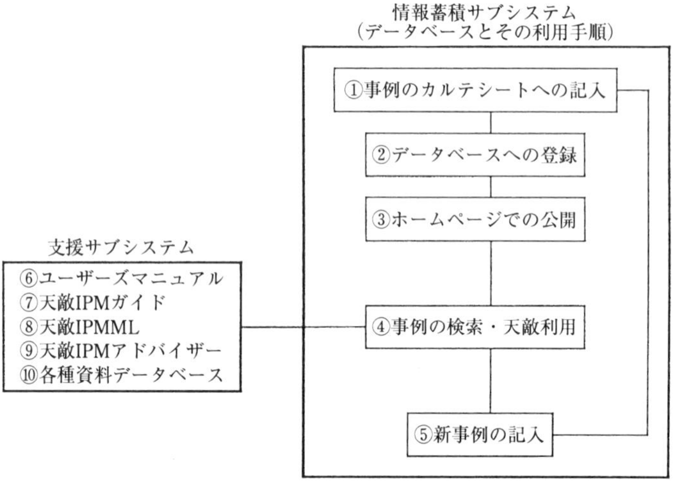

図2.31　天敵カルテシステムの概要
（天敵カルテ企画幹事会・農林水産省農業研究センター研究情報部，2000）

わが国でも天敵カルテ（天敵カルテ企画幹事会・農林水産省農業研究センター研究情報部，2000）と命名された天敵放飼試験データのデータベースシステムが開発されつつある．本体のシステムを支援するサブシステムとして，情報交換のためのIPMメーリングリスト，各種資料データベース（文献データベース，害虫・天敵画像データベース等）が利用できる（図2.31）．

(6) IPMの実例

表2.17にイギリスにおける施設栽培ピーマンの害虫に対するIPM体系（Jacobson，1997）を，表2.18と表2.19にアメリカにおけるキクの害虫のIPM体系（Parrella *et al.*，1999）を示した．イギリスのIPM体系は実用化されており，天敵利用と選択性殺虫剤の調和や併用が図られている．アメリカのシステムは開発途上である．わが国でも，実用化に当たって作物別に防除

表2.17　イギリスにおけるピーマンのIPMプログラム（Jacobson，1997）

害虫の重要度	害虫	防除方法
主要害虫	ミカンキイロアザミウマおよびネギアザミウマ	育苗時のククメリスカブリダニ利用と開花後のデイジェネランスカブリダニ放飼，害虫の多発場所へのヒメハナカメムシ類の局所施用
	モモアカアブラムシ	コレマンアブラバチの放飼
	ハダニ類	チリカブリダニ放飼と選択性の酸化フェンブタスズ剤の施用
	チョウ目害虫	BT剤の施用
二次的害虫	他のアブラムシ	選択性アブラムシ剤ピリミカーブの施用
	カスミカメムシ類	ヘプテノホスの局所施用
	ヨコバイ類	卵寄生蜂の放飼，IGR剤ブプロフェジンの施用
	ホコリダニ類	ククメリスカブリダニの放飼

表2.18　アメリカにおける施設栽培キク害虫IPMのための耕種的，物理的防除（Parrella *et al.*，1999）

時期	防除法
定植前	生産場所からの隔離，網掛け，薬剤局所施用
定植後	定植前の土壌消毒，過度の窒素施用回避，温室周辺の除草，周辺におけるハモグリバエ類の好む植物の栽培回避，連続栽培回避，大規模温室の分割，取り除いた植物残渣の速やかな除去

表2.19　アメリカにおける施設栽培キク害虫IPMのための発生調査法と生物的防除法（Parrella *et al.*, 1999）

時期	害虫	発生調査法	生物的防除法
定植前	モモアカアブラムシ	生長点観察と黄色粘着カード利用	*Verticillium lecanii*（糸状菌）
	マメハモグリバエ	黄色粘着カード利用と葉のサンプリング	*Steinernema feltiae*（昆虫寄生性線虫）
	シロイチモジヨトウ	フェロモントラップと観察	
定植後	マメハモグリバエ	黄色粘着カード利用と葉のサンプリング	*Diglyphus intermedius*（ヒメコバチ） *Steinernema feltiae*（昆虫寄生性線虫）
	シロイチモジヨトウ	フェロモントラップと観察	BT剤
	カスミカメムシ類	生長中の芽の観察	
	ミカンキイロアザミウマ	黄色粘着トラップと葉，花の観察	
	ナミハダニ	葉，花の観察	チリカブリダニ，オキシデンタリスカブリダニ

表2.20　施設栽培トマト害虫のIPMプログラムの例（石井，1999を一部改変）作型：7月下旬定植，9月～翌年6月まで収穫する中玉トマト

時期	薬剤名	処理量	回数	対象害虫
7月中旬	ピメトロジン粒剤	1g/株	1	コナジラミ類，アブラムシ類
8月下旬	硫黄フロアブル	400倍	1	トマトサビダニ
9月上旬以降	オンシツツヤコバチ	2.0頭/m^2	4	コナジラミ類
9月上旬以降	イサエアヒメコバチ	0.1頭/m^2	3	ハモグリバエ類
10月上旬	ルフェヌロン乳剤	2000倍	1	タバコガ等
1月中旬	ピメトロジン水和剤	3000倍	1	コナジラミ類
3月下旬	ルフェヌロン乳剤	2000倍	1	アザミウマ類
4月以降	オンシツツヤコバチ	2.4頭/m^2	2	コナジラミ類
4月以降	イサエアヒメコバチ	0.1頭/m^2	2	ハモグリバエ類

技術を調和させた体系が必須であるということはよく認識されている．表2.20にわが国におけるトマト害虫のIPMプログラムを示した．選択性殺虫剤と天敵昆虫を併用しているが，天敵の効果が劣る冬期は殺虫剤に切り替え，秋と春に天敵を使用していることが特徴である．また定植時に粒剤処理を行っている．

(7) IPM普及のための経済的，社会的，法的背景

IPMの普及のためには，天敵の効果を安定させる等技術的な側面だけではなく，防除技術としての経済性，社会的な理解や法的あるいは政策的なバックアップが必要である．経済性に関連してよく問題にされるのが，天敵利用のコストの問題である．現段階では単純に防除資材としての価格を化学農薬と比較すると天敵の方がかなり割高となっている（表2.21）．しかし農産物の生産コスト全体の中で，元来の防除コストの占める比率が低ければ天敵の価格はそれほど問題ではないであろう．施用にかかる労力を比較すれば天敵の方がはるかに省力的で安全である．また天敵を利用して生産された農産物をそうでないものと区別して消費者に提示して選ばせるようにするべきである．市場原理から自然に天敵を利用した生産物の価格が決まるであろう．IPMの普及には，普及組織が強くサポートする必要がある．研究者，普及担当者，農家の協力体制を築くことも重要である．技術の普及には，展示圃でIPMの有効性を農家に示したり，農家，研究者，普及担当者が研究会のような組織を作ったりすることも有効であろう．ニュースレターやインターネットで技術情報を流したり，質問を受け付けたりするような場を設けるのも望ましい．わが国で実際にこのような運動は，いくつかの県における研究会や天敵利用通信の発行，天敵カルテ構想などで進められている．天敵に関する法的規制としては，農薬登録の問題と環境影響評価の問題が重要である．わが国では農薬取締法により，天敵を販売するのに農薬として登録することが義務づけられてい

表2.21　イギリスにおける花壇用花卉の害虫防除のためのIPMと薬剤防除のコストの比較（単位はha当たり1作当たり×1000ポンド，Jacobson，1997）

支出	IPM	薬剤防除
資本		0.1
消費財		
アザミウマに対する天敵	0.93	
他の害虫に対する天敵	0.20	
作物に対する散布薬剤	0.06	0.8
消毒のための薬剤	0.10	
労力		
発生調査	1.80	0.47
散布または施用	0.70	1.10
合計	3.79	2.47

る．そして農薬登録に年数を要するため，農薬登録は天敵利用の普及を遅らせているという指摘がよくされる．確かにそういう面は否めないが，天敵の効果や品質を保証するという面ではプラスであると思われる．環境影響評価は特に導入天敵を新たに利用しようとする時に，放飼する生態系内の防除対象外の生物への影響を事前に評価しようとするものである．環境庁では1999年3月に生物農薬として利用する天敵の環境影響評価のためのガイドラインを公表した（第8章参照）．

4．施設園芸における天敵利用の原理

(1) 天敵の種類と特性

ある害虫を防除しようとする場合，天敵の種類により効果は異なる．生物的防除に利用される天敵として望まれる性質としては，高い増殖能力，高い捕食または寄生能力，強い競争能力などの性質が考えられるが，これらの性質すべてを兼ね備えた天敵は存在しない．

Sabelis and van Rijn (1997) はアザミウマ類に対する種々の捕食性天敵（カブリダニ類，捕食性アザミウマ類，ヒメハナカメムシ類，ハナカメムシ類，カスミカメムシ類，テントウムシ類，クサカゲロウ類）を比較して，大型

表2.22　主要なアザミウマ捕食者の体長，増殖能力および捕食能力 (Sabelis and van Rijn, 1997)

捕食者グループ	種名または和名	成虫体長 (mm)	内的自然増加率/日	生涯平均日当たり捕食率
カブリダニ	*Amblyseius barkeri*	0.31	0.220	1.25
カブリダニ	ククメリスカブリダニ	0.40	0.160	1.56
捕食性アザミウマ	*Aeolothrips intermedius*	1.8	0.109	3.3
ヒメハナカメムシ	*Orius insidiosus*	2.0	0.130	9.1
ヒメハナカメムシ	ナミヒメハナカメムシ	2.0	0.201	10.5
ヒメハナカメムシ	*O. tristicolor*	2.1	0.149	
ハナカメムシ	*Carayonocoris indicus*	3.1	0.083	8.8
カスミカメムシ	*Macrolophus caliginosus*	3.3	0.117	
テントウムシ	ナナホシテントウ	6.0	0.105	
クサカゲロウ	ヤマトクサカゲロウ	19.0	0.092	

の天敵ほど捕食能力が高く，小型の天敵ほど増殖能力が高いことを指摘した(表 2.22).

彼らはさらにアザミウマ類，各種アザミウマ捕食性天敵の内的自然増加率および捕食性天敵の生涯にわたる平均的日当たり最高捕食率を推定し，それらをパラメーターとする簡単な捕食者―被食者系のモデルを作成して，系の動態を予測した (ボックス 2.1). 彼らはこのモデルをパンケーキモデルと呼んだ. モデルの解から，被食者の動態は 3 通りのタイプ，すなわち ① 絶滅までの連続的減少，② 最初増加した後，絶滅まで減少，③ 連続的増加，が予測された. 実用的な観点からはタイプ 1 の被食者の動態，つまり防除対象害虫の連続的減少が望ましい. このようなタイプの効果をもたらすのは一般に大型捕食者である. 一方，カブリダニ類などの小型捕食者の効果はタイプ 2 の減少パターンになるが，増殖能力が高いため放飼条件にかかわらず必ず害虫を抑圧する. 大型捕食者は増殖能力が低いため，害虫に対する捕食者の初期密度比率が余り低いと害虫を抑圧できない. したがって，放飼した天敵による即効的な直接効果を重視する場合は，捕食能力の高い大型捕食者，次世代以後の増殖による長期的抑圧効果を重視するのであれば，増殖能力の高いカブリダニ類等の小型捕食者がよいと思われる.

このモデルからの予測は捕食者の移動を含んでいないため，害虫のコロニーに対する反応または狭い空間での予測と考えなければならない. 広い空間では，大型捕食者は一般に分散能力も高いため，対象害虫の密度が低いと十分捕食せずに分散してしまう可能性がある.

ボックス 2.1 Sabelis and van Rijn (1997) のパンケーキモデル

Sabelis and van Rijn (1997) は，アザミウマ類の捕食者を対象として，アザミウマ類の増殖能力，捕食者の捕食能力およびアザミウマ類と捕食者の初期密度比率が，アザミウマ類と捕食者系の動態に与える影響を単純なモデルを用いて評価した. 従来の個体群動態理論は平衡密度や安定性に関連付けて構築されてきたが，このモデルは元来不安定なモデルである．また捕食者と被食者の初期密度の影響を評価した点ではユニークな研究であり，特に施設園芸における天敵放飼の理論としては，アザミウマ類と捕食者の系だけにとどまらず，他の系にも適用できる有用な理論である．

モデルでは ① アザミウマ類の集団は小規模である，② 捕食者はアザミウマ類を食い尽くすまで移動しない，③ 捕食率は常に機能的反応の上限値である，④ アザミウマ類と捕食者の増殖率は一定である，という仮定が置かれている．モデルは以下のような Lotka − Volterra モデルを単純化した形である．

$$\frac{dN}{dt}=\alpha N-\beta P$$

$$\frac{dP}{dt}=\gamma P$$

ここで t は時間，N はアザミウマ密度，P は捕食者密度，α はアザミウマ類の増殖率，β は捕食者の捕食率，γ は捕食者の増殖率である．上式は簡単に解くことができ，時間 t のアザミウマ密度 N_t および捕食者密度 P_t は

$$N_t = N_0\,e^{\alpha t} - P_0\frac{\beta}{\gamma-\alpha}\left(e^{\gamma t}-e^{\alpha t}\right)$$

$$P_t = P_0\,e^{\gamma t}$$

となる．N_0 と P_0 はそれぞれアザミウマ類と捕食者密度の初期値である．この系は不安定で，アザミウマ類が無限大まで増殖するか，アザミウマ類を食べ尽くして捕食者も絶滅するかどちらかになる．後者の場合，アザミウマ類を食い尽くすまでの時間 τ は

$$\tau = \frac{1}{\gamma-\alpha}\ln\left[1+\frac{\gamma-\alpha}{\beta}\frac{N_0}{P_0}\right]$$

と計算でき，この値により捕食者のアザミウマ集団の抑圧効果を評価できる．

モデルから予測されたアザミウマ類の密度変動は ① 絶滅までの連続的減少，② 最初増加した後絶滅するまで減少，③ 連続的増加，という三つのタイプに分けられた．天敵利用のためには ① または ② の条件が防除のための条件であり，特に ① のタイプが望ましい．タイプ①または ② のための条件は

$$\frac{P_0}{N_0}>\frac{\alpha-\gamma}{\beta},$$

タイプ ① のための条件は

$$\frac{P_0}{N_0} > \frac{\alpha}{\beta}$$

である．結論として，捕食者のアザミウマ類に対する抑圧能力はアザミウマ類，捕食者の増殖能力，初期密度比および捕食能力に影響され，以下の予測が得られた．

① 捕食者の増殖能力がアザミウマ類より高ければ必ずアザミウマ類を絶滅させられる．

② アザミウマ類に対する捕食者の初期密度比が高いほど抑圧効果は高い．

③ 捕食率が高いほど抑圧効果は高い．

寄生性天敵の場合，寄生が増殖に直結しているため，一般に内的自然増加率が防除効果の指標とされる（van Lenteren and Manzaroli, 1999）．単寄生性捕食寄生者では，内的自然増加率が対象害虫より高くなければ抑圧効果は低いと思われる．捕食者は1頭が生涯で多数の害虫個体を捕食し，捕食が増殖に直結しない．内的自然増加率が対象害虫より高いことは，望ましい条件ではあるが害虫抑圧のための必須条件ではない．実用化されている寄生性天敵はほとんど単寄生性で対象害虫より高い内的自然増加率を示すが，コレマンアブラバチは防除対象害虫のワタアブラムシとほぼ同じ内的自然増加率を示す．この場合はできるだけ早い時期にアブラバチを放飼して，アブラムシに対するアブラバチの初期比率を高くする必要がある．

天敵の特性で重要ではあるが，天敵の評価に余り利用されていないのが寄主探索能力である．寄主探索能力は永続的利用においても重視される特性である．寄主探索能力を評価することは容易ではないが，特に低密度の害虫に対する天敵の効果の評価には極めて重要である．天敵の能力の指標として，室内実験で内的自然増加率が推定されたり，シャーレなどの狭い空間で機能的反応が調べられることが多い．しかしこのような実験は，理想的な餌条件における増殖，捕食能力を測る試験であり，得られた値は一応の目安にはなるが，正確な意味での評価法としては問題が残る．室内実験では天敵は寄主探索をする必要がほとんどないが，野外の天敵は寄主を探し回らなければならず，しかも十分量の寄主や餌を発見するとは限らない．室内で得られた最大増殖能力，最大捕食能力は現実には発揮されていないのである．潜在的な捕食能力や増殖能力が劣る種でも，探索能力が優れていれば低密度時の害虫抑圧効果が期待できる．探索能力を測る方法としては，植物体（株やポット植え植物）を丸ごと収納したケージ内に，寄主や餌昆虫と天敵を放飼して反応を調べる方法が考えられる．

天敵の性質としては特殊であるが，生産コストの安い天敵は利用する上で種々のメリットがある．まず一回の放飼量を増やすことにより，低い探索能力や捕食能力を補うことができる．また繰り返し放飼することにより低い増殖能力を補うことができる．この観点から，ククメリスカブリダニのような生産コストの安い天敵は使い易い．

（2） 物理的環境条件

物理的環境条件の中で，天敵の効果に最も影響が大きいのは温度条件である．実用化されている天敵は大部分 20～25 ℃で最も効果が高い．それより高温では生存率や産卵数の低下が起こり，低温では発育が遅延し生存率も低くなる結果，増殖能力が低下することが多い．低温条件は天敵の探索能力や捕食能力を低下させる．北欧の温度管理の行き届いたガラス温室で天敵の効果が安定しているのは，温度条件の好適さが一因である．わが国では，春以降昼間は高温になり易いので，チリカブリダニのような高温で効果の低下する天敵は効果が発揮できない．最近では，ミヤコカブリダニのように高温でも増殖能力の高い天敵も利用されつつある．一方，冬期の低温で効果の高い天敵は少ないが，ハダニバエは低温で捕食能力の高い天敵である．今後わが国では，高温や低温条件でも効果を発揮する天敵の探索と利用技術の開発が必要である．また温度を安定化させるような施設の改良が望ましい．例えば大型で背の高い温室の方が小規模温室より温度が安定する．

湿度については，カブリダニ類やショクガタマバエは乾燥に弱いとされている．寄生蜂類や，やや大型の捕食者は湿度の影響は余り受けない．日長は休眠の誘起に関係している．温帯性の捕食性天敵の多くは，成虫が短日条件で生殖休眠に入る．寄生蜂でも短日で休眠する種は多い．生殖休眠に入ると雌成虫が産卵せず増殖が不可能となる．これを克服するため，非休眠性の種や系統を利用するか，人工照明で休眠を打破するなどの方法が取られている．前者の方法が主流で，現在商品化されている天敵のほとんどは非休眠性の種か系統である．将来，温湿度や日長が精密に制御できるガラス温室が利用できるようになれば，病害を抑制する環境条件，利用する天敵の好適環境条件，作物の栽培条件を考慮した最適環境制御が可能となるであろう．

(3) 放飼方法

天敵の放飼技術としては，これまで種々の方法が考案された．おおまかに，まき餌法，害虫の発生調査に基づく放飼（ドリブル法)，定植直後からの定期的繰り返し放飼，およびバンカー植物法に分けられる（図 2.3 参照)．まき餌法は，まず少数の害虫を人為的に放飼してから，タイミングを見計らって天敵を放飼する方法である．現在最も広く使われているのが，発生調査で害虫の初期発生を確認してから放飼する方法である．天敵の繰り返し放飼は，害虫の発生の有無にかかわらず定期的に長期間放飼する方法で，害虫の発生調査が不必要であり，効果も安定すると思われる（van Lenteren, 1995)．この方法を適用するには天敵のコストが安いことが前提となる．

バンカー植物法は，天敵の害虫以外の寄主昆虫の着生した植物を，温室内に持ち込んで天敵を供給する方法である．通常の天敵放飼法では，大部分の天敵が放飼後害虫を発見できずに死亡したり，分散してしまうため効果が低下していると考えられる．バンカー植物法は天敵の生存率を高め，少しずつ安定した天敵の放飼ができる方法である．

天敵放飼の時期，密度および放飼回数はその効果に強く影響する．放飼時期は一般に対象害虫の発生が確認され次第，できるだけ早く行うのがよいとされる．しかし寄生性天敵の場合，寄生できる害虫の発育ステージが限定されているので，その発育ステージの害虫が存在しないと放飼後の寄生が効率的に行えない．分散能力の高い捕食者は，害虫の密度が極端に低いと定着して害虫を捕食せず分散してしまうとよく指摘される．しかし温室はある程度は閉鎖系であり，閉じ込められた条件で天敵がどのように行動しているのか

表 2.23　パンケーキモデルに基づくアザミウマの捕食者とアザミウマの初期密度比とアザミウマの絶滅の予測（Sabelis and van Rijn, 1997）

捕食者の種類	絶滅までの日数（初期比率 1 : 50 と仮定）	絶滅に必要な最低比率	タイプ 1 の絶滅に必要な最低比率
カブリダニ類	26.0	常に絶滅	1 : 9
捕食性アザミウマ類	24.0	1 : 97	1 : 17
ハナカメムシ類	6.5	1 : 217	1 : 51
カスミカメムシ類	5.0	1 : 228	1 : 67

アザミウマの内的自然増加率は 0.17 と仮定．タイプ 1 の絶滅についてはボックス 2.1 参照

よく研究されていない．ショクガタマバエやハダニバエのように，害虫のコロニー内で捕食する習性のある天敵は，ある程度密度が高くなってから放飼する方が効果を発揮すると考えられる．

天敵の放飼方法と防除効果の関係は Sabelis and van Rijn（1997）やいくつかのシミュレーション研究により論じられている（矢野，1988；Boot *et al*., 1992；Heinz *et al*., 1993；van Roermund *et al*., 1997）．Sabelis and van Rijn（1997）は，パンケーキモデルから，害虫に対する天敵の初期密度比率が天敵の抑圧効果やパターンに影響することを予測した（ボックス 2.1）．このモデルでは害虫は絶滅するか無限大に増殖するかのどちらかになるが，絶滅するまでの日数，絶滅に必要な初期密度比率，タイプ 1 の絶滅パターンに必要な初期密度比率が，カブリダニ類，捕食性アザミウマ類，ハナカメムシ類，カスミカメムシ類について計算された（表 2.23）．

Diglyphus spp. によるハモグリバエ類の防除に関して，寄生蜂の放飼方法はシミュレーションモデルで評価された．Boot *et al.*（1992）はトマトのナスハモグリバエに対するイサエアヒメコバチの放飼方法を評価した．ハモグリバエ放飼 3 世代目が出現するころにヒメコバチを放飼した場合，放飼時期が早く，放飼密度が高いほど効果は高かった．Heinz *et al.*（1993）は，温室栽培のキクを加害するマメハモグリバエの防除に対する，ヒメコバチの 1 種 *Diglyphus begini* の放飼方法を評価した．*D. begini* は定植後 14 日より以前に放飼しないと効果は期待できず，初期のマメハモグリバエと寄生蜂の密度比率はマメハモグリバエの平均密度と直線関係にはならないことが予測され

た．

オンシツコナジラミに対するオンシツツヤコバチの放飼条件について，矢野 (1988) は，オンシツツヤコバチの放飼時期は寄生に好適なコナジラミの幼虫が存在すればできるだけ早い方がよく，放飼密度がある程度以上では効果は変わらないこと，および同じ総放飼数であれば多くの回数に分けて放飼すると効果はより確実であると予測した (図 2.5 参照)．別に van Roermund *et al.* (1997) は，放飼回数が多いほど効果はより安定し，放飼時期の影響を受けないと予測した．放飼回数に関するこれらの予測は，バンカー植物法のような捕食寄生者の継続的放飼の有効性を示唆している．

結論として，害虫に対する天敵放飼の密度比率を上げるほど効果は高く，また害虫が発生してから天敵の攻撃を受ける発育ステージが出現後，できるだけ早急に放飼してやれば効果が高いと考えられる．放飼回数は多い方がよいが，捕食寄生者の方が攻撃できる害虫の発育ステージが限定されるのでその効果はより顕著であろう．放飼する際の放飼点の空間配置についてはほとんど研究されていない．しかし害虫の発生分布の偏りによる影響を軽減するためには，害虫の発生分布に合わせて密度の高い箇所に多く放飼するのがよいと思われる．これは特に移動能力の低い小型の天敵で重要であろう．

(4) 作物の種類

作物の種類は天敵の効果に影響する．作物が天敵の餌または寄主となる害虫の増殖の場であると同時に，天敵の寄主探索の場であるからである．1 種の天敵と 1 種の害虫が互いに影響しあって密度変動を繰り返す場合，害虫の元来の増殖率が高いほど害虫の密度は高くなると予測されている (Hassell, 1978)．同じ天敵と害虫の組み合わせでも，害虫の増殖率は作物の種類によって異なる．害虫の増殖が遅い作物の方が天敵の効果が高くなる．害虫の増殖には，発育速度，卵・幼虫期の生存率，成虫の産卵・寿命などが影響する．一般に，好適な寄主植物ほど害虫の発育が早く，生存率が高く，産卵数が多くなる傾向がある．特に産卵数は寄主植物の違いによる差異が大きい特性であり，増殖能力に強く影響する．オンシツコナジラミに対するオンシツツヤ

表 2.24 種々の作物葉上におけるオンシツツヤコバチの歩行速度 (Hulspas-Jordaan and van Lenteren, 1978)

作物	歩行速度 mm/10秒	観察個体数
毛茸の多いキュウリ	2.1	15
毛茸の少ないキュウリ	6.3	15
ガーキン	2.8	10
トマト	3.0	12
ガーベラ	3.4	10
ナス	3.7	11
ピーマン	8.0	10

コバチの効果が，キュウリよりトマトで高いのも，ミカンキイロアザミウマに対するヒメハナカメムシ類の効果が，キュウリでは安定せずピーマンでは安定しているのも，作物の種類による対象害虫の増殖率の違いが一因と思われる．

天敵は植物体上を歩いて探索するのが普通であるが，作物の種類によっては表面に毛茸が多かったり粘液を出したりするものもあり，天敵の探索効率に影響することが考えられる．オンシツツヤコバチの効果がトマトよりキュウリで劣る原因として，トマトに比べキュウリの多くの毛茸がオンシツツヤコバチの寄主探索の妨げになっているためであると考えられる．事実トマト葉上の歩行速度はキュウリより速かった (Hulspus - Jordaan and van Lenteren, 1978) (表 2.24)．毛茸の少ないキュウリの品種と多い品種では，前者でオンシツツヤコバチの歩行速度が速くなることが確認された (Hua *et al.*, 1987)．

天敵が葉面上を探索する場合，天敵の寄主発見効率は総葉面積に対する天敵の探索面積の比に比例すると考えられる．総葉面積の小さい若い苗や小型の植物の方が天敵の効果が高いことになる．しかし施設栽培野菜では作物がある程度生長すると総葉面積は安定化するので，それ以後はこの効果は無くなると予測される．

さらに最近は，天敵の寄主発見に寄主の加害を受けて植物が出すにおい物質 (HIPV) が利用されていることが明らかにされつつある．実用化されている天敵でもすでにチリカブリダニ (Takabayashi *et al.*, 1994) やヒメハナカメムシの1種 *O. laevigatus* は HIPV に誘引されることが室内実験で証明された (Venzon *et al.*, 1999)．利用されている HIPV がそれぞれの植物に特異的な物質であるならば，天敵の寄主探索に異なる影響を与える可能性がある．さらにHIPVは植物の品種や葉齢などにも影響されることも指摘されている．同じ害虫と天敵との組み合わせでも，作物の種類や生育ステージが異なると天敵の効果は影響されると考えねばならない．効果の劣る作物では天敵の放飼密度を高くするなどの工夫が必要であろう．

(5) 天敵の代替餌，寄主の利用

放飼後の天敵の効果を安定化させるポイントの一つが，天敵に対する代替餌，寄主の供給である．これは経験的に知られていたことではあるが，最近では理論的にも害虫と天敵の個体数変動の安定化に役立つことが証明されつつある．例えばミカンキイロアザミウマとククメリスカブリダニの個体数変動は，ピーマンのようにククメリスカブリダニの代替餌として花粉が利用できる場合安定化する (van Rijn and Sabelis, 1990；van Rijn *et al.*, 1999)．捕食性天敵の中でも，カブリダニ類やヒメハナカメムシ類などは花粉食の習性を示す種が多く，花粉は代替餌として重要である．ピーマンではカブリダニ類やヒメハナカメムシ類は餌動物が無くなっても花粉を食べて生存でき，ディジェネランスカブリダニのように花粉だけで十分増殖可能な種もある．最近新たな天敵の利用方法として，バンカー植物の利用が注目されているが，代替寄主，代替餌の供給による天敵の保全になっていると考えられる．

温室内に放飼するだけではなく，周辺の土着天敵を呼び込んで利用する方法も注目されている．この場合，天敵の餌としては花粉以外に寄生蜂の餌として花蜜が重要である．天敵の餌源の確保には花の咲く植物や花粉を大量に供給する植物の存在が重要であり，温室の周辺にそのような植物 (例えばトウモロコシ，クローバー，ヒマワリ) などを栽培する方法が考えられる．この方法は温室周辺の土着天敵を利用する方法なので，ヒメハナカメムシ類のように，温室周辺に高密度で存在する天敵を想定しなければならない．

(6) 複数種の天敵の併用

ある作物で複数種の天敵を利用する場合，天敵間の相互作用を考慮しなければならない．特に1種の害虫に対して複数種の天敵を利用する場合は相互

作用が起こる可能性が高い．マメハモグリバエの寄生蜂のように2種の天敵を混合して放飼する製剤もある．天敵間で干渉がなければ複数種の天敵の併用により相乗的な効果が期待される．また効果を発揮する好適な環境条件が異なる種を混用した場合は，防除可能な環境条件の幅が広がる．一方，複数種を併用すると天敵種間の餌をめぐる競争やギルド内捕食により，1種単独で利用するより，かえって効果が低下することも懸念される．

天敵間相互作用の中でも，ギルド内捕食における優劣はある程度予測できる．捕食者間では大型捕食者の方が小型捕食者を捕食する傾向がある．捕食寄生者間では外部捕食寄生者の方が内部捕食寄生者より優位である．また寄生された昆虫は捕食者に食われてしまうことがある．しかし2種の天敵を併用した場合，どちらが生き残るかは種間の直接干渉だけで決まるわけではなく，増殖能力，探索能力，環境耐性など種々の要因が関連している．現実には，複数種を併用した場合，種間の相互作用で効果が著しく低下したような例は余りないようである．

ピーマンのミカンキイロアザミウマに対してヒメハナカメムシの1種 *O. insidiosus* とククメリスカブリダニを放飼した例では，それぞれの天敵を単独で放飼した区より効果は高かった．ククメリスカブリダニの密度は，併用区では単独区に比べ個体数は少なかったが絶滅はしなかった．*O. insidiosus* の密度は併用区でも単独区でも差はなかった．ククメリスカブリダニは *O. insidiosus* により捕食されている可能性が高いが，併用した方が効果は高かった (Ramakers, 1993)．マメハモグリバエに対してはイサエアヒメコバチとハモグリコマユバチが併用されることが多いが，直接の干渉ではイサエアヒメコバチが一方的に優位である．しかし放飼した後でどちらが生き残るかは環境条件によって変わると思われる．

引用文献

足立年一 (2001) 捕食性天敵ククメリスカブリダニによるアザミウマ類の防除. 農業および園芸 76, 141-145.

Albajes, R., O. Alomar, J. Riudavets, C. Castañé, J. Arno and R. Gabarra

(1996) The mirid bug *Dicyphus tamaninii* : an effective predator for vegetable crops. IOBC/WPRS Bull. 19 (1), 1-4.

Albajes, R., M.A. Gullino, J.C. van Lenteren and Y. Elad eds. (1999) Integrated Pest and Disease Management in Greenhouse Crops. Kluwer Academic Publishers, Dordrecht, The Netherlands, 545 pp.

Arakaki, N. and K. Kinjo (1998) Notes on the parasitoid fauna of the serpentine leafminer *Liriomyza trifolii* (Burgess) (Diptera : Agromyzidae) in Okinawa, southern Japan. Appl. Entomol. Zool. 33, 577-581.

芦原亘・真梶徳純・浜村徹三 (1976) チリカブリダニの捕食数と産卵数について. 果樹試報 E1, 135-144.

Bennison, J.A. and S.P. Corless (1993) Biological control of aphids on cucumbers : Further development of open rearing units or "Banker plants" to aid establishment of aphid natural enemies. IOBC/WPRS Bull. 16 (2), 5-8.

Boot, W.J., O.P.J.M. Minkenberg, R. Rabbinge and G.H. de Moed (1992) Biological control of the leafminer *Liriomyza bryoniae* by seasonal inoculative releases of *Diglyphus isaea* : simulation of a parasitoid-host system. Neth. J. Pl. Path. 98, 203-212.

Bordat, D., E.V. Coly and C. Roux-Olivera (1995) Morphometric, biological and behavioural differences between *Hemiptarsenus varicornis* (Hym., Eulophidae) and *Opius dissitus* (Hym., Braconidae) parasitoids of *Liriomyza trifolii* (Dipt., Agromyzidae). J. Appl. Ent. 119, 423-427.

Brødsgaard, H., S. Jacobsen and A. Enkegaard (1999) Life table characteristics of the predatory midge *Feltiella acarisuga*. IOBC/WPRS Bull. 22 (1), 17-20.

Brown, J.K., D.R. Frohlich and R.C. Rosell (1995) The sweetpotato or silverleaf whiteflies : Biotypes of *Bemisia tabaci* or a species complex ? Annu. Rev. Entomol. 40, 511-534.

Castagoli, M. and S. Simoni (1991) Infulence of temperature on the population growth of *Amblyseius californicus* (McGregor) (Acari : Phytoseiidae). Redia 74, 621-640.

Castañé, C., J. Ruidavets and E. Yano (1999) Biological control of thrips. Albajes, R., M.A. Gullino, J.C. van Lenteren and Y. Elad eds., Integrated Pest and Disease Management in Greenhouse Crops, Kluwer Academic Publishers, Dordrecht, The Netherlands, 244-253.

Chambers, R.J. (1990) The use of *Aphidoletes aphidimyza* for aphid control under glass. IOBC/WPRS Bull., 13 (5), 51-54.

Chambers, R.J., S. Long and N.L. Helyer (1993) Effectiveness of *Orius laevigatus* (Hem. : Anthocoridae) for the control of *Frankliniella occidentalis* on cucumber and pepper in the UK. Biocontrol Science and Technology 3, 295-307.

Cloutier, C., D. Arodokoun, S.G. Johnson and L. Gelinas (1995) Thermal dependence of *Amblyseius cucumeris* (Acarina : Phytoseiidae) and *Orius insidiosus* (Heteroptera : Anthocoridae) in greenhouses. Parker, B.L., M. Skinner and T. Lewis eds., Thrips Biology and Management, Plenum Press, New York, 231-235.

Cocuzza, G.E., P. De Clercq, S. Lizzio, M. Van de Veire, L. Tirry, D. Degheele and V. Vacante (1997) Life tables and predation activity of *Orius laevigatus* and *O. albidipennis* at three constant temperatures. Entomol. Exp. Appl. 85, 189-198.

Coll, M. (1996) Feeding and ovipositing on plants by an omnivorous insect predator. Oecologia 105, 214-220.

Coll, M. and R.L. Ridgway (1995) Functioanl and numerical responses of *Orius insidiosus* (Heteroptera : Anthocoridae) to its prey in different vegetable crops. Ann. Entomol. Soc. Am. 88, 732-738.

江原昭三・真梶徳純編（1996）植物ダニ学. 全国農村教育協会, 東京, 419pp.

El-Titi, A. (1974) Auswirkung von der raeuberrischen Gallmuke *Aphidoletes aphidimyza* (Rond.) (Itonididae : Diptera) auf Blattlauspopulationen unter glas. Z. Ang. Entomol. 76, 406-417.

船生岳人・吉安裕（1995）ワタアブラムシおよびトウモロコシ花粉給餌によるナミヒメハナカメムシの発育と増殖能力. 応動昆 39, 84 − 85.

Friese, D.D. and F.E. Gilstrap (1982) Influence of prey availability on reproduction and prey consumption of *Phytoseiulus persimilis*, *Amblyseius californicus*, and *Metaseiulus occidentalis* (Acarina : Phytoseiidae). Internat. J. Acarol. 8, 85-89.

Gerling, D. ed. (1990) Whiteflies : their Bionomics, Pest Status and Management. Intercept, Andover, UK, 348pp.

Gillespie, D.R. and C.A. Ramey (1988) Life history and cold storage of *Amblyseius cucumeris* (Acarina : Phytoseiidae). J. Entomol. Soc. Brit. Columbia

85, 71-76.

Gould, H.J.（1987）Protected crops. Burn, A.J., T.H. Coaker and P.C. Jepson, eds., Integrated Pest Management. Academic Press, London, 403－424.

Griffiths, D.A.（1999）Biological control of mites. Albajes, R., M.A. Gullino, J.C. van Lenteren and Y. Elad eds., Integrated Pest and Disease Management in Greenhouse Crops, Kluwer Academic Publishers, Dordrecht, The Netherlands, 217-234.

Hagen, K.S., N.J. Mills, G. Gorth and J.A. McMurtry（1999）Terrestrial arthropod predators of insect and mite pests. Bellows, T.S. and T.W. Fisher eds., Handbook of Biological Control, Academic Press, San Diego, USA, 383-503.

浜村徹三・真梶徳純（1977）チリカブリダニの生活史. 森樊須・真梶徳純編, チリカブリダニによるハダニ類の生物的防除. 日本植物防疫協会, 東京, 17-21.

Hansen, L.S.（1983）Introduction of *Aphidoletes aphidimyza*（Rond.）（Diptera : Cecidomyiidae）from an open rearing unit for the control of aphids in glasshouses. IOBC/WPRS Bull. 6（3）, 146-150.

Hassell, M.P.（1978）The Dynamics of Arthropod Predator-Prey Systems. Princeton Univ. Press, Princeton, New Jersey, USA., 237pp.

林英明（1994）コナジラミ. 農山漁村文化協会, 東京, 121pp.

Headrick, D.H., T.S.J. Bellows and T.M. Perring（1995）Behaviors of female *Eretmocerus* sp. Nr. *californicus*（Hymenoptera : Aphelinidae）attacking *Bemisia argentifolii*（Homoptera : Aleyrodida）on sweet potato. Environ. Entomol. 24, 412-422.

Headrick, D.H., T.S.J. Bellows and T.M. Perring（1999）Development and reproduction of *Eretmocerus eremicus*（Hymenoptera : Aphelinidae）on *Bemisia argentifolii*（Homoptera : Aleyrodidae）. Environ. Entomol. 28, 300-306.

Heinz, K.M.（1996）Predators and parasitoids as biological control agents of *Bemisia* in greenhouses. Gerling, D. and R.T. Mayer eds., *Bemisia* : 1995 Taxonomy, Biology, Damage, Control and Management. Intercept, Andover, UK, 435-449.

Heinz, K.M., L. Nunney and M.P. Parrella（1990）Predictability of biological control of the leafminer *Liriomyza trifolii*, infesting greenhouse cut chrysanthemums. IOBC/WPRS Bull. 13（3）, 76-82.

Heinz, K.M., L. Nunney and M.P. Parrella（1993）Toward predictable biological control of *Liriomyza trifolii* (Diptera : Agromyzidae) infesting greenhouse cut chrysanthemums. Environ. Entomol. 22, 1217-1233.

Helle, W. and M.W. Sabelis (1985) Spider mites : Their Biology, Natural Enemies and Control. Vols. A and B, Elsevier, Amsterdam.

Hendrikse, A., R. Zucchi, J.C. van Lenteren and J. Woets (1980) *Dacnusa sibirica* Telenga and *Opius pallipes* Wesmael (Hym., Braconidae) in the control of the tomato leafminer *Liriomyza bryoniae* Kalt. IOBC/ WPRS Bull. 3 (3), 83-98.

Hoddle, M.S., R. Van Driesche and J. Sanderson (1996) Greenhouse trials of *Eretmocerus californicus* Howard (Hymenoptera : Aphelinidae) for control of *Bemisia argentifolii* Bellows and Perring (Homoptera : Aphelinidae) on poinsettia in Northeastern U.S.A. IOBC/ WPRS Bull. 19 (1), 55-58.

Hoddle, M.S., R. Van Driesche and J. Sanderson (1997) Biological control of *Bemisia argentifolii* (Homoptera : Aleyrodidae) on poinsettia with inundative releases of *Encarsia formosa* (Hymenoptera : Aphelinidae) : Are higher release rates necessarily better ? Biol. Control 10, 166-179.

Hoddle, M.S., R.G. van Driesche and J.P. Sanderson (1998a) Biology and use of the whitefly parasitoid *Encarsia formosa*. Annu. Rev. Entomol. 43, 645-669.

Hoddle, M.S., R.G. Van Driesche, J.S. Elkinton and J.P. Sanderson (1998b) Discovery and utilization of *Bemisia argentifolii* patches by *Eretmocerus eremicus* and *Encarsia formosa* (Beltsville strain) in greenhouses. Entomol. Exp. Appl. 87, 15-28.

Hoelmer, K.A. and A.A. Kirk (1999) An overview of natural enemy explorations and evaluations for *Bemisia* in the U.S. IOBC/ WPRS Bull. 22 (1), 109-112.

Hoelmer, K.A., L.S. Osborne and R.K. Yokomi (1993) Reproduction and feeding behavior of *Delphastus pusillus* (Coleoptera : Coccinelidae), a predator of *Bemisia tabaci* (Homoptera : Aleyrodidae). J. Econ. Entomol. 86, 322-329.

Honda, J.Y., Y. Nakashima and Y. Hirose (1998) Development, reproduction and longevity of *Orius minutus* and *Orius sauteri* (Heteroptera : Anthocoridae) when reared on *Ephestia kuehniella* eggs. Appl. Entomol. Zool. 33, 449-453.

Hua, L.Z., F. Lammes, J.C. van Lenteren, P.W.T. Huisman, A. van Vianen and O.M.B. de Ponti (1987) The parasite- host relationship between *Encarsia formosa* (Hymenoptera : Aphelinidae) and *Trialeurodes vaporariorum*

(Homoptera : Aleyrodidae). XXV. Influence of leaf structure on the searching activity of *Encarsia formosa*. J. Appl. Ent. 104, 297－304.

Hulspas-Jordaan, P.M. and J.C. van Lenteren (1978) The relationship between host plant leaf structure and parasitization efficiency of the parasitic wasp *Encarsia formosa* Gahan (Hymenoptera : Aphelinidae). Med. Fac. Landbouww. Rijksuniv. Gent 43/2, 431-440.

Hussey, N.W. and N. Scopes eds. (1985) Biological Pest Control : The Glasshouse Experience. Blandford Press, Poole, UK., 240pp.

井上雅央（1993）ハダニ. 農山漁村文化協会，東京，127pp.

Isenhour, D. J. and K. V. Yeargan (1981) Predation by *Orius insidiosus* on the soybean thrips, *Sericothrips variabilis* : Effect of prey stage and density. Environ. Entomol. 10, 496-500.

石井俊彦（1999）天敵昆虫類を用いた野菜害虫の実践的防除. シンポジウム生物農薬：その現状と利用講演要旨，日本植物防疫協会，東京，86-92.

Ito, K. and T. Nakata (1998) Diapause and survival in winter in two species of predatory bugs, *Orius sauteri* and *O. minutus*. Entomol. Exp. Appl. 89, 271-276.

Jacobson, R.J. (1997) Integrated pest management (IPM) in glasshouses. Lewis, T. ed., Thrips as Crop Pests, CAB International, Wallingford, UK, 639-666.

梶田泰司（1979）導入天敵*Encarsia formosa* Gahanの産卵数と生存日数に及ぼす温湿度の影響. 九病虫研会報 25，112-113.

梶田泰司（1986）近紫外線除去フィルム被覆ハウスのオンシツコナジラミに対する寄生蜂オンシツツヤコバチの寄生. 九病虫研会報 32，155-157.

Kajita, H. (1999) Interactions between *Encarsia formosa*, an introduced parasitoid of *Trialeurodes vaporariorum*, and native parasitoids. Yano, E., K. Matsuo, M. Shiyomi and D.A. Andow eds., Biological Invasions of Ecosystem by Pests and Beneficial Organisms. NIAES Series 3, National Institute of Agro-Environmental Sciences, Tsukuba, Japan, 164-174.

Kajita, H. and J.C. van Lenteren (1982) The parasite-host relationship between *Encarsia formosa* (Hymenoptera : Aphelinidae) and *Trialeurodes vaporariorum* (Homoptera : Aleyrodidae). XIII. Effect of low temperatures on egg maturation of *Encarsia formosa*. Z. ang. Entomol. 93, 430-439.

柏尾具俊（1996）キュウリのワタアブラムシに対するショクガタマバエの制御効果. 九州農業研究 58，98.

片山晴喜（1998）ミカンキイロアザミウマ. 農山漁村文化協会, 東京, 126pp.

河合章（1986）ミナミキイロアザミウマの個体群動態及び個体群管理に関する研究. 野菜試報 C.9, 69-135.

Kawai, A. (1995) Control of *Thrips palmi* Karny (Thysanoptera : Thripidae) by *Orius* spp. (Heteroptera : Anthocoridae) on greenhouse eggplant. Appl. Entomol. Zool. 30, 1-7.

河合章（1995）ミナミキイロアザミウマが寄生した施設栽培ナスでの捕食性天敵ヒメハナカメムシ（*Orius* spp.）の分散. 野菜茶試報 A.10, 25-32.

木村茂（1999）生物農薬の登録. シンポジウム生物農薬：その現状と利用講演要旨. 日本植物防疫協会, 東京, 27-33.

小林益子（1999）捕食性ダニ「ククメリス」. シンポジウム生物農薬：その現状と利用講演要旨. 日本植物防疫協会, 東京, 75-79.

Kohno, K. (1997) Photoperiodic effect on incidence of reproductive diapause in *Orius sauteri* and *O. minutus* (Heteroptera : Anthocoridae). Appl. Entomol. Zool. 32, 644-648.

Kohno, K. (1998) Thermal effects on reproductive diapause induction in *Orius sauteri* (Heteroptera : Anthocoridae). Appl. Entomol. Zool. 33, 487-490.

小西和彦（1998）マメハモグリバエ寄生蜂の図解検索. 農業環境技術研究所資料 22, 27-76.

Koskula, H., I. Vänninen and I. Lindqvist (1999) The role of *Macrolophus caliginosus* (Het. : Miridae) in controlling the two-spotted spider mite in glasshouse tomato under North-European conditions. IOBC/WPRS Bull. 22 (1), 129-132.

Lewis, T. ed. (1997) Thrips as Crop Pests. CAB International, Wallingford, UK, 740pp.

Makkula, M. and K. Tittanen (1977) Use of the predatory midge *Aphidoletes aphidimyza* (Rond.) (Diptera, Cecidomyiidae) against aphids in glasshouse cultures. Proc. Symp. XV Int. Congr. Ent. Wash. D.C. USDA ARS ARS-NE-85, 41-44.

Makkula, M. and K. Tittanen (1985) Biology of the midge *Aphidoletes* and its potential for biological control. Hussey, N.W. and N. Scopes eds., Biological Pest Control : The Glasshouse Experience, Blandford Press, Poole, UK, 74-81.

Malausa, J.C., J. Drescher and E. Franco (1987) Perspectives for the use of a predaceous bug *Macrolophus caliginosus* Wagner [Heteroptera : Miridae] on glasshouse crops. IOBC/WPRS Bull. 10 (2), 106-107.

マライス，マーレーン・ウィレム・ラーフェンスベルグ (1995) 天敵利用の基礎知識. 和田哲夫他訳，農山漁村文化協会，東京，116pp.

松井正春 (1992) タバココナジラミの吸汁によるトマト果実の着色異常. 応動昆 36, 47-49.

松井正春 (1995) 施設栽培トマトでのタバココナジラミ新系統に対するオンシツツヤコバチの密度抑制効果. 応動昆 39, 5-31.

Minkenberg, O.P.J.M. (1989) Temperature effects on the life history of the eulophid wasp *Diglyphus isaea*, an ectoparasitoid of leafminers (Liriomyza spp.), on tomatoes. Ann. Appl. Biol., 115, 381-397.

Minkenberg, O.P.J.M. (1990) Reproduction of *Dacnusa sibirica* (Hymenoptera : Braconidae), an endoparasitoid of leafminer *Liriomyza bryoniae* (Diptera : Agromyzidae) on tomatoes, at constant temperatures. Environ. Entomol. 19, 625-629.

Minkenberg, O.P.J.M. and J.C. van Lenteren (1986) The leafminers *Liromyza bryoniae* and *L. trifolii* (Diptera : Agrmyzidae), their parasites and host plants : a review. Agric. Univ. Wageningen Papers 86.2, 1-50.

Minkenberg, O.P.J.M. and J.C. van Lenteren (1990) Evaluation of parasitoids for the biological control of leafminers on glasshouse tomatoes : development of a preintroduction selection procedure. IOBC/WPRS Bull. 13 (3), 124-128.

Minks, A.K. and P. Harrewijn (1987) Aphids : Their Biology, Natural Enemies and Control. Vols. A, B, C, Elsevier, Amsterdam.

Monetti, L.N. and N.A. Fernandez (1995) Seasonal population dynamics of the European red mite (*Panonychus ulmi*) and its predator *Neoseiulus californicus* in a sprayed apple orchard in Argentina (Acari : Tetranychidae, Phytoseiidae). Acarologia 36, 325-331.

Morewood, W.D. and L.A. Gilkson (1991) Diapause induction in the thrips predator *Amblyseius cucumeris* (Acarina : Phytoseiidae) under greenhouse conditions. Entomophaga 36, 253-263.

森樊須 (1993) 天敵農薬—チリカブリダニその生態と応用. 日本植物防疫協会，東京，130pp.

Mori, H. and D.A. Chant (1966) The influence of humidity on the activity of *Phytoseiulus persimlis* Athias-Henriot and its prey *Tetranychus urticae* (C.L. Koch) (Acarina : Phytoseiidae, Tetranychidae). Can. J. Zool. 44, 863-871.

Mori, H., Y. Saito and H. Nakao (1990) Use of predatory mites to control spider mites (Acarina, Tetranychidae) in Japan. . Bay-Petersen, J. ed. The Use of Natural Enemies to Control Agricultural Pests. FFTC Book Series No. 40, 142-155.

森樊須・真梶徳純（1977）チリカブリダニによるハダニ類の生物的防除. 日本植物防疫協会，東京，89 pp.

Nachman, G. (1984) Estimates of mean population density and spatial distribution of *Tetranychus urticae* (Acarina : Tetranychidae) and *Phytoseiulus persimilis* (Acarina : Phytoseiidae) based upon the proportion of empty sampling units. J. Appl. Ecol. 21, 903-913.

永井一哉（1993a）ミナミキイロアザミウマ個体群の総合的管理に関する研究. 岡山県農試臨時報告 82，1-55.

永井一哉（1993b）ハナカメムシによるミナミキイロアザミウマの生物的防除. 植物防疫 45，423-426.

永井一哉（1994）ミナミキイロアザミウマ. 農山漁村文化協会，東京，113 pp.

永井一哉（2001）捕食性天敵ヒメハナカメムシによるアザミウマ類の防除. 農業および園芸 76，146-151.

Nagai, K. and E. Yano (1999) Effects of temperature on the development and reproduction of *Orius sauteri* (Poppius) (Heteroptera : Anthocoridae), a predator of *Thrips palmi* Karny (Thysanoptera : Thripidae). Appl. Entomol. Zool. 34, 223-229.

Nagai, K. and E. Yano (2000) Predation by *Orius sauteri* (Poppius) (Heteroptera : Anthocoridae) on *Thrips palmi* Karny (Thysanoptera : Thripidae) : Functional response and selective predation. Appl. Entomol. Zool. 35, 565-574..

中川智之（1986）タマバエのハダニ捕食量に及ぼす温度の影響. 九病虫研報 32，214-217.

中川智之（1987）ハダニアザミウマの発育と捕食量に及ぼす温度の影響. 九病虫研報 33，222-226.

中尾弘志・斎藤裕・森樊須（1987）薬剤散布環境下における薬剤抵抗性カブリダニによるハダニの生物的防除. I. 西ドイツ系チリカブリダニによる防除試験およびその

シミュレーション. 応動昆 31, 359-368.

Nakashima, Y. and Y. Hirose (1997) Winter reproduction and photoperiodic effects on diapause induction of *Orius tantillus* (Motschulsky) (Heteroptera : Anthocoridae), a predator of *Thrips palmi*. Appl. Entomol. Zool. 32, 403-405.

Nakata, T. (1995) Effect of rearing temperature on the development of *Orius sauteri* (Poppius) (Heteroptera : Anthocoridae). Appl. Entomol. Zool. 30, 145-151.

Nedstam, B. (1983) Control of *Liriomyza bryoniae* Kalt. by *Dacnusa sibirica* Tel. IOBC/WPRS Bull. 6 (3), 124-127.

Nell, H.W., L.A. Sevenster-van der Lelie, J. Woets and J.C. van Lenteren (1976) The parasite-host relationship between *Encarsia formosa* (Hymenoptera : Aphelinidae) and *Trialeurodes vaporariorum* (Homoptera : Aleyrodidae). II. Selection of host stages for oviposition and feeding by the parasite. Z. ang. Entomol. 81, 372-376.

日本植物防疫協会 (1998) 植物防疫講座第3版－害虫・有害動物編. 日本植物防疫協会, 東京, 418pp.

日本植物防疫協会 (1999) 生物農薬ハンドブック. 日本植物防疫協会, 東京, 158pp.

Oatman, E.R., J.A. McMurtry, F.E. Gilstrap and V. Voth (1977) Effect of releases of *Amblyseius californicus* on the twospotted spider mite on strawberry in southern California. J. Econ. Entomol. 70, 638-640.

Onillon, J.C. (1999) Biological control of leafminers. Albajes, R., M.A. Gullino, J.C. van Lenteren and Y. Elad eds., Integrated Pest and Disease Management in Greenhouse Crops, Kluwer Academic Publishers, Dordrecht, The Netherlands, 254-264.

大野和朗・大森隆・嶽本弘之 (1999) 施設ガーベラのマメハモグリバエに対する土着天敵の働きと農薬の影響. 応動昆 43, 81-86.

太田光昭 (2001) 寄生蜂によるコナジラミ類の防除. 農業および園芸 76, 124-129.

小澤朗人・小林久俊・天野高士・井狩徹・西東力 (1993) 輸入天敵によるマメハモグリバエの防除 II. 施設ミニトマトにおける現地試験事例. 関東病虫研報 40, 239-241.

小澤朗人・西東力・池田二三高 (1999a) マメハモグリバエの増殖に及ぼす寄主作物と温度の影響. 応動昆 43, 41-48.

小澤朗人・西東力・池田二三高 (1999b) 施設栽培トマトにおける寄生蜂によるマメハ

モグリバエの生物的防除Ⅰ. 小規模温室におけるイサエアヒメコバチ *Diglyphus isaea* の放飼効果. 応動昆 43, 161-168.

Parker, B.L., M. Skinner and T. Lewis (1995) Thrips Biology and Management. Plenum Press, New York, 636pp.

Parr, W.J., H.J. Gould, N.H. Jessop and F.A.B. Ludlam (1976) Progress towards a biological control programme for glasshouse whitefly (*Trialeurodes vaporariorum*) on tomatoes. Ann. Appl. Biol. 83, 349-363.

Parrella, M.P., L.S. Hansen and J.C. van Lenteren (1999) Glasshouse environments. Bellows, T.S. and T.W. Fisher eds., Handbook of Biological Control. Academic Press, San Diego, USA, 819-839.

Parrella, M.P., K.M. Heinz and G.W. Ferrentino (1987) Biological control of *Liriomyza trifolii* on glasshouse chrysanthemums. IOBC/WPRS Bull. 10 (2), 149-151.

Peña, J.E. and L. Osborne (1996) Biological control of *Polyphagotarsonemus latus* (Acarina : Tarsonemidae) in greenhouses and field trials using introductions of predacious mites (Acarina : Phytoseiidae). Entomophaga 41, 279-285.

Perring, T.M., A.D. Cooper, R.J. Rodriguez, C.A. Farrar and T.S.J. Bellows (1993) Identification of a whitefly species by genomic and behavioral studies. Science 259, 74-77.

Rabasse, J.M. and M.J. van Steenis (1999) Biological control of aphids. Albajes, R., M.A. Gullino, J.C. van Lenteren and Y. Elad eds., Integrated Pest and Disease Management in Greenhouse Crops, Kluwer Academic Publishers, Dordrecht, The Netherlands, 235-243.

Ramakers, P. (1993) Coexistence of two thrips predators, the anthocorid *Orius insidiosus* and the phytoseiid *Amblyseius cucumeris* on sweet pepper. IOBC/WPRS Bull. 16 (2), 133-136.

Ramakers, P.M.J. and S.J.P. Voet (1996) Introduction of *Amblyseius degenerans* for thrips control in sweet peppers with potted caster beans as banker plants. IOBC/WPRS Bull. 19 (1), 127-130.

Riudavets, J. (1995) Predators of *Frankliniella occidentalis* (Perg.) and *Thrips tabaci* Lind.: A review. Wageningen Agr. Univ. Papers 95.1, 43-87.

Rose, M. and G. Zolnerowich (1997) *Eretmocerus* Haldeman (Hymenoptera : Aphelinidae) in the United States, with description of new species attacking

Bemisia （*tabaci* complex）（Homoptera ： Aleyrodidae）. Proc. Entomol. Soc. Wash. 99, 1-27.

Ruberson, J.R., L. Bush and T.J. Kring（1991） Photoperiodic effect on diapause induction and development in the predator *Orius insidiosus* （Heteroptera : Anthocoridae). Environ. Entomol. 20, 786-789.

Sabelis, M.W. and P.C.J. van Rijn（1997） Predation by insects and mites. Lewis, T. ed., Thrips as Crop Pests, CAB International, Wallingford, UK, 259-354.

西東力（1992） マメハモグリバエのわが国における発生と防除. 植物防疫 46, 103-106.

西東力（1994） マメハモグリバエ. 農山漁村文化協会, 東京, 103pp.

西東力（1997） マメハモグリバエの寄生蜂*Hemiptarsenus varicornis.* 植物防疫 51, 530-533.

西東力・大石剛裕・小澤朗人・池田二三高（1995a） マメハモグリバエ *Liriomyza trifolii* （Burgess） の発育と産卵に対する温度, 日長, 寄主植物の影響. 応動昆 39, 127-134.

西東力・小澤朗人・池田二三高（1995b） マメハモグリバエに対する輸入寄生蜂の放飼. 関東病虫研報 42, 235-237.

西東力・池田二三高・小澤朗人（1996） 静岡県におけるマメハモグリバエの寄生者相と殺虫剤の影響. 応動昆 40, 127-133.

西東力・池田二三高・小澤朗人（1997） ハモグリバエの寄生蜂 *Hemiptarsenus varicornis* の発育. 応動昆 41, 161-163.

斎藤裕・浦野知・中尾弘志・網本邦広・森樊須（1996 a） チリカブリダニによるハウス栽培作物のハダニの生物的防除のシミュレーション 1.実用化をサポートするモデル. 応動昆 40, 103-111.

斎藤裕・浦野知・中尾弘志・網本邦広・森樊須（1996 b） チリカブリダニによるハウス栽培作物のハダニの生物的防除のシミュレーション 2.モデルの適合性と必須データ. 応動昆 40, 113-120.

Sampson, C. and R.J. Jacobson （1999） *Macrolophus caliginosus* Wagner （Heteroptera ： Miridae）： A predator causing damage to UK tomatoes. IOBC/WPRS Bull. 22（1）, 213-216.

Scopes, N.E.A.（1969） The potential of *Chrysopa carnea* as a biological control agent of *Myzus persicae* on glasshouse chrysanthemums. Ann. Appl. Biol. 64, 433-439.

Scopes, N.E.A. (1985) Red spider mite and the predator *Phytoseiulus persimilis.* Hussey, N.W. and N. Scopes eds., Biological Pest Control : The Glasshouse Experience, Blandford Press, Poole, UK, 43-52.

柴尾学・田中寛（2000）タイリクヒメハナカメムシ放飼によるハウス栽培ナスのミカンキイロアザミウマの防除. 関西病虫研報 42, 27-30.

下田武志・真梶徳純・天野洋（1993）クズにおけるヒメハダニカブリケシハネカクシの発生消長とその発育および産卵に及ぼすハダニ捕食数の影響. 応動昆 37, 75-82.

Shimoda, T., J. Takabayashi, W. Ashihara and A. Takafuji (1997) Response of the predatory insect *Scolothrips takahashii* toward herbivore-induced plant volatiles under both laboratory and field conditions. J. Chem. Ecol. 23, 2033-2048.

Shipp, J.L. and N.D. Clarke (1999) Decision tools for integrated pest management. Albajes, R., M.A. Gullino, J.C. van Lenteren and Y. Elad eds., Integrated Pest and Disease Management in Greenhouse Crops, Kluwer Academic Publishers, Dordrecht, The Netherlands, 168-182.

Shipp, J.L. and Y.M. van Houten (1997) Influence of temperature and vapor pressure deficit on survival of the predatory mite *Amblyseius cucumeris* (Acari : Phytoseiidae). Environ. Entomol. 26, 106-113.

Shipp, J.L., K.I. Ward and T.J. Gillespie (1996) Influence of temperature and vapor pressure deficit on the rate of predation by the predatory mite, *Amblyseius cucumeris,* on *Frankliniella occidentalis.* Entomol. Exp. Appl. 78, 31-38.

Shipp, J.L. and G.H. Whitfield (1991) Functional response of the predatory mite, *Amblyseius cucumeris* (Acari : Phytoseiidae), on western flower thrips, *Frankliniella occidentalis* (Thysanoptera : Thripidae). Environ. Entomol. 20, 694-699.

Simmons, G.S. and O.P.J.M. Minkenberg (1994) Field-cage evaluation of augmentative biological control of *Bemisia argentifolii* (Homoptera : Aleyrodidae) in southern California cotton with the parasitoid *Eretmocerus* nr. *californicus* (Hymenoptera : Aphelinidae). Environ. Entomol. 23, 1552-1557.

Steiner, M. (1990) Determining population characteristics and sampling procedures for the western flower thrips (Thysanoptera : Thripidae) and the predatory mite *Amblyseius cucumeris* (Acari : Phytoseiidae) on greenhouse cucumber. Environ. Entomol. 19, 1605-1613.

Stenseth, C. (1985) Red spider mite control by *Phytoseiulus* in Northern Europe. Hussey, N.W. and N. Scopes eds., Biological Pest Control : The Glasshouse Experience, Blandford Press, Poole, UK, 119-124.

Svendsen, M.S., A. Enkegaard and H. Brødsgaard (1999) Influence of humidity on the functional response of larvae of the gall midge (*Feltiella acarisuga*) feeding on spider mite eggs. IOBC/WPRS Bull. 22 (1), 243-246.

Takabayashi, J., M. Dicke and M.A. Posthumus (1994) Volatile herbivore-induced terpenoids in plant-mite interactions : variation caused by biotic and abiotic factors. J. Chem. Ecol. 20, 1329-1354.

高藤晃雄（1998）ハダニの生物学. シュプリンガーフェアラーク東京, 東京, 214pp.

Takafuji, A. and D.A. Chant (1976) Comparative studies of two species of predacious phytoseiid mites (Acarina : Phytoseiidae), with special reference to their responses to the density of their prey. Res. Popul. Ecol. 17, 255-310.

田中正（1976）野菜のアブラムシ. 日本植物防疫協会, 東京, 220 pp.

谷口達雄（1995）アブラムシ. 農山漁村文化協会, 東京, 106 pp.

天敵カルテ企画幹事会・農林水産省農業研究センター研究情報部（2000）天敵カルテ—天敵を利用したIPM普及のための統合支援システム. 農業研究センター研究情報部, 93pp.

戸田世嗣・柏尾具俊・小島政義・清田洋次（1996）4種天敵を利用した夏作メロンにおける主要害虫の体系防除の試み. 九病虫研会報 42, 106-113.

Tulisalo, U. (1984) Biological control in the greenhouse. Canard, M., Y. Semeria and T.R. New eds., Biology of Chrysopidae, Dr W. Junk Publishers, The Hague, the Netherlands, 228-233.

梅谷献二・工藤巌・宮崎昌久（1988）農作物のアザミウマ. 全国農村教育協会, 東京, 422pp.

Uygun, N. (1971) Der Einfluss der Nahrungsmenge auf Fuchtbarkeit und Lebensdauer von *Aphidoletes aphidimyza* (Rond.) (Diptera : Itonilidae). Z. Ang. Entomol. 69, 234-258.

Van den Meiracker, R.A.F. (1994) Induction and termination of diapause in *Orius* predatory bugs. Entomol. Exp. Appl. 73, 127-137.

Van den Meiracker, R.A.F. and P.M.J. Ramakers (1991) Biological control of the western flower thrips *Frankliniella occidentalis*, in sweet pepper, with the anthocorid predator *Orius insidiosus*. Med. Fac. Landbouww. Rijksuniv. Gent 56/

2a, 241-249.

Van den Meiracker, R.A.F. and M.W. Sabelis (1999) Do functional responses of predatory arthropods reach a plateau? A case study of *Orius insidiosus* with western flower thrips as prey. Entomol. Exp. Appl. 90, 323-329.

Van der Laan, E.M., Y.D. Burggraaf-van Nierop and J.C. van Lenteren (1982) Oviposition frequency, fecundity and life-span of *Encarsia formosa* (Hymenoptera : Aphelinidae) and migration capacity. of *E. formosa* at low greenhouse temperature. Med. Fac. Landbouww. Rijksuniv. Gent 47/2, 511-521.

Van Houten, Y.M. and P. van Stratum (1995) Control of western flower thrips on sweet pepper in winter with *Amblyseius cucumeris* (Oudemans) and *A. degenerans* Berlese. Parker, B.L., M. Skinner and T. Lewis eds. Thrips Biology and Management, Plenum Press, New York, 245-248.

Van Houten, Y.M., P.C.J. van Rijn, L.K. Tanigoshi, P. van Stratum and J. Bruin (1995a) Preselection of predatory mites to improve year-round biological control of western flower thrips in greenhouse crops. Entomol. Exp. Appl. 74, 225-234.

Van Houten, Y.M., P. van Stratum, J. Bruin and A. Veerman (1995b) Selection for non-diapause in *Amblyseius cucumeris* and *Amblyseius barkeri* and exploration of the effectiveness of selected strains for thrips control. Entomol. Exp. Appl. 74, 289-295.

Van Lenteren, J.C. (1995) Integrated pest management in protected crops. Dent, D.R. ed., Integrated Pest Management : Principles and Systems Development, Chapman & Hall, London, 311-343.

Van Lenteren, J.C., M. Benuzzi, G. Nicoli and S. Maini (1992) Biological control in protected crops in Europe. van Lenteren, J.C., A.K. Minks and O, M.B. de Ponti eds., Biological control and integrated crop protection : towards environmentally safer agriculture. Pudoc, Wagenigen, the Netherlands, 77-89.

Van Lenteren, J.C. and G. Manzaroli (1999) Evaluation and use of predators and parasitoids for biological control of pests in greenhouses. Albajes, R., M.A. Gullino, J.C. van Lenteren and Y. Elad eds., Integrated Pest and Disease Management in Greenhouse Crops, Kluwer Academic Publishers, Dordrecht, The Netherlands, 183-201.

Van Lenteren, J.C. and N.A. Martin (1999) Biological control of whiteflies.

Albajes, R., M.A. Gullino, J.C. van Lenteren and Y. Elad eds., Integrated Pest and Disease Management in Greenhouse Crops, Kluwer Academic Publishers, Drodrecht, The Netherlands, 202-216.

Van Lenteren, J.C., H.W. Nell, L.A. Sevenster-van der Lelie and J. Woets (1976a) The parasite - host relationship between *Encarsia formosa* (Hymenoptera : Aphelinidae) and *Trialeurodes vaporariorum* (Homoptera : Aleyrodidae) I. Host finding by the parasite. Entomol. Exp. Appl. 20, 123-130.

Van Lenteren, J.C., H.W. Nell, L.A. Sevenster-van der Lelie and J. Woets (1976b) The parasite - host relationship between *Encarsia formosa* (Hymenoptera : Aphelinidae) and *Trialeurodes vaporariorum* (Homoptera : Aleyrodidae) III. Discrimination between parasitized and unparasitized hosts by the parasite. Z. ang. Entomol. 81, 377-380.

Van Lenteren, J.C. and J. Woets (1988) Biological and integrated control in greenhouses. Annu. Rev. Entomol. 33, 239-269.

Van Rijn, P.C.J., R.A.F. van den Meiracker, P. Ramakers and M.W. Sabelis (1999) Persisting high predator-prey ratios and low prey levels : a model and field test using predatory bugs and western flower thrips on sweet pepper plants. van den Meiracker, R.A.F. Biocontrol of western flower thrips by heteropteran bugs. Ph.D thesis, Univ. Amsterdam, 115-141.

Van Rijn, P.C.J. and M.W. Sabelis (1990) Pollen availability and its effect on the maintenance of populations of *Amblyseius cucumeris*, a predator of thrips. Med. Fac. Landbouww. Rijksuniv. Gent, 55/2a, 335-341.

Van Roermund, H.J.W. and J.C. van Lenteren (1992) The parasite-host relationship between *Encarsia formosa* (Hymenoptera : Aphelinidae) and *Trialeurodes vaporariorum* (Homoptera : Aleyrodidae) XXXV. Life history parameters of the greenhouse whitefly parasitoid *Encarsia formosa* as a function of host stage and temperature. Wageningen Agric. Univ. Pap. 92.3, 106-147.

Van Roermund, H.J.W. and J.C. van Lenteren (1995a) Residence times of the whitefly parasitoid *Encarsia formosa* Gahan (Hym., Aphelinidae) on tomato leaflets. J. Appl. Entmol. 119, 465-471.

Van Roermund, H.J.W. and J.C. van Lenteren (1995b) Foraging behavior of the whitefly parasitoid *Encarsia formosa* on tomato leaflets. Entomol. Exp. Appl. 76, 313-324.

Van Roermund, H.J.W., J.C. van Lenteren and R. Rabbinge (1997) Biological control of greenhouse whitefly with the parasitoid *Encarsia formosa* on tomato : An individual-based simulation approach. Biol. Control 9, 25-47.

Van Steenis, M.J. (1993) Intrinsic rate of increase of *Aphidius colemani* Vier. (Hym., Braconidae), a parasitoid of *Aphis gossypii* Glov. (Hom., Aphididae), at different temperatures. J. Appl. Ent., 116, 192-198.

Van Steenis, M.J. (1995a) Evaluation of four aphidiine parasitoids for biological control of *Aphis gossypii.* Entomol. Exp. Appl. 75, 151-157.

Van Steenis, M.J. (1995b) Evaluation and application of parasitoids for biological control of *Aphis gossypii* in glasshouse cucumber crops. PhD Thesis, Wageningen Agricultural Univ. 215 pp.

Van Steenis, M.J. and K.A.M. El-Khawass (1995) Life history of *Aphis gossypii* on cucumber : influence of temperature, host plant and parasitism. Entomol. Exp. Appl. 76, 121-131.

Van Tol, S. and M.J. van Steenis (1994) Host preference and host suitability for *Aphidius matricariae* Hal. and *A. colemani* Vier. (Hym. : Braconidae), parasitizing *Aphis gossypii* Glov. and *Myzus persicae* Sulz. (Hom. : Aphididae). Med. Fac. Landbouww. Univ. Gent, 59/2a, 273-279.

Venzon, M., A. Janssen and M.W. Sabelis (1999) Attraction of generalist predator towards herbivore-infested plants. Entomol. Exp. Appl. 93, 305-314.

Vet, L.E.M., J.C. van Lenteren and J. Woets (1980) The parasite-host relationship between *Encarsia formosa* (Hymenoptera : Aphelinidae) and *Trialeurodes vaporariorum* (Homoptera : Aleyrodidae) IX. A review of the biological control of the greenhouse whitefly with suggestions for future research. Z. ang. Entomol. 90, 26-51.

Wardlow, L.R. (1985a) Leafminers and their parasites. Hussey, N.W. and N. Scopes eds., Biological Pest Control : The Glasshouse Experience, Blandford Press, Poole, UK., 62-65.

Wardlow, L.R. (1985b) Control of leaf-miners on chrysanthemums and tomatoes by parasites. Hussey, N.W. and N. Scopes eds., Biological Pest Ccontrol : The Glasshouse Experience, Blandford Press, Poole, UK., 129-133.

Woets, J. and A. van der Linden (1982) On the occurrence of *Opius pallipes* Wesmael and *Dacnusa sibirica* Telenga (Braconidae) in cases of natural control of the tomato leafminer *Liriomyza bryoniae* Kalt. (Agromyzidae) in some large greenhouses in the Netherlands. Med. Fac. Landbouww. Rijksuniv. Gent, 47/2, 533-540.

矢野栄二 (1979) *Encarsia formosa* によるオンシツコナジラミの生物的防除. 植物防疫 33, 490-497.

矢野栄二 (1988) オンシツコナジラミとその寄生蜂 *Encarsia formosa* Gahan の個体群動態に関する研究. 野菜茶試研報 A. 2, 143-200.

Yano, E. (1996) Biology of *Orius sauteri* (Poppius) and its potential as a biocontrol agent for *Thrips palmi* Karny. IOBC/WPRS Bull. 19 (1), 203-206.

矢野栄二 (2000) 施設栽培における IPM 戦略. 今月の農業 44 (1), 15-18.

Yano, E. (2002) Sampling protocols for pre- and post-release evaluations of natural enemies in protected culture. Parrella, M.P. and K.M. Heinz eds., Ball Publishing, Batavia, IL, USA (in press).

Yano, E., K. Watanabe and K. Yara (2002) Life history parameters of *Orius sauteri* (Poppius) (Heteroptera : Anthocoridae) reared on *Ephestia kuehniella* eggs and the minimum amount of the diet for rearing individuals. J. Appl. Ent. 126, 389-394.

Yasunaga, T. (1997) The flower bug genus *Orius* Wolff (Heteroptera : Anthocoridae) from Japan and Taiwan. Appl. Entomol. Zool. 32, 355-364, 379-386, 387-394.

山下賢一・藤富正昭 (1998) コレマンアブラバチ (*Aphidius colemani*) によるイチゴのワタアブラムシの防除. 応動昆中国支部会報 40, 15-22.

山下賢一・矢野栄二 (1996) ワタアブラムシに対するアブラバチ (*Aphidius colemani*) の寄生. 応動昆中国支部会報 38, 9-14.

Yukawa, J., D. Yamaguchi, K. Mizota and O. Setokuchi (1998) Distribution and host range of an aphidophagous species of Cecidomyiidae, *Aphidoletes aphidimyza* (Diptera), in Japan. Appl. Entomol. Zool. 33, 185-193.

Zchori-Fein, E., R.T. Roush and M.S. Hunter (1992) Male production induced by antibiotic treatment in *Encarsia formosa* (Hymenoptera : Aphelinidae), an asexual species. Experientia 48, 102-105.

第3章　卵寄生蜂タマゴコバチ類の利用の基礎知識

1．タマゴコバチ類の利用の歴史

タマゴコバチ類（*Trichogramma* 属の卵寄生蜂）の利用は，1920 年代に大量増殖技術が米国で開発されてから本格化した．わが国でも，静岡県でニカメイチュウの防除にズイムシアカタマゴバチ *T. japonicum* の大量増殖と放飼が試みられたが，成功とは評価されなかった．その後，西側諸国におけるタマゴコバチ類の利用の研究は，有機合成殺虫剤の利用にともない中断した．しかしタマゴコバチ類の利用の研究は旧ソ連と中国で継続され，大量増殖施設で生産されたタマゴコバチ類が大規模放飼されるまでに至った．1960 年代になって欧米で研究が活発化し，1970 年代になって大量増殖と放飼技術の研究が開始された．タマゴコバチ類放飼による防除対象害虫は，1975 年以前はサトウキビとトウモロコシのチョウ目害虫であったが，1975 年から 1985 年の間にワタ，テンサイ，キャベツ，リンゴ，トマト，イネ，森林の害虫にまで拡大した（表 3.1）．

タマゴコバチ類は大量生産が容易であり，他の天敵に比べ生産コストが非常に安い．そのため畑作物や露地野菜などで大量放飼が可能である．1990 年にタマゴコバチ類の世界の総放飼面積は，50 カ国以上で毎年 3,200 万 ha 以上に及んでいる．内訳は，旧ソ連が 2,760 万 ha，中国が 210 万 ha，メキシコが 200 万 ha などとなっている．大面積にわたって放飼されている国に社会主義国や開発途上国が多いのが特徴である．作物別では，トウモロコシとサトウキビの害虫に最も利用されている（Li，1994）．放飼されているタマゴコバチ類の種数は世界で 70 種以上とされているが，広く利用されているのは，ヨトウタマゴバチ *T. evanescens*，キイロタマゴバチ *T. dendrolimi*，*T. pretiosum*，*T. brassicae*，*T. nubilale* の 5 種であり，特に前 3 種はよく研

表 3.1 各国における種々の作物の害虫防除に対するタマゴコバチ類の利用 (Li, 1994)

作物	国名
トウモロコシ	旧ソ連, 中国, メキシコ, フィリピン, コロンビア, ブルガリア, フランス, ドイツ, スイス, アメリカ合衆国, イタリア, オーストリア, ルーマニア, 旧チェコスロバキア
サトウキビ	中国, フィリピン, コロンビア, イラン, エジプト, キューバ, インド, ウルグアイ, メキシコ
ワタ	旧ソ連, アメリカ合衆国, コロンビア, メキシコ, 中国, イラン
トマト	旧ソ連, 中国, メキシコ, コロンビア, アメリカ合衆国
キャベツ	旧ソ連, 中国, ブルガリア, オランダ, 旧チェコスロバキア
リンゴ	旧ソ連, ブルガリア, 中国, ドイツ, ポーランド
ビート	旧ソ連, ブルガリア, 中国
イネ	中国, イラン, インド
ダイズ	コロンビア, アメリカ合衆国, 中国
ソルガム	メキシコ, コロンビア, 中国
マツ	中国, ブルガリア
ブドウ	旧ソ連, ブルガリア

究されている (Smith, 1996). タマゴコバチ類は寄生蜂のショウジョウバエとも呼ばれ, 寄生蜂の中で最も基礎的研究の蓄積の多いグループでもある. わが国では, 1990 年前後から増殖や利用技術の研究が行われるようになった. スイートコーンのアワノメイガやキャベツのコナガなどに放飼され, 効果が確認されている. しかしまだ農薬登録にはいたっておらず, 余り実用化は進んでいない. タマゴコバチ類の生態と利用に関する本としては, Wajnberg and Hassan (1994) がある.

2. タマゴコバチ類の生態

(1) 生活史

卵寄生蜂としてはタマゴコバチ科 (Trichogrammatidae) またはクロタマゴバチ科 (Scelionidae) に属する種が応用上重要であるが, タマゴコバチ科の *Trichogramma* 属の種 (タマゴコバチ類) が極めて重要であり基礎研究の蓄積も圧倒的に多いので, ここではタマゴコバチ類に限定して記述する.

タマゴコバチ類は, 単寄生性または多寄生性の内部寄生蜂である. タマゴコバチ類はタマゴコバチ科の最も大きな属で145種が知られている（Pinto and Stouthamer, 1994）. 多食性と認識されており，8目にまたがる300種以上の昆虫の卵に寄生するが（Schmidt, 1994），特にチョウ目昆虫卵の寄生蜂として重要である．主に発育初期の寄主卵に産卵し，寄主卵の内部で卵，幼虫，蛹のすべての発育ステージを完了した後，成虫が羽化する．

メアカタマゴバチ *T. chilonis* をコナガ卵で飼育した場合，24℃における卵から羽化までの発育期間は9日である（Miura and Kobayashi, 1993）. 24℃におけるメアカタマゴバチの雌成虫の寿命は，蜂蜜水溶液を与えると6日，コナガ卵に対する総産卵数は43.6個（図3.1），内的自然増加率は0.315である（Miura and Kobayashi, 1995）（表3.2）. *T. pretiosum* をヤガの1種である *Trichoplusia ni* の卵で飼育した場合，25±5℃で卵・幼虫期の発育期間は7.4日，死亡率は2.4%，雌成虫寿命は10.2日，総産卵数は64.2個，雌性比は77.9%，内的自然増加率は0.34である（Pak and Oatman, 1982）.

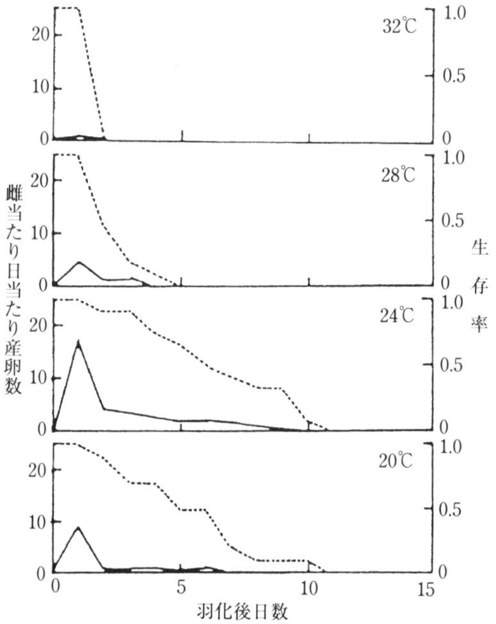

図3.1　コナガ卵を寄主とするメアカタマゴバチの雌成虫の日当たり産卵数（実線）と生存率（点線）に及ぼす温度の影響（Miura and Kobayashi, 1995）

雌成虫は基本的には産雄単性生殖を示すが，*Wolbachia* に感染した系統は産雌単性生殖を示す（Stouthamer *et. al*., 1993）. 大きな寄主卵に産卵する場合雌の性比が高まるが，局所的配偶者競争によると推測されている（Suzuki *et al*., 1984；Waage and Lane, 1984；Suzuki and

表 3.2 コナガ卵を寄主とするメアカタマゴバチの純増殖率 R_0，平均世代日数 T および日当たり内的自然増加率 r_m (Miura and Kobayashi, 1995)

温度 (℃)	R_0	T	r_m
20	10.50	14.60	0.163
24	21.53	10.10	0.315
28	3.49	8.19	0.154
32	0.11	6.00	−

Hiehata, 1985)．また過寄生した場合は，雄の方が発育中の生存率が高いため出現する成虫の雄比が高くなる (Schmidt, 1994)．タマゴコバチ類の雄成虫は雌より少し早く羽化して，雌の羽化を待ち構えて羽化直後に複数回交尾する．成虫は糖分を与えることにより寿命が長くなり，産卵数も増加する．羽化後の成虫の分散パターンは種や作物の種類により異なる．*T. minutum* のように作物の上部に移動する傾向の強い種，作物の下部を好む種，また全く選好性を示さない種もある．タマゴコバチ類は羽化地点から普通 20 m 以上は移動しない (Smith, 1994)．タマゴコバチ類には，休眠状態で越冬する種と単なる発育停止の状態で越冬する種がある．越冬する場合は日長と温度により休眠が誘起され，寄生蜂卵の耐凍性が高まる (Boivin, 1994)．

(2) 寄主の発見

寄主の発見には，寄主の生息場所の発見と (habitat location)，それに続く寄主発見 (host location) という 2 段階を経なければならない．生息場所は捕食寄生者相や寄生率に強く影響する．捕食寄生者は種により生息場所が限定されているため，野外では生息場所に存在する寄主のみを利用しており意外に寄主範囲は狭い．例えばヨトウタマゴバチは畑地を好み，*T. embryophagum* は樹木に生息し，*T. semblidis* は沼沢地を好む (Flanders, 1937)．同じ害虫に対してタマゴコバチ類を放飼する場合も，作物で効果が異なることがある．例えば *T. minutum* は，トマト上のスズメガの 1 種 *Manduca sexta* やタバコガの 1 種 *Helicoverpa virescens* に寄生するが，タバコでは寄生しない (Rabb and Bradley, 1968；Martin *et al.*, 1981)．

表3.3 オルファクトメーター（嗅覚計，4選択式）による，*Trichogramma pretiosum* 雌成虫の求愛中の *Heliothis zea*（タバコガの仲間）雌成虫とそうでない個体に対する選択試験（Noldus, 1988).

実験	匂い源	個体数	四つの選択肢に対して誘引された *T. pretiosum* 雌数					確率
			匂い源	左	反対方向	右	合計	
1	求愛中の雌蛾	15	7.8	5.9	4.1	5.2	23.0	< 0.01
2	求愛していない雌蛾	39	7.7	7.7	8.0	8.0	31.4	0.92

(注) 求愛中の雌蛾は性フェロモンを発散している．実験1では蜂は求愛中の雌蛾をその反対方向と比較して有意に選択し，実験2では蜂は求愛していない雌蛾の匂いに選択的に反応しなかった．

タマゴコバチ類の生息場所の発見には種々の要因が関係している．温湿度，光，音，視覚刺激なども影響すると思われるが，最も重要な役割を果たしているのが，寄主および植物由来の揮発性物質である（Nordlund *et al.*, 1984)．タマゴコバチ類は，トウモロコシの抽出物を散布すると寄生率が上昇したり（Altieri *et al.*, 1982)，トウモロコシの葉のにおいにより探索時間が長くなることが知られている（Kaiser *et al.*, 1989)．また，トマト葉の抽出物に対して *T. pretiosum* が誘引され，さらに探索行動が活発化されることにより，寄生率が高くなることが室内実験で示された（Nordlund *et al.*, 1985 a, b)．寄主由来の揮発性のカイロモンとしては，寄主の雌成虫の出す性フェロモンが重要である．*T. pretiosum*, *T. brassicae* およびヨトウタマゴバチは寄主の雌蛾の性フェロモン構成成分に反応することが証明されている（Lewis *et al.*, 1982；Kaiser *et al.*, 1989；Noldus, 1988)（表3.3).

(3) 寄主の認識と受容

タマゴコバチ類の雌成虫が寄主卵に遭遇してから産卵にいたる行動は，寄主認識（host recognition）と寄主受容（host acceptance）と呼ばれ，行動パターンや行動に影響する要因についてはよく研究されている．寄主卵に遭遇した雌は，卵の表面を触角で叩きながら（antennal drumming)，しばしば転回をともなう歩行で精査（host examination）する．産卵管を挿入するためには，寄主卵殻に穴をあける穿孔 (drilling) の行動を取る．その後産卵するが，産卵せずに産卵管を引き抜く場合もある．産卵する場合も雌卵を産む時は授精し，雄卵では授精しない．産卵終了後，産卵管を引き抜くため腹部を持ち上げる行動を示す．寄主卵の表面を精査する時間は大きな寄主卵ではより長くなり，低温でも長くなる．精査の時の歩行速度は，寄主卵の表面の寄主成虫由来の化学物質を感知すると遅くなり，転回行動の頻度も高くなる．産卵時間の長さは卵殻の硬さや産む卵の数に比例して長くなる (Schmidt, 1994).

寄主受容には多くの要因が関連している．タマゴコバチ類は光の波長や明るさを感知できるが，寄主の認識行動は暗黒でも正常に行われる．卵殻の硬さ，厚さは産卵管の挿入の難易に関係しており，カイコガ卵のように20 μm 以上の厚さの卵殻を貫いて産卵するのは困難である．寄主成虫が卵の表面に残した附属腺の分泌物は，タマゴコバチ類の産卵行動を活発化させ寄生率を上昇させるか産卵行動を抑制する．タマゴコバチ類の雌成虫は清浄なガラスビーズに対しても産卵行動を示す．ガラスビーズにオオモンシロチョウ卵の表面をメタノール洗浄して抽出した物質を塗布すると，*T. buesi* の産卵行動は抑制されたが，*T. brassicae* の産卵行動はより活発になった (Pak, 1988).

タマゴコバチ類はすでに寄生された寄主卵を未寄生卵と識別して，前者への産卵を回避する能力があり，寄主識別 (host discrimination) と呼ばれる．しかし，未寄生寄主卵が少なくなり，まだ雌蜂が多くの産卵可能な卵を体内に持っている場合は，既寄生卵に産卵するようになる結果，過寄生を引き起こす．Salt (1937) は，ヨトウタマゴバチを利用した先駆的研究で，雌が以前に寄主卵表面を精査している最中に表面に残されるマーキング物質を認識して識別していることを示した．この物質は水溶性の揮発性物質であり，効果は濃度に依存する．しかしヨトウタマゴバチは以前の産卵で寄主卵内部に残された化学物質も感知して識別できることもわかった．スジコナマダラメイガ卵に対して，*T. embryophagum* も寄主表面と内部のマーカー物質を寄主識別に利用しているが，寄主表面のマーカーの効果は不十分で，産卵管挿入後の内部マーカーによる識別が重要である (Klomp *et al.*, 1980).

多寄生性の *T. minutum* は直径が 0.3 mm から 3 mm の寄主卵に産卵し (Schmidt and Smith, 1987)，寄主卵の大きさに応じて産卵数を変えることができる．スジコナマダラメイガ卵（直径約 0.3 mm）には 1〜2 卵しか産卵しないが，*M. sexta* 卵（直径約 1.4 mm）には 20 卵程度産卵する．産卵数（正確には clutch size）が寄主サイズに対して多過ぎると，小さな個体がたくさん出現し，次世代雌個体当たりの産卵数は少なくなる．*T. minutum* 雌成虫は，卵表面を精査している間に寄主卵の表面積や直径に関する情報を得て，産卵数を調節している．寄主卵の直径の推定には，頭部と触角のなす角度を

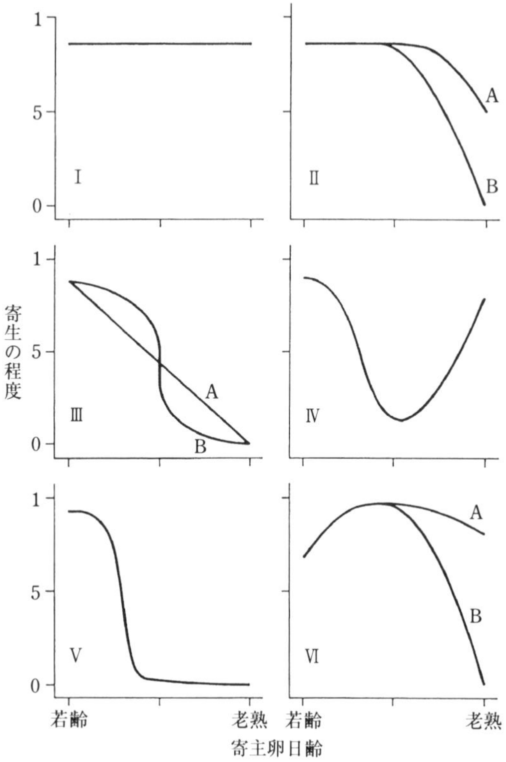

図 3.2　タマゴコバチ類の寄生に及ぼす寄主卵齢の影響のタイプ分け（Pak, 1986）

寄主選択，攻撃，発育，寄主死亡，寄主受容に及ぼす影響に対しても同様のタイプ分けが行われた．

利用していると推測されている (Schmidt and Smith, 1986).

温度はタマゴコバチ類の探索や動きに影響するが，寄主サイズに応じた産卵数の調節には影響しない．寄主卵の栄養的組成や発育程度は寄主受容に影響する．ロイシン，イソロイシン，フェニルアラニン，ヒスチジンの 4 種類のアミノ酸が，人工卵内で一定の濃度で保たれていると産卵が刺激された (Wu and Qin, 1982). また硫酸マグネシウムや塩化カリウムの濃度が，昆虫の体液と同じ濃度で人工卵の内部で保たれていると産卵行動を誘発する (Nettles *et al.*, 1983). 寄主卵の発育程度は寄主受容だけではなく，タマゴコバチ類の寄生の多くの側面に影響する．Pak (1986) は，寄主選択，攻撃，産卵，発育，寄主死亡に対する寄主卵の発育程度の影響を，既往の知見に基づいて 6 タイプに分けた (図 3.2). 大多数のケースについて，若い寄主卵の方がより選好され，産卵の頻度が高く，発育もよく，寄主死亡率も高かった．発育の進んだ寄主卵は若い寄主卵に比べ，産卵されるタマゴコバチ類の卵数も少なくなる．しかしモンシロチョウやオオモンシロチョウのような好適でない寄主卵に対しては，寄主卵の発育程度は余り影響しなかった (表 3.4).

表 3.4　ヨトウガ (Mb), オオモンシロチョウ (Pb) およびモンシロチョウ (Pr) 卵の齢がタマゴコバチ系統の寄生に及ぼす影響のタイプ分け (図 3.2) (Pak, 1986)

系統番号	種名	寄主—寄生者関係					
		受容			産卵		
		Mb	Pb	Pr	Mb	Pb	Pr
7	*T. maidis*	I	IV	II - a	II - a	I	I
11	*T. maidis*	I	I	I	I	I	I
38	*T. maidis*	I	I	I	VI - a	I	I
43	*T. brassicae*	I	I	I	II - a	I	VI - a
56	ヨトウタマゴバチ	III - a	I	I	II - a	I	I
57	ヨトウタマゴバチ	II - a	I	I	II - a	I	I

3．タマゴコバチ類の放飼・利用法

(1) 放飼方法

タマゴコバチ類の利用法としては，大量放飼 (inundation)，接種的放飼 (inoculation)，および導入 (introduction) の三つのアプローチがある．大量放飼が主流であるが，直接的かつ一時的な効果をねらいとするので放飼のタイミングが重要であり，冷涼な地域の 1 化性または 2 化性の害虫の防除に適している．一方，熱帯地域における利用では，増殖による放飼世代以後の効果も期待できるので，接種的放飼も利用されている．外部からの外来種の導入もいくつかの国で行われている (Smith, 1996)．

タマゴコバチ類の大量放飼における放飼量は，これまで経験的に決められてきた．例えば中国では，害虫 1 世代に対する ha 当たりの放飼量は，アワノメイガの場合 45,000～345,000 頭，コブノメイガの場合 60,000～ 750,000 頭である．実際はこれらの放飼量が各世代に対し何回かに分けて放飼される．旧ソ連では，ヨトウガのように卵塊で産む害虫よりは，タマナヤガのようにばらばらで卵を産む害虫に対して，タマゴコバチ類の放飼密度を高くしている (Li, 1994)．放飼量についてはばらつきが大きく，ヨーロッパにおけるトウモロコシのアワノメイガの近縁種ヨーロッパアワノメイガ (*Ostrinia nubilalis*) に対する *T. brassicae* の放飼量でさえ，ha 当たり 150,000 頭から 2,800,000 頭の幅がある．また森林や果樹害虫に対する放飼量は，野菜や畑作物の害虫よりも多くなる．放飼量は害虫の卵数または卵塊数とタマゴコバチ類の放飼量の比率と作物の容積を参考にして決められている．最近では適正な放飼量を推定するためのモデル式も提案されている．Kanour and Burbutis (1984) は，トウモロコシのヨーロッパアワノメイガに対して，*T. nubilale* を放飼して 80 %の寄生率を得るための放飼量を理論的に計算した．モデルでは圃場サイズ，栽植密度，寄生蜂の探索面積，寄生蜂放飼の時期と放飼量から期待される寄生率を計算できる．さらに ha 当たり日当たり放飼量を簡便に推定する式として次式が提案されている．

$$\textit{T. nubilale}\ \text{放飼量/日/ha} = \text{トウロモコシ1株の葉面積}\ (\text{cm}^2) \times \text{株数/ha} \times 0.052 \div 2800$$

接種的放飼では，より少ない量のタマゴコバチ類が害虫の発生の極めて初期の段階で放飼される．中国では，隣接した野菜畑とワタ畑のチョウ目害虫の同時防除，アワノメイガ，コブノメイガの防除に接種的放飼が行われている (Li, 1994).

実際のタマゴコバチ類の野外放飼では，タマゴコバチ類に寄生されたスジコナマダラメイガ，バクガ，ガイマイツヅリガの卵が大量生産され，それを厚紙に貼り付けたり，容器に封入したり，増量剤と混ぜて放飼される．研究目的や効果判定試験では手作業による地上放飼が行われる．この場合放飼点が固定されているのが特徴である．厚紙などに貼り付けたまま放飼される場合もあるが，捕食や降雨の影響を避けるため，プラスチック容器，紙袋，メッシュの袋，ガラス瓶等種々の容器に収納後放飼される．手作業による地上放飼は労力が掛かるが，多くの国で実際の防除のための放飼法となっている．

先進国における商業的な大規模放飼では，放飼労力の関係から広域散布方式が取られており，地上散布と空中散布が考案されている．地上散布にはエアゾール方式および背負い式散布器，スプレーヤーなど農薬の散布器を利用した方式がある．タマゴコバチ類に寄生された寄主卵はおが屑，ふすまなどをキャリアーとして散布される．空中散布は米国では1970年代後半になって，ワタ害虫に対するタマゴコバチ類の放飼に試みられるようになった．ふすまやでんぷん粉をキャリアーとして，軽飛行機で散布する方法が開発された．カナダでは1980年代前半に，森林害虫トウヒノシントメハマキの防除のため *T.minutum* を散布するのに，ヘリコプターを利用した散布法が開発された (Smith *et al*., 1990)．旧ソ連ではトラクターに連結したスプレーヤーによる地上散布，飛行機やヘリコプターによる空中散布が行われていた．地上散布では，大量の水とともにタマゴコバチ類に寄生されたバクガ卵を散布する方法も取られていた (Li, 1994).

(2) 放飼効果に影響する要因

タマゴコバチ類の有効な放飼のためには，放飼の目的にかない，放飼環境やタマゴコバチ類の生物的性質を考慮した放飼方法を取らねばならない．研究目的には放飼点を固定した地上放飼が適当であるし，大規模放飼には空中散布が最も効率的である．防除効果がどの程度要求されるかにより，放飼量や回数は変わってくる．例えば害虫が直接収穫部を食害するアブラナ科野菜の食葉性害虫に対しては，高い防除効果が要求されるため放飼量や回数は多くなる．放飼対象の作物の高さ，多様性，発育程度なども放飼方法に影響する．例えば森林害虫に対して地上放飼は高い効果を望めず，空中散布が必要になる．植物が生長するにつれ葉面積が大きくなるため，タマゴコバチ類の寄主発見能力は低下する．固定点から地上放飼する場合，放飼点の位置や間隔を決める際には，タマゴコバチ類の分散能力や分散パターンを考慮しなければばらない．タマゴコバチ類は羽化後すぐ交尾するため，交尾し易いように1カ所である程度まとめて放飼する方がよい．これに関して散布方式は固定点放飼より劣る．

タマゴコバチ類を放飼する際に，同時に種々の添加物を加えると効果が高まる可能性が考えられる．成虫の餌としての糖分，寄生された寄主卵を作物に付着させるための粘着物質，羽化した寄生蜂を定着させ寄主探索を活発化させるカイロモン，さらに羽化した寄生蜂の増殖を促進させるための未寄生卵の同時散布などのアイデアがある (Knipling and McGuire, 1968)．カイロモンとしては蛾の鱗粉やトリコサンなどが添加，散布され，寄生効果を高める成果が得られた (Nordlund *et al.*, 1974 ; Gross *et al.*, 1984) (表 3.5)．放飼のためのコストの削減は実用化上の重要な問題である．放飼のための労力コストが安い国では手作業による放飼は可能であるが，労力コストの高い先進国では機械化による散布方式を取ることも多い．

大量放飼において放飼の効果を確実にするためには，放飼のタイミングは極めて重要である．放飼のタイミングには寄主卵の産卵期間と寄生を受ける

表 3.5 *Heliothis zea* (タバコガの 1 種) 卵に対して *Trichogramma pretiosum* を放飼する際，*H. zea* の鱗粉の抽出物 (MSE，*T. pretiosum* のカイロモン) を散布した場合と散布しない場合の寄生率の比較 (Gross *et al.*, 1984)

寄主卵密度 卵数/畝 0.9m	*T. pretiosum* による寄主卵寄生率	
	MSE 無散布	MSE 散布
5	20.7a	19.8a
15	21.1a	32.4b
75	27.3b	35.4b

(注) 散布区と無散布区の寄生率の記号が異なる場合は，5％水準で統計的有意差があることを示す．

期間の長さが関わっている．大量放飼は防除対象の寄主の産卵期間に合わせて行われる．また寄主が 1 化性か多化性かで放飼回数や放飼量は工夫しなければならない．スイスでは 1 化性のヨーロッパアワノメイガに対しては世代内に続けて 3 回放飼，多化性の集団には各世代の始めの時期に各 1 回づつ放飼する方法を取っている (Bigler，1986)．最初の放飼の時期は防除の成否に関わっている．最初の卵が発見されるより早めに 1 回目の放飼を行わなければ効果が確実ではないため，産卵時期を予測することが必要となる．放飼したタマゴコバチ類に野外で継続的に寄生させるためには，野外における寄生可能期間に合わせた間隔で放飼しなければならない．これには野外におけるタマゴコバチ類の寄生能力の継続性の確認が望ましい．Hassan *et al.* (1988) は，リンゴのコドリンガとリンゴコカクモンハマキに対するタマゴコバチ類の最初の放飼は，性フェロモントラップによる成虫の初発生確認後に行い，それ以後の放飼は 1 回前の放飼虫の一部を野外で飼育して寄生活動を確認し，死亡する 2，3 日前に放飼した (図 3.3)．

寄主卵の被寄生可能期間も放飼の時期や回数に影響する．一般に寄主卵の発育が進むほどタマゴコバチ類は寄生しなくなる．トウヒノシントメハマキの卵では温度条件にもよるが，せいぜい 6～10 日が被寄生可能期間である．放飼回数を減らす放飼法として，発育ステージの異なるタマゴコバチ類を一度に放飼する方法が考案された (Bigler，1986；Hassan *et al.*，1988)．この

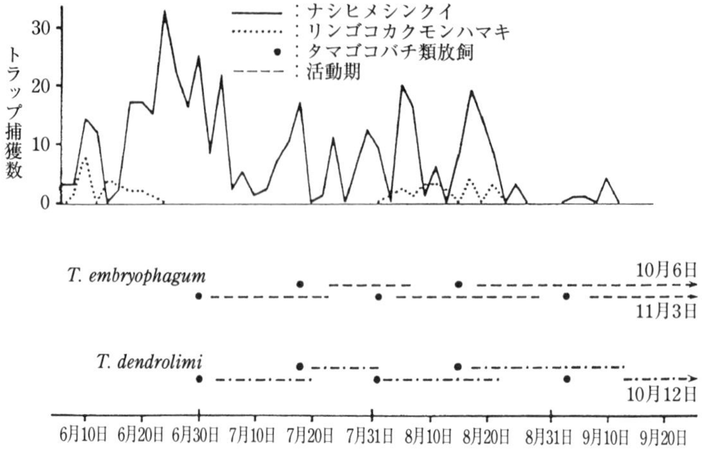

図3.3　ドイツ Otzbergのリンゴ園におけるナシヒメシンクイとリンゴコカクモンハマキのフェロモントラップ捕獲数の推移およびタマゴコバチ2種の放飼と活動期（下図破線と一点鎖線）(Hassan et al., 1988)

方法はうまく使えば，放飼虫の羽化を対象害虫の産卵ピークに集中させることもできる (Prokrym *et al*., 1992)．この場合は羽化まで長く野外で生存させるため，捕食や降雨などの影響から保護する工夫が必要である．

放飼したタマゴコバチ類の活動は温度，降雨，湿度，風速などの気象条件に左右される．低温は活動を鈍らせ，極端な高温も悪影響を及ぼす．降雨は放飼の効果を低下させ，強風は飛翔を阻害する．少なくとも悪い気象条件下の放飼は避けるべきである．タマゴコバチ類の放飼を行う場合，殺虫スペクトラムの広い殺虫剤の定期的散布は避けなければならない．

(3) 放飼効果の評価

タマゴコバチ類の放飼効果の評価には，寄主卵のタマゴコバチ類による寄生率，害虫の被害，害虫の幼虫密度などが用いられる．当然ながら，放飼効果の評価は隣接した無防除区との比較で行われなければならない（伊賀，1987）（表3.6)．農薬散布区との比較は農薬との効果の比較にはなるが，タマゴコバチ類の効果そのものは評価できない．寄生率の評価は野外の寄主卵

表 3.6 メアカタマゴバチを放飼した区と無放飼区におけるコナガに対する寄生率 (伊賀, 1987)

調査時期	反復	放飼区		無放飼区	
		調査卵数	寄生率 (%)	調査卵数	寄生率 (%)
10月上旬	1	58	34.5	104	0
	2	32	21.9	64	12.5
10月中旬	1	203	38.9	19	21.1
	2	25	48.0	58	56.9
10月下旬	1	102	2.9	64	0
	2	34	14.7	52	7.7

で行われることが多いが，いつ採集するかで寄生率は影響され過少評価となる (van Driesche, 1983). 室内飼育で得られた寄主卵や代用寄主卵を野外に設置して評価する方法もあるが，設置場所や，野外の寄主卵との選好性の違いなどの影響を受ける. 経済的な評価としては作物の被害の評価が重要である. 正確な経済的評価には，リスク・便益分析が必要となる.

Van Hamburg and Hassell (1984) は，害虫の卵に対する寄生率が上昇しても，その幼虫期に密度依存的死亡が強く働けば，幼虫数の減少をもたらさないことを理論的に指摘した. Smith (1996) はタマゴコバチ類の放飼の 26 の報告から寄生率と幼虫数の減少率の間に正の相関が見られることを証明し，この現象は余り起こっていないことを示唆した. しかし一般には，タマゴコバチ類の放飼による卵期死亡以外の種々の死亡要因の影響を入れて評価しなければ，被害が減少するかどうか正確には予測できない. また接種的放飼でタマゴコバチ類の野外における増殖も利用して防除しようとする場合は，タマゴコバチ類の増殖や，場合によっては分散まで考慮する必要がある. このような評価には何らかのモデル的アプローチが必要となる (第 4 章参照).

モデルアプローチの基礎となるのは，タマゴコバチ類の放飼数と寄生率の関係である. Knipling and McGuire (1968) は，Nicholson and Bailey (1935) と同等の式を用いてこの関係を記述した. さらに野外で得られたデータを利用して，簡単な個体群動態モデルを作成し，サトウキビのズイムシに対するタマゴコバチ類の放飼後の寄生率の予測を行った.

引用文献

Altieri, M.A., S. Annamalai, K.P. Katiyar and R.A. Flath (1982) Effects of plant extracts on rates of parasitization of *Anagasta kuehniella* (Lep. : Pyralidae) eggs by *Trichogramma pretiosum* (Hym. : Trichogrammatidae) under greenhouse conditions. Entomophaga 27, 431-438.

Bigler, F. (1986) Mass production of *Trichogramma maidis* Pint. et Voeg. and its field application against *Ostrinia nubilalis* Hbn. in Switzerland. J. Appl. Entomol. 101, 23-29.

Boivin, G. (1994) Overwintering strategies of egg parasitoids. Wajnberg, E. and S.A. Hassan eds., Biological Control with Egg Parasitoids, CAB International, Wallingford, UK, 219-244.

Flanders, S.E. (1937) Habitat selection by *Trichogramma*. Ann. Entomol. Soc. Amer. 30, 208-210.

Gross, H.R., W.J. Lewis, M. Beevers and D.A. Nordlund (1984) *Trichogramma pretiosum* (Hymenoptera : Trichogrammatidae) : effects of augmented densities and distribution of *Heliothis zea* (Lepidoptera : Noctuidae) host eggs and kairomones on field performance. Environ. Entomol. 13, 981-985.

Hassan, S.A., E. Koeler and W.M. Rost (1988) Mass production and utilization of *Trichogramma* : 10. Control of the codling moth *Cydia pomonella* and the summer fruit totrix moth *Adoxophyes orana* (Lep. : Tortricidae). Entomophaga 33, 413-420.

伊賀幹夫 (1987) メアカタマゴバチの秋季放飼によるキャベツ害虫の密度抑圧効果.関東病虫研報 34, 161-162.

Kaiser, L., M.H. Pham-Delegue, E. Bakchine and C. Masson (1989) Olfactory responses of *Trichogramma maidis* Pint. et Voeg. : effects of chemical cues and behavioral plasticity. J. Insect Behav. 2, 701-712.

Kanour, W.W. and P.P. Burbutis (1984) *Trichogramma nubilale* (Hymenoptera : Trichogrammatidae) field releases in corn and a hypothetical model for control of European corn borer (Lepidoptera : Pyralidae). J. Econ. Entomol. 77, 103-107.

Klomp, H., B.J. Teerink and W.C. Ma (1980) Discrimination between parasitized and unparasitized hosts in the egg parasite *Trichogramma embryophagum* (Hym. : Trichogrammatidae) : a matter of learning and forgetting. Neth. J. Zool. 30, 254-

277.

Knipling, E.F. and J.U. McGuire Jr (1968) Population models to appraise the limitations and potentialities of *Trichogramma* in managing host insect populations. US Dep. Agric. Technol. Bull. 1387, 1-44.

Lewis, W.J., D.A. Nordlund, R.C. Gueldner, P.E.A. Teal and J.H. Tumlinson (1982) Kairomones and their use for management of entomophagous insects. XIII. Kairomonal activity for *Trichogramma* spp. of abdominal tips, excretion, and a synthetic sex pheromone blend of *Heliothis zea* (Boddle) moths. J. Chem. Ecol. 8, 1323-1331.

Li, L.Y. (1994) Worldwide use of *Trichogramma* for biological control on different crops : a survey. Wajnberg, E. and S.A. Hassan eds., Biological Control with Egg Parasitoids, CAB International, Wallingford, UK, 37-53.

Martin, P.B., P.D. Lingren, G.L. Greene and E.E. Grissel (1981) The parasitoid complex of three noctuids (Lep.) in a northern Florida cropping system: seasonal occurrence parasitization, alternate hosts and influence of host-habitat. Entomophaga 26, 401-419.

Miura, K. and M. Kobayashi (1993) Effect of temperature on the development of *Trichogramma chilonis* Ishii (Hymenoptera: Trichogrammatidae), an egg parasitoid of the diamondback moth. Appl. Entomol. Zool. 28, 393-396.

Miura, K. and M. Kobayashi (1995) Reproductive properties of *Trichogramma chilonis* females on diamondback moth eggs. Appl. Entomol. Zool. 30, 393-400.

Nettles, W.C. Jr, R.K. Morrison, Z.N. Xie, D. Ball, C.A. Shenkir and S.B. Vinson (1983) Effect of cations, anions and salt concentrations on oviposition by *Trichogramma pretiosum* Riley in wax eggs. Entomol. Exp. Appl. 33, 283-289.

Nicholson, A.J. and V.A. Bailey (1935) The balance of animal populations. Part I. Proc. Zool. Soc. London, 1935, 551-598.

Noldus, L.P.J.J. (1988) Response of the egg parasitoid *Trichogramma pretiosum* to the sex pheromone of its host *Heliothis zea*. Entomol. Exp. Appl. 48, 293-300.

Nordlund, D.A., R.B. Chalfant and W.J. Lewis (1984) Arthropod populations, yields and damage in monocultures and polycultures of corn, beans and tomatoes. Agr. Ecosys. Environ. 11, 353-367.

Nordlund, D.A., R.B. Chalfant and W.J. Lewis (1985 a) Response of *Trichogramma pretiosum* females to extracts of two plants attacked by *Heliothis zea*. Agr.

Ecosys. Environ. 12, 127-133.

Nordlund, D.A., R.B. Chalfant and W.J. Lewis (1985 b) Response of *Trichogramma pretiosum* females to volatile synomones from tomato plants. J. Entomol. Sci. 20, 372-376.

Nordlund, D.A., W.J. Lewis, H.R. Gross and E.A. Harrell (1974) Description and evaluation of a method for field application of *Heliothis zea* eggs and kairomones for *Trichogramma*. Environ. Entomol. 3, 981-984.

Pak, G.A. (1986) Behavioural variations among strains of *Trichogramma* spp. : a review of the literature on host-age selection. J. Appl. Ent. 101, 55-64.

Pak, G.A. (1988) Selection of *Trichogramma* for inundative biological control. PhD Thesis, Wagenignen Agricultural University, The Netherlands, 224 pp.

Pak, G.A. and E.R. Oatman (1982) Comparative life table, behavior and competition studies of *Trichogramma brevicapillum* and *T. pretiosum*. Entomol. Exp. Appl. 32, 68-79.

Pinto, J.D. and R. Stouthamer (1994) Systematics of the Trichogrammatidae with emphasis on *Trichogramma*. Wajnberg, E. and S.A. Hassan eds., Biological Control with Egg Parasitoids, CAB International, Wallingford, UK, 1-36.

Prokrym, D.R., D.A. Andow, J.A. Ciborowski and D.D. Sreenivasam (1992) Suppression of *Ostrinia nubilalis* by *Trichogramma nubilale* in sweet corn. Entomol. Exp. Appl. 64, 73-85.

Rabb, R.L. and J.R. Bradley (1968) The influence of host plants on parasitism of eggs of the tobacco hornworm. J. Econ. Entomol. 61, 1249-1252.

Salt, G. (1937) The sense used by *Trichogramma* to distinguish between parasitized and unparasitized hosts. Proc. Royal Soc. London 122, 57-75.

Schmidt, J.M. (1994) Host recognition and acceptance by *Trichogramma*. Wajnberg, E. and S.A. Hassan eds., Biological Control with Egg Parasitoids, CAB International, Wallingford, UK, 165-200.

Schmidt, J.M. and Smith, J.J.B. (1986) Correlations between body angles and substrate curvature in the parasitoid wasp *Trichogramma minutum* : a possible mechanism of host radius measurement. J. Exp. Biol. 125, 271-285.

Schmidt, J.M. and Smith, J.J.B. (1987) The measurement of exposed host volume by the parasitoid wasp *Trichogramma minutum* and the effects of wasp size. Can. J. Zool. 65, 2837-2845.

Smith, S.M. (1994) Methods and timing of releases of *Trichogramma* to control lepidopterous pests. Wajnberg, E. and S.A. Hassan eds., Biological Control with Egg Parasitoids, CAB International, Wallingford, UK, 113-144.

Smith, S.M. (1996) Biological control with *Trichogramma* : Advances, successes, and potential of their use. Annu. Rev. Entomol. 41, 375-406.

Smith, S.M., J.R. Carrow and J.E. Laing eds. (1990) Inundative release of the egg parasitoid, *Trichogramma minutum* (Hym.; Trichogrammatidae) against forest insect pests such as the spruce budworm, *Choristoneura fumiferana* (Lep.: Tortricidae) : The Ontario Project 1982-1986. Mem. Entomol. Soc. Can. 153, 1-87.

Stouthamer, R., J.J. Breeuwer, R.F. Luck and J.H. Werren (1993) Molecular identification of microorganisms associated with parthenogenesis. Nature 361, 66-68.

Suzuki, Y. and K. Hiehata (1985) Mating systems and sex ratios in the egg parasitoids, *Trichogramma dendrolimi* and *T. papilionis* (Hymenoptera : Trichogrammatidae). Anim. Behav. 33, 1223-1227.

Suzuki, Y., H. Tsuji and M. Sasakawa (1984) Sex allocation and effects of superparasitism on secondary sex ratios in the gregarious parasitoid, *Trichogramma chilonis* (Hymenoptera: Trichogrammatidae). Anim. Behav. 32, 478-484.

Van Driesche, R.G. (1983) Meaning of "percent parasitism" in studies of insect parasitoids. Environ. Entomol. 12, 1611-1622.

Van Hamburg, H. and M.P. Hassell (1984) Density dependence and augmentative release of egg parasitoids against graminaceous stalkborers. Ecol. Entomol. 9, 101-108.

Waage, J.K. and J.A. Lane (1984) The reproductive strategy of a parasite wasp. II. Sex allocation and local mate competition in *Trichogramma evanescens*. J. Anim. Ecol. 53, 417-470.

Wajnberg, E. and S.A. Hassan eds. (1994) Biological Control with Egg Parasitoids. CAB International, Wallingford, UK, 286 pp.

Wu, Z.X. and J. Qin (1982) Oviposition response of *Trichogramma dendrolimi* to the chemical contents of artificial eggs. Acta Entomol. Sin. 25, 363-372.

第4章　放飼増強法における天敵利用技術の開発

1．天敵の大量増殖

(1) 天敵の大量増殖の原理

天敵の飼育には，通常その寄主または餌となる昆虫の飼育が必要である．天敵の室内飼育には，その生活史，行動，習性を知ることが基本となる．特に，交尾，繁殖，摂食，寄主探索などに関する知見は重要である．室内飼育が可能となったら，増殖手順の規準化，効率化，低コスト化，省力化を図り，大量増殖手法を確立する必要がある．天敵を商品化する場合には製剤化も必要であり，さらに長期保存する手法が問題となろう．これに加え最近では生産された天敵の品質管理の問題が重視されるようになった．

a.天敵の生活史，行動，習性に関連した室内飼育の問題点

Waage *et al.* (1985) は，天敵の生活史，行動，習性に関連した室内飼育の問題を論じた．

多くの天敵昆虫は室内で容易に交尾する．寄生蜂の場合，雄が雌より早く羽化し，その後に羽化してくる雌を待ち受けて交尾することが多い．ヒメバチ科やコマユバチ科の雄は植物上で群れをなして飛び回り，群れに飛び込んできた雌と交尾する習性がある．このような習性をもつ寄生蜂を交尾させるには，たくさんの雄をあらかじめ放飼した大きな容器の中に少数の雌を導入する方法がある．ヒラタアブ類の成虫の交尾には求愛飛翔が重要な役割を果たし，交尾は飛翔中に行われる．ヒラタアブ類の交尾には給餌台を内部に取り付けた背の高いケージが利用される．もし成虫の交尾がうまくいかない場合は，① 雌に対する雄の比率を高くする，② 雌を飢えさせて雄と食物を同時に与える，③ 風洞のような空気の流れのある容器内で交尾させる，④ 明るい光や高温に突然さらす，⑤ 交尾させる前に雌を低温下で保存する，⑥ 成虫を小さな容器に閉じ込めて容器を揺する，などの方法を試みればよい．みかけ

上の交尾を行ったとしても，有効な受精が行われたかどうかは別であり，雌が産生する子孫から受精の有無を判断する必要がある．産雄単性生殖する寄生蜂では，受精しない場合次世代がすべて雄になる．両性生殖の場合は，受精しない卵は当然孵化しない．

天敵の雌成虫は，潜在的産卵能力の実現のためには，十分な量の食物を摂取する必要がある．捕食性天敵のうち，テントウムシ類，カブリダニ類の成虫の飼育には幼虫と同じ食物を利用するが，産卵量は餌の摂食量に比例している．クサカゲロウ類，ハナカメムシ類などの捕食者や寄生蜂，寄生バエの成虫の飼育には，蜂蜜，花粉，蛋白抽出物が利用できる．羽化時に十分蔵卵している斉一成熟性の天敵は，成虫期の栄養要求は限られており，砂糖水などで容易に飼育できる．羽化時にほとんど蔵卵していない逐次成熟性の寄生蜂は，卵成熟のため十分な蛋白質の摂取が必要である場合が多い．多くの寄生蜂成虫は蜂蜜，砂糖，寒天粉末，水の混合物で飼育できる．寄主体液摂取は蔵卵のための蛋白質摂取行動であるが，一方で産卵による寄生の効率を下げる．産卵寄生のためには，できるだけ寄主体液摂取をしないように寄主の種類を変えたり，与える寄主の発育ステージを選ぶなどの工夫が必要である．成虫に給餌する際大切なことは，単に成虫を生存させるだけではなく，成熟した正常な卵を産めるようにすることである．寄生バエの仲間には，寄主のそばの植物上に微小な卵を産んだり，卵ではなく幼虫を直接産むものがある．捕食者は幼虫の餌となる昆虫のそばに産卵することが多い．捕食者，捕食寄生者ともに，その寄主（または餌）の発見，産卵，定着には寄主（または餌）と寄主（または餌）の利用している植物由来の化学的刺激が重要な役割を果たしている．室内飼育の場合には，寄主（または餌）発見にこれらの化学的刺激が関与していることを考慮すれば，自然条件下における寄主植物で飼育した寄主（または餌）を利用して天敵を飼育するのが最も安全である．それが困難な場合，小さな容器で寄主（または餌）と天敵を飼育すれば，物理的に接触の機会が増し，比較的容易に寄生または捕食させることができる．

天敵の幼虫の発育に関しては，すみやかで斉一な発育が可能であり，かつ生存率の高い寄主（または餌）を選ぶことが重要である．寄主の体内で発育する内部捕食寄生者の場合は，幼虫が寄主の体内で発育する時に寄主の生体防御反応の影響を受け，その生存率が大きく影響される．したがって，内部捕食寄生者の飼育には，生体防御反応を起こしにくい種や系統の寄主を利用する．昆虫は変温動物で発育が温度に強く左右されるため，発育が早く生存率の高い最適温度で飼育することが重要であるが，寄主（または餌）と天敵の飼育最適温度がしばしば異なることがあるので留意しなければならない．

天敵は種によっては，しばしば休眠に入り発育や産卵を停止する．天敵の飼育を行う場合には，できるだけ休眠を避けるようにしなければならない．幼虫休眠する捕食寄生者は，寄主のホルモンの影響を受け休眠に入るものが多いので，非休眠性の寄主を用いれば天敵が休眠に入るのを防ぐことができる．成虫休眠する場合は，日長，温度，寄主，餌の量を変えることにより休眠を避けられる．

これらの天敵の飼育に関連する生物学的情報に基づいて，天敵の増殖のための最適飼育条件，つまり飼育温湿度，日長，飼育密度，寄主または餌，最適給餌量，さらにもし必要であれば交尾のための条件などを決定する．寄主植物の栽培，寄主の飼育，天敵の飼育の3段階を経る必要がある場合は，それぞれの段階における最適飼育環境条件は異なることもある．休眠性の昆虫は休眠しないような高温長日条件で飼育すれば，休眠に入るのを防ぐことができる．飼育密度，最適給餌量の推定は効率的増殖のためには不可欠である．

b. 効率的大量増殖

天敵の大量増殖では通常，寄主の餌となる寄主植物の栽培または餌の調合，寄主の飼育および天敵の飼育という3段階を経なければならない．効率的大量増殖に望まれる天敵，寄主および寄主植物または餌の特性を表4.1に示した（Finney and Fisher，1964）．

Finney and Fisher（1964）は，天敵の大量増殖の目標を「できるだけ短時間で，できるだけ安く，最小の労力と最小の空間で，産卵能力のある天敵をできるだけ多く生産することである」と定義し，大量生産における低コスト化と省力化の重要性を指摘した．大量生産に基づく天敵利用が実用的な技術と

表 4.1　効率的大量増殖で望ましい天敵，寄主（または餌動物）および寄主植物（または餌）の特性（Finney and Fisher，1964 より作成）

栄養段階	特性
天敵	単性生殖するか，室内で容易に交尾する． 室内で容易に産卵し，産卵期間が短く産卵数も多い． 雌性比が高い． 寄生者の場合は寄主体液摂取，捕食者の場合は共食いをしない． 寄生者が，すでに寄生された寄主と健全な寄主の識別ができる．
寄主（または餌動物）	天敵が容易に寄生または捕食できる． 室内飼育が簡単である． 産卵数が多く，発育期間も短い． 単性生殖するか室内で容易に交尾する． 甘露，ロウ状物質などの分泌物を出さない． 多食性である． 病気になりにくい． 休眠しない．
寄主植物（または餌）	植物の場合，室内で栽培可能である． 寄主昆虫に十分な栄養を供給できる． コストが安い． 扱いが簡単である． 変質しにくい．

して普及するためには，生産コストの低減は必須である．大量増殖を行う際には効率を上げるため，必然的にかなり高密度で飼育することになるが，捕食者の場合は共食いが，捕食寄生者の場合は過寄生が問題となる．過寄生は幼虫期の死亡率の上昇，羽化成虫の小型化を招く．また単性生殖を行う寄生蜂は，高密度で飼育すると雄の比率が高くなり易い（Waage *et al.*，1985）．以上のような問題を考慮して，大量増殖の際の飼育密度は事前に実験的に十分検討しなければならない．

飼育の規格化のためには，寄主植物の栽培，寄主の飼育および天敵の飼育それぞれの段階について，飼育のユニットを決めた方がよい．ユニットとしては，飼育容器からケージ，飼育室まで種々の大きさのものが考えられるが，小さなユニットの方が，有害な動物の侵入，有害微生物による汚染を防ぐ意味でも，空間の有効利用の面からも優れている．ユニット当たりの生産量が決まれば，ユニットの数で生産量を調節できる．

表4.2 寄生性天敵の大量増殖に利用される代替寄主の例
(Morrison and King, 1977一部改変)

寄生性天敵	代替寄主	野外の寄主
タマゴコバチ類 (*Trichogramma* spp.)	バクガ (*Sitotroga cerealella*) エリサン (*Samia cynthia ricini*) スジコナマダラメイガ (*Ephestia kuehniella*) ガイマイツヅリガ (*Corcyra cephalonica*)	多数のチョウ目害虫
コマユバチの1種 (*Marocentrus ancylivorus*)	ジャガイモガ (*Phythorimaea operculella*)	ナシヒメシンクイ (*Grapholitha molesta*)
ツヤコバチの1種 (*Aphytis lingnanensis*)	シロマルカイガラムシ (*Aspidiotus nerii*)	アカマルカイガラムシ (*Aonidiella aurantii*)
コマユバチの1種 (*Bracon kirkpatricki*)	シロイチモジヨトウ (*Spodoptera exigua*)	ワタアカミムシ (*Pectinophora gossypiella*)
ヤドリバエの1種 (*Lixopahaga diatraeae*)	ハチミツガ (*Galleria mellonella*)	メイガの1種 (*Diatraea saccharalis*)

大幅な生産コストの低減化，省力化のためには，代替寄主，人工飼料の利用，生産の機械化および貯蔵技術の開発が必要である (Stinner, 1977).

代替寄主（または代替餌）は，生産コストを下げるため，あるいは取り扱いが容易であるなどの理由で，しばしば野外の寄主や餌に代わって天敵の飼育に利用される．貯蔵穀物害虫や貯蔵のきくイモやカボチャで飼育可能な種が利用されることが多い．捕食寄生者の主要な代替寄主を表4.2に示した．*Aphytis lingnanensis* の増殖にシロマルカイガラムシを利用した場合は，野外の寄主であるアカマルカイガラムシで飼育した場合に比べ，寄生に適した寄主の期間がはるかに長く，生産した成虫の体が大きく，雌性比が高い等，極めて良好な結果が得られた (DeBach and White, 1960)．寄生バエ *Lixophaga diatraeae* の増殖にハチミツガ *Galleria mellonella* を利用すると野外の寄主 *Diatraea saccharalis* に比べ，生産コストを81％削減できた (Morrison and King, 1977)．代替寄主の利用にともなう問題として，天敵の小型化，産卵数の減少および寄主選好性の変化などが指摘されている (Morrison and King, 1977).

人工飼料の利用が可能になれば，食品加工技術を容易に天敵生産の機械化に応用できると期待されている（Nordlund and Greenberg, 1994）．人工飼料による天敵の飼育は，タマゴコバチ類，クサカゲロウ類およびある種の幼虫寄生蜂で成功している（Stinner, 1977）．タマゴコバチ類およびクサカゲロウ類については実用化の域に達している．

タマゴコバチ類やクサカゲロウ類は旧ソ連で大規模機械化生産が行われていた（Nordlund and Greenberg, 1994）．前者については最近では，中国，スイス，米国などでも機械化生産が行われている（Greenberg *et al.*, 1996）．

天敵の長期貯蔵技術は，天敵の生産コストを下げるための重要な手段である．天敵の需要は季節的変動が大きいので，長期貯蔵ができれば需要の少ないときに生産した天敵を貯蔵しておき，需要のピークに利用することが可能である．天敵の長期貯蔵には一般に低温処理が利用されている．表4.3に天敵の貯蔵のための低温条件と貯蔵期間を示した（Morrison and King, 1977；Scopes *et al.*, 1973）が，これらの天敵については貯蔵可能期間が短く技術としては不十分である．ようやく最近，タマゴコバチ類に寄生されたバクガ卵を，休眠を利用して長期保存する方法が開発された（Greenberg *et al.*, 1996）．寄主または餌となる昆虫の低温貯蔵もよく行われる．幼虫が寄生バエ *Lixophaga diatraeae* の寄主として利用されるハチミツガの蛹は，10〜13℃で数カ月貯蔵可能である．タマゴコバチ類の代替寄主であるスジコナマダラメイガ卵や，クサカゲロウ類の餌として利用されるバクガ卵も，数カ月の長期保存が可能である．低温貯蔵による長期保存は，成虫の羽化率，交尾率の低下，寿命の短縮や産卵数の減少などをもたらすことが問題である（Mor-

表4.3　寄生性天敵の低温貯蔵（Morrison and King, 1977：Scopes *et al.*, 1973；Stinner, 1977）

寄生性天敵	温度条件	貯蔵期間
タマゴコバチの1種 (*Trichogramma pretiosum*)	16.7℃で5日間，以後15℃	12日
オンシツツヤコバチ	13℃で20日間，以後22℃	21〜27日
アブラバチの1種 (*Aphidius smithi*)	1〜4℃	2ヶ月以上
ヤドリバエの1種 (*Lixophaga diatraeae*)	15.6℃	14日

rison and King, 1977).

c. 生産の最適化

天敵の生産は生産量が一定の場合，一部を飼育集団の維持に利用して，残りを生産物として回収する．この場合，生産物として回収する天敵の発育ステージが決まれば，集団の維持に利用した個体を廃棄する時期により，生産物として回収する比率や1雌当たりの生産量を人口学的に推論することができる．ヒメハナカメムシ類の最適生産計画が，これに基づいて提案されている (van den Meiracker, 1999)（ボックス 4.1).

ボックス 4.1 天敵の最適生産計画

Carey and Vargas (1985) は人口学的手法を用いて，ミバエ3種の大量増殖の手順を理論的に導いた．彼らはミバエ蛹の生産量を一定にするという仮定のもとに，蛹集団から生産物を回収する比率と，1雌当たりの最大の蛹生産量を得るために成虫を廃棄する日齢を求めた．また安定齢分布から各齢の相対的飼育規模についても考察した．しかしこの理論は餌のコストを考慮した最適生産の検討が十分ではない．天敵の餌のコスト低減のため，一定の餌量に対する天敵の生産効率も生産における重要な要素である．Van den Meiracker (1999) は，この理論をヒメハナカメムシ類の増殖に適用し，さらに餌当たりの生産効率の最適化を検討した．

昆虫集団の日齢 x における生存率 l_x を，産卵数を m_x として，さらに

$$\phi_x = l_x m_x$$

とすると，純増殖率 R_0 は

$$R_0 = \sum_{x=\alpha}^{\beta} \phi_x$$

となる．α および β はそれぞれ最初および最後の繁殖日齢である．集団の日当たり増殖倍率を $\lambda (= e^{r_m})$ とすると，

$$1 = \sum_{x=\alpha}^{\beta} \lambda^{-x} \phi_x$$

なる関係が知られている．この場合の安定齢分布は日齢 x の集団の全体に占める比率を C_x，ω を最長寿命とすると，

$$C_x = \frac{\lambda^{-x} l_x}{\sum_{x=0}^{\omega} \lambda^{-x} l_x}$$

となる．安定齢分布は特に$\lambda = 1$の時，齢別生存率l_xだけで表される．

日齢θで$\boldsymbol{h}$の比率の生産物を回収し，日齢δで廃棄すると仮定して，全体集団の増殖率を一定にすると，

$$1 = (1 - \boldsymbol{h}) \sum_{x=\theta}^{\delta} \phi_x \text{となるので，}$$

$$\boldsymbol{h} = 1 - \left[\sum_{x=\theta}^{\delta} \phi_x \right]^{-1}$$

により，生産物の回収比率$\boldsymbol{h}$が推定できる．また1雌当たり日当たりの回収ステージの生産数Pは，

$$P = \frac{2hl_\theta}{(1-h)\sum_{x=\theta}^{\delta} l_x}$$

で推定できる．Van den Meiracker (1999) は，ヒメハナカメムシ3種について，この理論に従って，最適生産スケジュールを作成した（下表）．

ヒメハナカメムシ3種の最適生産計画のパラメーター

ヒメハナカメムシの種名	卵・幼虫期発育日数	回収する孵化後日齢θ	最大回収個体数P/親雌成虫/日	廃棄する日齢δ	回収する個体の比率$\boldsymbol{h}$
O. insidiosus	13.45	14	4.14	49	0.986
O. niger	15.40	16	3.82	49	0.984
O. albidipennis	11.84	12	6.12	37	0.987

羽化直後の産卵開始前の成虫を回収したと仮定．

Van den Meiracker (1999) は，餌としてスジコナマダラメイガ卵を利用した場合の，一定餌量当たりの生産効率を検討した．一定のサイズで飼育を継続しているコロニーの卵数をN，1頭の齢$\boldsymbol{x}$の個体に与える1日の餌卵数をf_xとすると，飼育集団全体に与える日当たり餌量は

$$\sum_{x=\eta}^{\theta-1} l_x f_x N + (1-h) \sum_{x=\theta}^{\delta} l_x f_x N$$

で表され，雌雄合わせた回収個体の総数は$2hl_\theta N$となるので，餌卵当たり日当たり回収個体数Yは

$$Y=\frac{2hl_\theta}{\sum_{x=\eta}^{\theta-1} l_x f_x+(1-h)\sum_{x=\theta}^{\delta} l_x f_x}$$

となる．ここでηは孵化後給餌を開始する齢を示している．Van den Meiracker (1999) は，これらの式を用いて，幼虫期の餌量に通常の8分の1に当たる1日雌雄1対当たり2個のスジコナマダラメイガ卵を与えると，成虫になるまでの死亡率が高く成虫も小型化するが，成虫になってから十分給餌すれば順調に産卵し，餌卵当たりの回収個体数は通常の4倍になることを証明した．

d. 天敵の品質管理

生産される天敵の品質には，飼育されている集団の遺伝的構成，飼育に利用している餌，物理的な飼育条件および天敵の放飼計画の四つの要素が重要であると言われている (Bigler, 1989).

天敵は最終的には野外に放飼して利用することを目的として生産される．したがって，理想的には野外虫と同じ遺伝的変異性を飼育虫が保持していることが望ましい．しかし実際は，室内で飼育を開始する際に持ち込んだコロニーの遺伝的変異性が十分でない可能性が大きい．飼育開始後も，飼育中の遺伝的浮動，室内条件に適応した遺伝型の選抜，近親交配などの効果で，遺伝的組成は変化する可能性がある (Hopper *et al.*, 1993)．遺伝的浮動と近親交配は集団が小さい場合に起こり易いが，生物的防除に利用する大部分の寄生蜂の場合それほど問題ではない．近親交配は両性生殖を行う寄生バエや捕食者の場合は注意が必要である．ヒメバチ科の寄生蜂は近親交配により性比が雄に偏る可能性がある．室内適応系統の選抜は最も懸念される問題で，発育速度，産卵数，寄主受容，寿命，活動性，性比，温度耐性などの特性の変化が報告されている．しかし飼育集団の劣化は必ずしも遺伝的要因によるものとは限らない．劣悪な栄養条件や病気の蔓延による可能性も大きい．野外で天敵を採集して飼育を開始する際には，母集団 (founder colony) の遺伝的変異性を保つために，なるべく分布の中心域から広範囲にわたって採集すること，また最初から大きな集団で飼育する方がよい (Mackauer, 1976)．飼育中の遺伝的な変化を避ける方法としては，継代飼育する必要が無いのであれば，飼育する世代数をできるだけ少なくするべきである．長期間累代飼育する必要がある場合は，なるべく飼育条件を野外の条件に近づける方法がある (Hopper *et al.*, 1993)．また周期的に一部分または全部飼育虫を野外虫と置き換える方法があるが，この場合は元の集団の遺伝的組成が変化する問題が残される (Bigler, 1989)．近親交配の影響がない場合は，淘汰の影響をなくするために遺伝的に均質ないくつかの系統を作出して飼育する方法もある．

天敵の室内飼育で利用される寄主植物や寄主 (または餌) の種類も，天敵の品質管理に影響する．寄主の飼育に人工飼料や通常と異なる植物が利用されたり，天敵の飼育に代替寄主が利用されるのが普通である．しかしこのため生産される天敵の形態的，生理学的，行動学的性質の変化がもたらされる可能性がある．特に産卵数の減少や，天敵が寄主発見に利用する化学的刺激が室内飼育と野外条件では異なることが，放飼した天敵の寄主発見能力ひいては効果を低下させる可能性がある．

室内で天敵を飼育する場合は，効率的に大量生産するため，最適飼育環境条件下で小型の飼育容器を利用して高密度で飼育される．天敵が野外で活動する場合，寄主が高密度で存在する場所を選択的に攻撃する密度依存性が重要な性質であると言われている．室内飼育における高密度の飼育条件は，このような行動的な密度依存性に影響する可能性がある．また高温で高密度の飼育条件は天敵の衛生管理にも影響する．

天敵の放飼計画は，天敵生産の方向性を決定するものであり，生産される天敵の品質に間接的に影響する．大量放飼か接種的放飼かという利用の仕方だけでなく，放飼する生態系の構成，季節なども関係する．異なる天敵の利用法においては，重視される品質管理項目が異なる (表4.4，Bigler, 1994)．例えば，対象害虫との野外における発生時期や生息場所の一致つまり同調性や野外での定着は，永続的利用では重要であるが接種的放飼や大量放飼では重要ではない．一方，室内飼育の容易さは永続的利用では長期の継代飼育は行わないのでそれほど重要ではないが，接種的放飼や大量放飼では利用技術が成立するための前提となる．

表 4.4 タマゴコバチ類の利用方法と生産における品質管理項目の相対的重要度 (Bigler, 1994)

利用方法	品質管理項目									
	適応性	生息場所発見	寄主発見	寄主受容	寄主適合性	寄主との同調	密度依存的反応	増殖能力	室内飼育可能性	ハンドリング
永続的利用	◎	◎	◎	◎	◎	◎	◎	◎	△	△
接種的放飼	◎	○	◎	◎	◎	○	◎	◎	◎	○
大量放飼	◎	△	◎	◎	△	△	△	◎	◎	◎

(注) ◎は重要項目, ○は中程度の重要度の項目, △は重視しない項目.

表 4.5 寄生性天敵の生物的特性とモニタリング手法 (Heuttel, 1976)

主要要因	測定する特性	モニタリング手法
放飼地域への定着	遺伝的変異	アロザイムの電気泳動等
生活史	産卵数, 繁殖力, 発育	飼育試験による直接調査
分散	分散の性向	アクトグラフ等
	分散能力	フライトミル, 標識再捕
生存	微気象の選択, 栄養物質の利用	野外ケージ試験
交尾場所への定位	寄主植物への定位	EAG, 嗅覚計, 野外生物検定, 標識再捕
産卵	寄主選択	選択試験, 嗅覚計

以上に述べたような飼育中における天敵の性質の変化を検出することが, 品質管理の目的である. 生産された天敵の生物的特性が, あらかじめ定められた基準を満たしているかどうかを種々の手法を用いてチェックする. 品質管理は天敵に限らず, 一般に昆虫の大量増殖で問題となる. 昆虫の大量増殖で調べられる特性と, そのモニタリング手法を表 4.5 に示した. 調べられる特性としては, 遺伝的変異性, 生活史特性 (発育, 産卵, 生存等), 行動特性 (寄主選択, 交尾, 分散) があるが, 通常よく調べられるのは生活史特性である. 行動特性や遺伝的変異性についてはまだ技術開発が必要である. 天敵の品質のモニタリングでは, 個々の特性のチェックだけでなく, 野外試験において, 天敵が期待される防除効果を発揮するかどうかのチェックを平行して行うことが大切である.

天敵の商業的大量生産には, 工程管理 (production control), 生産途中の生産物の管理 (process control), 最終生産物の管理 (product control) の 3 種類の品質管理が重要であるとされているが (Leppla and Fisher, 1989), 通常問題にされるのは最終生産物の品質管理である. 商業的生産では, 商品の品質保証のため特に重要となる. 表4.6に商品生産が行われているいくつかの天敵について, 提案されている品質の基準を示した (van Lenteren, 1998). まだ羽化率, 性比, 産卵数などの生活史特性の基準に留まっているが, オンシツツヤコバチ, ショクガタマバエなど一部の天敵の成虫については, 飛翔能力の簡便な評価法も開発されつつある.

表4.6 商品生産されている天敵の品質基準 (van Lenteren, 1998)

天敵種	試験条件	品質基準
Trichogramma brassicae	23 ± 2℃, 75 ± 10% RH, 16時間日長 寄主はスジコナマダラメイガ卵またはバクガ卵	ラベルに示された個体数の保証 雌性比 > 50% (放飼毎に100個体調査) 羽化後7日で1雌当たり産卵数 ≧ 40卵 その間の生存率 ≧ 80% (30個体調査)
Phytoseiulus persimilis (チリカブリダニ)	22-25℃, 70 ± 5% RH, 16時間日長	ラベルに示された個体数の保証 雌性比 > 70% (100個体調査), 寿命最低5日, 成虫化後5日で雌当たり産卵数 ≧ 10卵 (30個体調査)
Encarsia formosa (オンシツツヤコバチ)	22 ± 2℃, 60-90% RH, 16時間日長	2週間以内にラベルに示された個体数以上羽化, 雌性比 > 98% (500個体調査) 雌成虫の後脚脛節長 ≧ 0.23mm (30個体調査), 雌成虫羽化2, 3, 4日後の日当たり産卵数 ≧ 7卵 (30個体調査)
Amblyseius cucumeris (ククメリスカブリダニ)	22 ± 1℃, 70 ± 5% RH, 16時間日長	ラベルに示す個体数の保証 (卵を除く) 雌性比 > 50% (100個体調査) 7日間で雌当たり産卵数 ≧ 7卵 (30個体調査)
Diglyphus isaea (イサエアヒメコバチ)	25 ± 2℃, 60 ± 5% RH, 16時間日長 照度 > 300lx	ラベルに示された個体数の保証 容器内の成虫死亡率 ≦ 8% (500個体調査) 生存雌成虫性比 ≧ 45% (500個体調査) 1週間以内の産卵開始個体 ≧ 70% (30個体調査) 60秒以内の飛翔個体率 ≧ 40%
Orius spp. (ヒメハナカメムシ類)	25 ± 1℃, 70 ± 5% RH, 16時間日長	ラベルに示された生存個体数の保証 雌性比 ≧ 45% (100個体調査) 14日間の雌当たり産卵数 ≧ 30卵 (30対調査)

（2） 天敵の大量増殖の実際

a. タマゴコバチ類

タマゴコバチ類の卵寄生蜂は世界中で実用化の最も進んでいる天敵昆虫である．現在の大量生産システムは，旧ソ連，中国で技術開発がまず進められ，その後西欧や米国でも行われるようになった．

旧ソ連では，ヨトウタマゴバチおよび *T. pintoi* の大量生産が大規模に行われた．約 1,000 の機械化された生産ラインで，700 万 ha に施用する量を生産する能力があった．機械化の結果，10 万頭の寄生蜂の生産に要する労力は作業員 1 人で 2.0～3.8 時間となった．タマゴコバチ類の大量生産にはバクガの卵が利用される．1 雌当たり 20 卵が，24 時間最適温湿度条件で暴露される．成虫には砂糖か純粋蜂蜜が給餌される．寄生させたバクガ卵は，放飼する地域の気象条件と同じ条件で保存される．タマゴコバチ類の増殖システムは産卵，発育，貯蔵のためのそれぞれのユニットから成っている．バクガ卵は透明アクリル板を水で湿らせて付着させる．タマゴコバチ類の成虫に寄生させる際は，成虫の走光性を利用して，蛍光灯の点滅により成虫が均一に寄生するように調節する．寄生されたバクガ卵は，寄生蜂の羽化 24 時間前に紙袋かカプセルに収納され，放飼場所に輸送される．貯蔵方法としては，低温貯蔵による短期貯蔵と休眠を利用した長期貯蔵技術が開発された．低温貯蔵における貯蔵期間は，貯蔵するタマゴコバチ類の発育段階により異なるが，3 ± 1 ℃，湿度 85 ± 5 %で，前蛹は 40 日，蛹は 30 日，成虫は 10 日，品質を低下させることなく保存することができる．タマゴコバチ類の休眠（前蛹期に起こる）は，親世代を短日で最適温度より 3～5 ℃低い温度で飼育することにより誘起することができる．羽化した成虫にバクガ卵を 48 時間暴露し，その後 10 ℃，湿度 80 %，全暗条件で飼育し，寄主卵の約半数が黒化してから，変温条件（3 ℃で 16 時間，8 ℃で 8 時間）で 5～7 日保存することにより完全に休眠する．この状態のまま 3 ℃，湿度 80 %で 4 カ月保存可能である．24 時間 25 ℃で保存した後，10 ℃で 24 時間保存すれば休眠が覚醒し，成虫が羽化を開始する（Greenberg *et al.*，1996）．

中国では，代替寄主や人工飼料による大量増殖で，放飼用のタマゴコバチ類が供給されている．大型の代替寄主としてはエリサン *Samia cynthia ricini* やサクサン *Antheraea perniyi* の卵，小型の代替寄主としてはガイマイツヅリガ *Corcyra cephalonica* の卵が利用されている (Greenberg *et al.*, 1996). 代替寄主を利用した増殖法では，部屋で放し飼いにする方法とトレーを用いる方法とが取られている．部屋で寄生させる場合は，タマゴコバチ類の走光性を利用して蜂を集め効率的に寄生させるように工夫されている．トレーを用いる方法では，ガラス板でふたをしたトレー内に未寄生と既寄生の卵を混ぜておき，加温して既寄生卵から羽化した蜂に寄生させる (Greenberg *et al.*, 1996). 人工飼料はエリサンやサクサンの蛹の体液，牛乳，卵黄および Neisenheimer の塩類溶液の混合物である．キイロタマゴバチ，メアカタマゴバチ，*T. cacoeciae*, *T. pretiosum*, ヨトウタマゴバチ，*T. ostriniae*, *T. nubilale*, *T. brassicae*, およびズイムシアカタマゴバチの 9 種の飼育に成功している．昆虫の体液を含まない人工飼料による飼育も試みられているが，成虫化率は低い (Grenier, 1994) (表 4.7). 微生物の感染を防ぐため，ペニシリンやカナマイシンが飼料に添加される．人工飼料を寄生蜂に与える場合は何らかの担体に封入する必要がある．ワックスとワセリンの混合物を卵殻とする人工卵や，ポリエチレンやポリプロピレンのシートに作った半球型のくぼみに人工飼料を流し込んで，上から平らなシートをかぶせてシールして作成

表 4.7　タマゴコバチ類の人工飼料の組成 (Grenier, 1994 より作成)

昆虫の体液を含むもの		昆虫の体液を含まないもの			
		飼料 1		飼料 2	
成分	(%)	成分	(%)	成分	(%)
チョウ目昆虫の体液	20-43	酵母加水分解物	20	アミノ酸，糖，ビタミン，塩類，有機酸	20
卵黄	15-34	牛の胎児の血清	20		
牛乳	15-30	Grace の培地	20	子牛血清	20
Neisenheimer の塩類溶液	5-14	ニワトリ胚抽出物	10	ニワトリ胚抽出物	20
		牛乳	15	麦芽	8-10
		卵黄	15	酵母抽出物	10-13
				卵黄	20-30
				Grace の培地	0-20

される卵カードが利用されている．寄生蜂は，人工卵のプラスチックの膜を通して産卵する．種により産卵管長が違うので膜の厚さを変える必要がある．

米国では *T. pretiosum* がバクガ卵を利用してソ連の方法と類似の方法で大量生産されている．スイスではスジコナマダラメイガ卵による *T. brassicae* の大量増殖が 1975 年から継続されている．最近，休眠を利用した長期保存法が開発され，需要期に合わせた短期の大量生産の必要がなくなった．増殖の際は，一部を本来の寄主であるヨーロッパアワノメイガで飼育して，配布する個体はスジコナマダラメイガで飼育し始めてから 6，7 世代目のものである．品質管理は，アワノメイガによる飼育個体，スジコナマダラメイガで飼育開始後 1，2 世代目，配布用の 6 世代目を対象に，産卵数，寿命，性比，羽化率，野外での寄生率，歩行速度，休眠性などについて行われている（Bigler，1994）．ドイツで開発された大量生産システムでは，小麦粉で大量にバクガが飼育され，羽化した成虫が円筒型のメッシュの採卵筒に入れられ効率的に採卵される．卵は厚紙に貼付けられてから *T. cacoeciae* の寄生にさらされる．

b．オンシツツヤコバチ

オンシツツヤコバチは，施設栽培の野菜類を加害するオンシツコナジラミ，シルバーリーフコナジラミの防除手段として実用化されている．現在の本種の大量増殖法は，1970 年代にイギリスで確立された方法が基礎となっている．寄主のオンシツコナジラミの増殖には，タバコが用いられることが多い．好適な寄主植物であると同時に，葉が大きいので扱いが便利なためである．この方法では 4 室の温室を利用する．手順としては，オンシツコナジラミの成虫を大量に生産している温室に，タバコ苗を持ち込み一定期間産卵させ，その後別室でコナジラミの幼虫を発育させる．さらに幼虫がオンシツツヤコバチの寄生に好適な発育ステージに達してから別室で寄生させる．最後に再度別室でコナジラミ成虫の羽化後，寄生され黒化したコナジラミ幼虫（マミー）を採集する（Anonymous，1975）．わが国においても，同様のシステムでガラス室を利用せず，室内で大量増殖する方法が確立された（図 4.1，

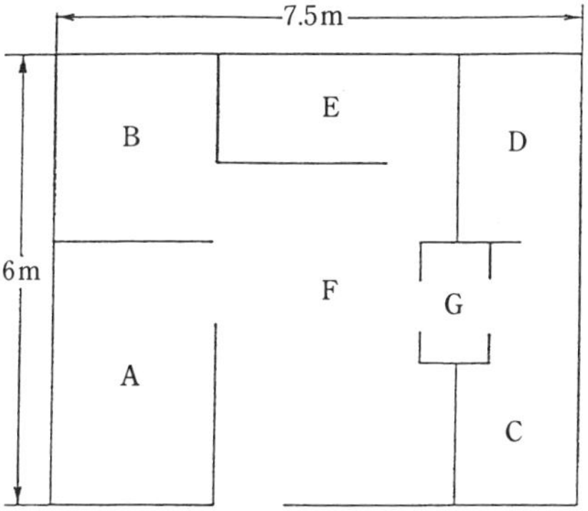

エンカルシアマミー大量増殖施設見取り図

〔注〕A. コナジラミ接種・飼育室　B. コナジラミ飼育・保存室　C. エンカルシア接種・飼育室　D. エンカルシアマミー保存室　E. 農薬施用室　F. 準備室　G. エアカーテン

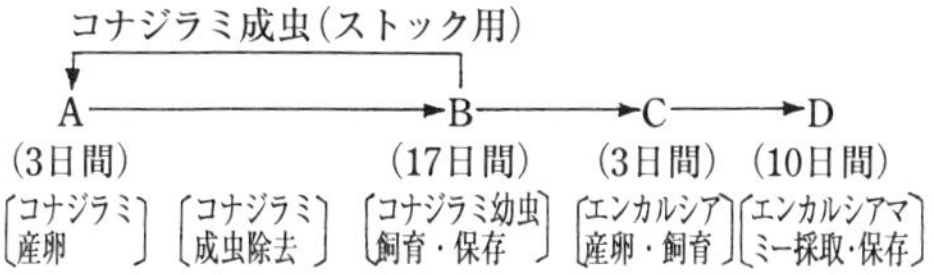

〔注〕エンカルシアマミーの増殖手順. A, B, C, D, は増殖施設の各部屋を示す

図 4.1　オンシツツヤコバチ (エンカルシア) マミーの大量増殖システム (矢野, 1987)

矢野, 1987). 現在の商業生産では, ガラス室 1 室でタバコを栽培し, オンシツコナジラミとオンシツツヤコバチを放飼して適宜マミーを回収する方法を取っており, 飼育段階別に別室を利用するという方法は取られていない. また品質管理の面から, できるだけ実際の利用場面に近い環境で飼育するという方針に基づき, 温度条件なども通常の温室栽培と同じ変温条件としている (Bigler, 1989).

c. カブリダニ類

カブリダニ類は, ハダニ類やアザミウマ類の防除に実用化されている重要なグループである. カブリダニ類の増殖には一般にインゲンマメ, ソラマメ, リママメなどが寄主のハダニ類の飼育に利用される. 小規模飼育には, 室内で飼育容器, ケージなどで飼育されるが, 大規模飼育には鉢植えのマメを利用した温室内飼育や野外飼育が行われる（Gilkeson, 1992）. 野外飼育としては，ダイズ畑やリンゴ園における薬剤抵抗性のオキシデンタリスカブリダニ *Metaseiulus occidentalis* の増殖（Field *et al.*, 1979 ; Hoy *et al.*, 1982）などの例がある．多食性のククメリスカブリダニや *A. barkeri* に対しては，コナダニ類を代替餌とする安価な大量増殖技術が開発されている（Ramakers, 1984）. 人工飼料による飼育は多食性の限られた種でしか成功していない．*Amblyseius limonicus* と *Eusius hibisci* は，イーストとショ糖の混合物で産卵および成虫までの発育が可能であった（MaMurtry and Scriven, 1966）. *Amblyseius teke* に対しても粉乳，蜂蜜，卵黄，塩類，水を含む人工飼料が開発され，25 世代飼育できた（Ochieng *et al.*, 1987）. ハダニ類による飼育と比べ，発育は少し遅れるが産卵，寿命は同等であった．

チリカブリダニは，施設栽培の野菜を加害するハダニ類の防除に世界中で広範に利用されている．チリカブリダニの増殖には，*Tetranychus* 属のハダニ，ナミハダニ，カンザワハダニおよび *T. pacificus* が利用され，代替餌の利用は成功していない（Gilkeson, 1992）. わが国には 1968 年に輸入され研究の蓄積も多い（森・真梶, 1977）. わが国での一般的な室内飼育法は，McMurtry and Scriven（1965）の方法に準じたもので，市販の写真用バットの中に厚さ 2 cm のスポンジを敷き，水を張ってハダニの逃亡を防ぐようにして，この上に切り取ったハダニ着生葉を置き，チリカブリダニと同居させる．ハダニを十分給餌する必要があるが，給餌の際は新しいハダニ着生葉を古い葉の上に置くだけでよい．またチリカブリダニ雌成虫を餌のハダニと同居させ，7.5～10 ℃，90 %以上の高湿度においた場合，70 日間貯蔵することができた（浜村・真梶, 1977）. わが国ではその後，チリカブリダニの大量増殖および配布の用途を兼ねた飼育ケージが考案された（図 4.2）. 餌のハダニ類が多数存在するインゲンマメの葉をプラスチックケージに導入し，さらにチリカブリダニを接種して増やすシステムであり，インゲンマメの葉は水耕栽培される．プラスチックケージの片側は通気のため紙でふさがれており，別の側にはカブリダニや追加のハダニ類を導入するための窓が付けられている（森, 1993）. 諸外国で行われている商業用の大量生産システムでは，温室

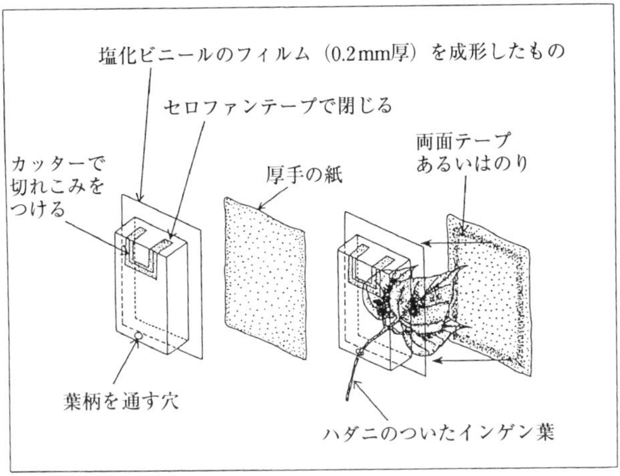

図 4.2　チリカブリダニの飼育用のケージとその使用法（森，1993）

図 4.3　ククメリスカブリダニの大量増殖システム

を利用した大量飼育が行われているものと思われる．イギリスの温室作物研究所で考案された方法では，3 棟の温室をそれぞれ鉢植えマメの育苗，ハダニ類の増殖，チリカブリダニの接種・増殖に利用して，鉢植えマメを温室の間で移動させるシステムである（Anonymous，1975）．

ククメリスカブリダニおよび *A. barkeri* はアザミウマ類の防除に利用され

ているが，大量生産にはふすまを利用して代替餌のコナダニの1種*Acarus farris*を増殖し，さらにカブリダニを接種するという方法が取られている．コナダニの増殖には高湿度が要求されるため，タンクにふすまを充填し湿らせた空気をポンプで送り込み，その中でふすまに繁殖するカビを餌にしてコナダニを増殖させる (Ramakers and Lieburg, 1982) (図4.3)．省力的で安価な増殖法である．

d. クサカゲロウ類

クサカゲロウ類はアブラムシ類の重要な天敵であり，ヤマトクサカゲロウと*Chrysoperla rufilabris*の2種の商業生産が行われている．クサカゲロウ類は，幼虫の共食い防止が効率的生産のための重要なポイントである．最初にヤマトクサカゲロウの幼虫飼育に開発された方法では，餌としてジャガイモガの卵と幼虫を用い，餌供給用の紙のシートを重ね合わせ共食いを防止している (Finney, 1950)．最近の方法ではバクガの卵がよく利用される．旧ソ連では，タマゴコバチ類の増殖施設に併設された施設で，バクガ卵を利用したヤマトクサカゲロウの大量増殖が行われていた (Nordlund and Greenberg, 1994)．米国で開発された方法では，多くのセル状の穴をもつ薄板の両側にオーガンジー（手触りのこわい薄手の織布）を貼り付けたものを利用する．一方の側に貼り付けた後別の側を塞ぐ前に，それぞれのセルに一定量のバクガ卵とヤマトクサカゲロウの卵を入れる．バクガ卵を追加する時には，バクガ卵を貼り付けたガラス板を，卵の付着した側を下にして飼育ユニットに乗せる．ヤマトクサカゲロウの幼虫はオーガンジーの目を通してバクガ卵を摂食できる (Morrison, 1977)．

クサカゲロウ類の幼虫飼育には，人工飼料が開発されている．最も新しいHassan and Hagen (1978) の方法では，5gの蜂蜜，5gの砂糖，5gの食用イーストフレーク，6gのイースト加水分解物，1gのカゼイン加水分解物，10gの卵黄，68 *ml*の水から成る飼料を，パラフィンのカプセルに封入してヤマトクサカゲロウの幼虫に与えたところ，成虫化率は90％となり他の人工飼料より成績はよかった．人工飼料を給餌するには，綿ネルに沁み込ませて与える方法や，ワックスやパラフィンでできたカプセルや人工卵で与える方法が試みられている.

しかしクサカゲロウ類の1齢幼虫は人工飼料で飼育するのは困難であり，孵化直後の給餌にはバクガ卵を与えるのが無難である（Nordlund and Morrison, 1992）．わが国では，ミツバチの雄蜂児粉末を利用して，ヤマトクサカゲロウを含む6種のクサカゲロウ類の飼育に成功した．さらに雄蜂児粉末の成分分析に基づき化学飼料が調整され，飼育が試みられた．ヤマトクサカゲロウおよびヨツボシクサカゲロウ *Chrysopa septempunctata* の数世代の増殖に成功したが，長期累代飼育までには至っていない（Niijima and Matsuka, 1990）.

ヤマトクサカゲロウ成虫の産卵には，ダンボールの円筒がよく使われる．成虫は容器の内側に細長い軸をもつ卵を産みつける．成虫は野外ではアブラムシ類などの排泄する甘露を摂食しているが，室内増殖では代用餌としてイーストの蛋白加水分解物などが与えられる．卵の回収には軸を取り除かなければならない．次亜塩素酸ソーダを利用する方法や熱した針金を使う方法が考案されている．現在，米国では人工飼料のカプセルを利用したクサカゲロウ類の大量飼育システムが開発されている（Nordlund and Morrison, 1992）.

e. ヒメハナカメムシ類

ヒメハナカメムシ類 *Orius* spp. は多食性で，アザミウマ類，アブラムシ類，ハダニ類の他，チョウ目昆虫の卵を捕食することが知られている．また植物の花粉を摂食し，葉や茎からも頻繁に吸汁する．ヒメハナカメムシ類の増殖には，代替餌としてスジコナマダラメイガの卵が広く利用されている．アザミウマ類やアブラムシ類など，野外の餌昆虫を利用した場合より，産卵数が多くなり増殖効率がよい（Tommasini and Nicoli, 1993；Yano *et al*., 2002）．増殖には適度の給水が必要であり，日持ちのするマメの鞘や水を含んだ脱脂綿などを与えて給水させる．集団飼育した場合共食いをするので，何らかの共食い防止のためのシェルターが必要である．紙類を立体的に配置したり，寒冷紗を敷いたり，プラスチック資材を利用するなどの工夫がされている．比較的生産コストが高いので，1頭を飼育するため必要な最少のスジコナマ

表4.8　幼虫期に異なる数のスジコナマダラメイガ卵を与えた場合のナミヒメハナカメムシ成虫の体重 (Yano et al., 2002)

幼虫に与えたスジコナマダラメイガ卵数/幼虫/4日	雌成虫平均体重 (mg)	雄成虫平均体重 (mg)
5	177a	156a
10	240b	182ab
30	278c	200b
60	286c	198b

(注) 同じ列の記号の違いは有意差があることを示す ($p = 0.05$).

ダラメイガ卵数が実験的に調べられている．餌量を変えて飼育し，幼虫の場合は発育中の生存率，発育日数，羽化成虫の体重，成虫の場合は産卵数や生存率への影響を調べれば推定できる．わが国の土着種であるナミヒメハナカメムシでは，幼虫1頭の飼育に4日おきに30卵，成虫の飼育に40卵が必要である (Yano *et al.*, 2002) (表4.8)．北米原産の *Orius insidiosus* の場合は，成幼虫とも1日当たり8卵程度であった (van den Meiracker, 1999)．1頭の飼育に必要な最低餌量から集団飼育のための餌量の推定が可能となる．個体間の干渉があるとすれば，1頭当たりの給餌量はやや多めにするべきであろう．

2．天敵の事前評価・選抜

(1) 比較による有望種・系統の選抜の考え方

ある害虫に対して，新たに効果の高い天敵の利用技術を開発する場合，複数の候補種・系統を比較して有望種・系統を選抜しなければならない．この事前評価は1980年代から放飼増強法でも重視されるようになってきた．

一般的に効果の高い天敵を事前評価で選抜する場合，接種的放飼と大量放飼では重視される要素が異なる (Bigler, 1994 ; van Lenteren and Manzaroli, 1999)．ともに大量増殖が可能なことは共通点であるが，接種的放飼では増殖能力が重視されるのに対し，大量放飼では重視されない．気象条件への適応はどちらも重要であるが，施設栽培における接種的利用では非休眠性が注目されるのに対し，野外大量放飼では極端な温度，乾燥条件に対する耐性が重要である．寄主に対する適合性も接種的放飼では重要であるが，大量放飼では次世代の出現を要求されないので重視されない．寄主選好性は接種的放飼，大量放飼という区別よりも，施設栽培で利用するか野外で利用するかで異なり，野外では寄主選好性はより重視される．

オランダの van Lenteren (1993) は，施設栽培で利用する天敵の選抜において，対象害虫を寄主または餌とした場合の発育と増殖能力を選抜の基準とすることを主張している．増殖能力の指標としては，内的自然増加率が寄主より高いことを必要条件としている．この基準は捕食者や多寄生性の捕食寄生者には必ずしも当てはまらないものと思われる．ただ天敵間の増殖能力の比較には有用であろう．寄主探索能力は測定するのが困難で評価基準としては余り使われていないが，カブリダニ類など歩行性天敵では歩行速度や歩行時間などから推定できる．しかし天敵の能力の評価基準としては，増殖能力以上に重要と考えられる．移動分散能力や野外における定着性は，永続的利用と最も異なる点で，放飼増強法では移動分散能力が低い方が望ましく，野外で定着できなくてもよい．非休眠性，特定の温度条件，乾燥といった条件で能力を発揮できる種・系統を選抜する場合もある．

(2) 低温におけるオンシツツヤコバチと他種の比較

オンシツツヤコバチの効果には種々の要因が関係している．最も重要と思われるのが温度の影響である．オンシツツヤコバチは，ヨーロッパで本格的に利用が普及した 1970 年代以前，18 ℃以下の低温では効果が劣るとされていた．ヨーロッパではオイルショックから石油価格が高騰し，施設栽培でも低温で管理する必要に迫られた．

オランダの Vet and van Lenteren (1981) は，カリフォルニアにおいて野外でオンシツコナジラミに寄生する寄生蜂 3 種 *Eretmocerus* sp.，*Encarsia pergandiella*，*Encarsia* sp. near *meritoria* と，オンシツツヤコバチの 17 ℃における生活史パラメーターを比較した．タバコ葉に取り付けたリーフケージ内で，寄生蜂雌成虫に毎日新たな寄生に好適な発育ステージのコナジラミ幼虫が20日間与えられた．その後黒化したコナジラミ幼虫により寄生蜂の産卵数が確認され，さらに新成虫の羽化までの発育日数が調査された．その後，寄生蜂はゼラチンカプセル内で蜂蜜を与えて寿命が調べられた．寄生蜂の増殖能力には発育日数，死亡率，産卵能力，性比が影響する．一般に発育が早く，産卵開始以前の死亡率が低く，産卵時期の早い段階での産卵数が多く，雌の性比の高い種がより高い増殖能力を持つ．オンシツツヤコバチと比較された3種の寄生蜂のうち，*Eretmocerus* sp.は発育にかなり長期間を要し，*Encarsia* sp. near *meritoria* は産卵能力が低いため，オンシツツヤコバチより増殖能力は劣ることがわかった．最後の1種 *Encarsia pergandiella* は，産卵能力や発育速度はオンシツツヤコバチと変わらなかった．しかしオンシツツヤコバチとは異なり産雄単性生殖をする．オンシツツヤコバチは産雌単性生殖であり雌だけで繁殖できる．したがって，雌性比はオンシツツヤコバチの方が明らかに高い．結局17℃でオンシツツヤコバチは，この3種より高い増殖能力をもつものと結論された．

(3) イサエアヒメコバチとハモグリコマユバチの比較

イサエアヒメコバチとハモグリコマユバチは，van Lenteren (1993) の主張する増殖能力による評価が行われた好例である．異なる温度条件における両種と，寄主のマメハモグリバエ，ナスハモグリバエの内的自然増加率が比較された．表2.13に示すように，15，20，25℃のどの温度でも寄生蜂2種の内的自然増加率はハモグリバエ2種より常に高く，またイサエアヒメコバチの内的自然増加率は常にハモグリコマユバチより高い．したがって，両種の寄生蜂によるこれら2種のハモグリバエの防除は可能であり，イサエアヒメコバチがこの温度域では，より優れた天敵であると考えられる．しかし15℃以下ではハモグリコマユバチの増殖能力がイサエアヒメコバチに優ることが予測できる (Minkenberg，1990)．

(4) ヒメハナカメムシ類の比較・選抜

わが国ではアザミウマ類に対するヒメハナカメムシ類の利用に関する研究

は盛んであるが，研究がナミヒメハナカメムシに偏っており，種間の比較・評価が十分には行われていない．ヨーロッパではミカンキイロアザミウマの侵入後，ヒメハナカメムシ類が最も普通に見られる有望なアザミウマの天敵と思われたので，いっせいに利用に関する研究が開始された（van Lenteren and Manzaroli，1999）．その過程で土着種の *Orius niger*，*O. laevigatus*，*O. majusculus*，*O. albidipennis* に加え，北アメリカ原産の *O. insidiosus*，*O. tristicolor* の能力が比較された．

ヒメハナカメムシ類の場合，非休眠性か休眠が浅いことが利用のための重要な条件である．Van den Meiracker（1994）により，*O. majusculus*，*O. insidiosus*，*O. tristicolor* が休眠性で，*O. albidipennis* が非休眠性であることが示された．*O. laevigatus* はヨーロッパの域内で休眠性に地理的変異が見られる．Tommasini and Nicoli（1996）は，北イタリアのポー河渓谷とシシリー島の個体の休眠性を比較し，シシリーの系統が室内飼育で休眠率が低く，冬期の野外採集虫も休眠率が低いことを明らかにした．

また Tommasini and Nicoli（1993）は，直径 9 cm のガラス円筒内で，2 日ごとに十分量のスジコナマダラメイガ卵，またはミカンキイロアザミウマ成虫と採卵用のマメの鞘を与えて，羽化直後から *O. majusculus*，*O. insidiosus*，*O. laevigatus*，*O. niger* の雌雄一対を飼育し，産卵数，捕食量および寿命を調べた．*O. niger* は他の 3 種と比べて，明らかに産卵数が少なかったが，日当たり捕食量や寿命には 4 種間にほとんど差は無かった（表 4.9）．

表 4.9　スジコナマダラメイガ卵またはミカンキイロアザミウマ成虫を与えた場合のヒメハナカメムシ類雌成虫の寿命と産卵能力の比較（Tommosini and Nicoli，1993）

種名	スジコナマダラメイガ卵			ミカンキイロアザミウマ成虫		
	調査対数	平均寿命（日）	平均生涯産卵数	調査対数	平均寿命（日）	平均生涯産卵数
O. majusculus	63	47.0b	174.0c	36	19.7a	87.1b
O. laevigatus	64	38.6a	118.6b	42	18.0a	55.6b
O. niger	29	50.0b	54.1a	36	18.4a	16.8a
O. insidiosus	65	42.3ab	144.3bc	46	17.1a	65.7b

（注）同じ列の記号の違いは有意差があることを示す（$p = 0.05$）．

(5) タマゴコバチ類の有望種の選抜

大量放飼に利用するタマゴコバチ類の種・系統は，従来は土着のものを大量増殖して用いるのが基本とされてきた．放飼場所の環境によく適応していると考えられるからである．現在でも環境への適応や環境リスクの回避の観点からこの考え方は重要である．しかし，土着のものが必ずしも有効な天敵とは限らない．この場合外来種・系統とも比較することにより最も有望な種・系統が選抜できる．

ドイツのHassanのグループは，室内で簡便にタマゴコバチ類の寄主選好性を測定する方法を考案した（Hassan，1989；Hassan and Guo，1991；Wührer and Hassan，1993）．2 cm角の紙の4隅の2カ所ずつに，それぞれバクガ卵と評価対象となる昆虫の卵を40個ずつ貼り付ける．中央に蜂蜜を含む寒天を1滴垂らし，直径26 mm長さ100 mmのガラス管に収納する．タマゴコバチ類の雌成虫1頭を管内に放飼し，1時間ごとに8回，蜂の存在する場所（対象昆虫の卵か，バクガ卵か，あるいは他の場所か）を記録する．さらに5日後にそれぞれの卵に対する寄生率を記録する．Hassanはこの方法により，バクガ卵を基準にして行動による寄主選好性と寄生能力を測ることができると考えている．この方法は，タマゴコバチ類は好適な寄主卵に遭遇すると長く留まって，ほとんどの卵に寄生してしまうという野外観察に基づいている．

リンゴのトビハマキ，リンゴコカクモンハマキおよびコドリンガに利用するタマゴコバチ類の選抜は，この方法と寄生能力試験を併用して行われた．中国原産のキイロタマゴバチは寄生能力は高かったが，ハマキガ2種とコドリンガの卵に対する選好性はバクガ卵と変わらなかった．一方，ドイツで採集された *T. embryophagum* の系統は，両種の対象害虫に強い選好性を示した（Hassan, 1989）．ヨーロッパアワノメイガの防除に好適なタマゴコバチ類の再評価も，この方法とケージを利用した寄主探索能力評価試験により行われた．供試した20系統の中から，中国原産の *T. ostriniae*，モルダビア原産およびドイツ原産のヨトウタマゴバチの3系統のみが，ヨーロッパアワノメイ

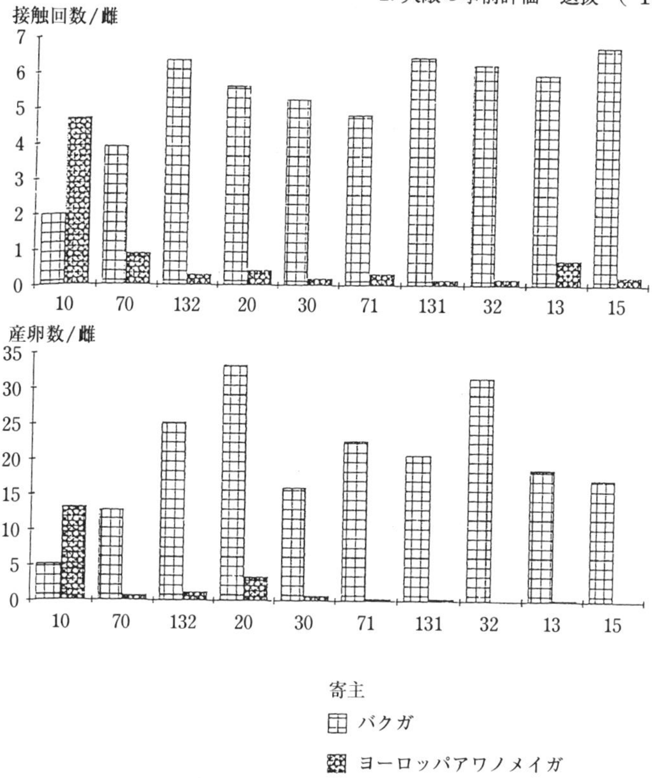

図 4.4　バクガとヨーロッパアワノメイガの卵を同時に与えた場合のタマゴコバチ類 10 系統の寄主卵に対する接触回数と産卵数 (Hassan and Guo, 1991)

Trichogramma 類の種・系統
10：ヨトウタマゴバチ (モルダビア原産)，70：*T.* sp. (タイ原産)，132：*T.* sp. (エジプト原産)，20：キイロタマゴバチ (中国原産)，30：*T. confusum* (中国原産)，71：*T.* sp. (タイ原産)，131：*T.* sp. (エジプト原産)，32：メアカタマゴバチ (タイ原産)，13：*T. maidis* (エジプト原産)，15：*T.* sp. near *meyeri* (ドイツ原産)

ガに対して選好性を示した (図 4.4)．*T. ostriniae* とヨトウタマゴバチの寄主探索能力に差はなかった．この両系統はアワノメイガ類の防除に中国とヨーロッパで使われている (Hassan and Guo, 1991)．コナガに対してはタマゴコバチ類 47 系統と *Trichogrammatoidea* 2 系統が比較された．メアカタマゴバチ，*T. pintoi* および *Trichogammatoidea bactrae* が，コナガに対す

表4.10　キャベツ上のコナガ卵に対するタマゴコバチ類の探索能力（被寄生卵数）と寄生率．ケージ試験成績（Klemm *et al*., 1992）．

種名	1頭の寄生蜂に寄生されたコナガ卵数	寄生率（%）
T. sp.（フランス産）	2.5b	19.26
T. pretiosum	9.45a	34.09
T. leptoparameron	0.13b	2.48

（注）同じ列の記号の違いは有意差があることを示す（$p = 0.05$）．

る強い選好性と産卵能力を示した．*T. ostriniae* はこれら3種よりやや産卵能力は劣ったが強い選好性を示した（Wührer and Hassan, 1993）．メアカタマゴバチ，*T. ostriniae* および *Trichogammatoidea bactrae* は，ケージ試験でキャベツ上のコナガ卵に対し高い探索能力を示した（Klemm *et al*., 1992）．この探索能力の評価試験では，50 cm 角のケージに5株のキャベツ苗を置き，1晩コナガ成虫に産卵させた．産卵された卵のうち100卵にマークをしておき，20頭のタマゴコバチ類の成虫に1日ケージ内で寄生・産卵させ，寄生された卵数から寄生率を計算し，雌当たりの被寄生卵数を探索能力とした（表4.10）．Hassan らの行った寄主選好試験は，探索能力の評価法としてはケージの空間が狭すぎて若干問題があるが，簡便な方法である．

オランダの Pak らは，ヨーロッパにおけるアブラナ科作物の重要害虫であるヨトウガ，モンシロチョウおよびオオモンシロチョウを防除するため，60系統にのぼるタマゴコバチ類の比較選抜を行った．比較における評価基準は Hassan より基礎的で，野外の低温における寄生能力，寄主の発育齢に対する選好性，寄主の種に対する選好性，寄主認識，寄主適合性が比較された．最初12℃における60系統の寄生活動が比較され，低温で活動する系統が絞り込まれた．土着系統は12℃でも活動的であった（Pak and van Heiningen, 1985）．若い寄主卵ほどタマゴコバチ類に寄生され易い傾向があり，系統間の差は余りなかった（Pak, 1986；Pak *et al*., 1986）（表4.11）．

ヨトウガ，モンシロチョウおよびオオモンシロチョウに対するタマゴコバチ類の系統の選好性は，ヨトウガ卵に対してはどの系統も高く，シロチョウ2種に対する選好性はヨトウガと同等もしくは劣り，全く選好しないケース

表 4.11 異なる日齢のヨトウガ卵に対するタマゴコバチ類3種の接触および受容行動．二つの日齢の異なるヨトウガ卵を与え，二者択一試験を行って統計的検定を行った．(Pak *et al.*, 1986)

種名	寄主日齢	試験回数	接触回数 (c)	受容回数 (a)	a/c 比	カイ平方	P = 0.05
T. maidis	0	23	68	53	0.78	0.19	NS
	2		43	35	0.81		
	1	16	62	53	0.86	0.20	NS
	3		69	57	0.83		
T. buesi	0	10	51	49	0.96	0.25	NS
	2		46	45	0.98		
	1	10	39	38	0.97	0.69	NS
	3		30	28	0.93		
ヨトウタマゴバチ	0	10	45	43	0.96	0.58	NS
	2		48	44	0.92		
	1	10	59	56	0.95	6.83	S
	3		61	48	0.79		

(注) 二つの寄主日齢の異なる組み合わせの a/c 比について有意差があるかどうか検定している．NS は差が有意ではなく，S は有意であることを示す．

もあった (Pak, 1988)．オオモンシロチョウ卵に対する受容性は *T. buesi* は低く，*T. brassicae* は高い．前者にはオオモンシロチョウのカイロモン，黄色い卵色，大きな卵サイズが受容性に負の影響を与えるが，後者には正の影響を与えるかもしくは影響しなかった (Pak, 1988)．ヨトウガ卵に寄生した後のタマゴコバチ類の発育は良好であるが，オオモンシロチョウを寄主とした場合は系統により変動が大きい．オオモンシロチョウ卵で飼育すると一般に発育が遅延し，種によっては発育途中ですべて死亡する．原因の一つとして，オオモンシロチョウ卵では卵殻の構造上，内部が乾燥し易い可能性が示された (Pak, 1988)．

3. 天敵の利用技術の開発

(1) 天敵の利用技術開発の考え方

Hassan (1985) は，タマゴコバチ類の実用化に向けての研究として，大量増殖技術や有効な種・系統の選抜に加えて，放飼技術の開発，放飼回数や密度など放飼方法の最適化，天敵の有効性向上技術の開発の必要性を主張した．放飼技術の開発は，天敵を気象条件や捕食者から保護しながら羽化させる方法や大量放飼する技術の開発である．施設栽培における天敵放飼では余り重要な問題ではないが，タマゴコバチ類のように野外に大量放飼する場合は重要な技術開発である．

放飼増強法のための研究としては，放飼方法の最適化と天敵の有効性向上がより重要であろう．後者は天敵の育種，行動制御など将来に向け発展が期待される分野であるが，すぐに必要な技術ではない．放飼方法の最適化は実用化に向け必要な技術である．最適利用技術は，最少の放飼天敵数で安定した効果を得る方法を，種々の環境条件について導くことであると考えられる．ここでは効果の安定性と経済性の両方が考慮されなければならない．

最適利用技術の開発には二つのアプローチがある．一つは種々の条件で天敵を実際に放飼する試験を行って，よりよい利用技術を見出していく経験的方法である．しかしこの方法では，最適利用技術の開発のために，種々の放飼密度や環境条件について試験を繰り返さなければならない．そこでまず経験的にうまくいく方法を確立し，コストパフォーマンスがよくなるように徐々に改良を加えるのがよいと思われる．もう一つの方法はシミュレーションモデルなどを利用した方法で，一度モデルが完成すればモデルの可能な限界内で，最適な利用技術の予測は比較的容易である．モデルの構築には多くの研究の蓄積が必要なため，モデル開発による評価は経験的に技術が確立された後になるのが普通であるが，技術の再評価や改良にはモデルから多くの示唆が得られる．天敵の放飼増強法については，比較的多くの系について利用技術評価のためのモデルが開発されている．ここでは例として，両面のアプローチからの研究がされているオンシツツヤコバチとタマゴコバチ類の放飼・利用技術の開発について述べる.

(2) 経験的な利用技術の開発

a. オンシツツヤコバチの利用技術の開発

現在のオンシツツヤコバチ利用法の原型は, イギリスの温室作物研究所で経験的に開発された. トマトに対する利用技術の開発に際し, まき餌法とドリブル法の比較, 作型の影響, オンシツコナジラミの自然発生状態での放飼, 育苗期の放飼, 定植後の定期的放飼, オンシツコナジラミ発生確認後の放飼などが試験により評価された (Parr *et al.*, 1976) (表 4.12).

まき餌法では, 最初に 100 株当たり 10 頭のオンシツコナジラミ成虫が放飼され, 3, 5, 9 週後にそれぞれ 100 株当たり 150, 150, 75 頭のオンシツツヤコバチが放飼された. ドリブル法では, トマト定植後 2 週間後に最初のオンシツツヤコバチのマミーの放飼が行われ, 以後 2 週間間隔で数回, 温室内にマミーが出現するまで繰り返し放飼された. オンシツコナジラミの発生確認直後に最初の放飼を行う方法も試みられた. これらの試験は無防除の対照区を取っておらず, 反復も無い点は問題であるが, 限られた時間で技術開発するには仕方がない面もある. 温室内では通常, 害虫は指数曲線的に増加するので, それが経験的にわかっていれば対照区は必ずしも必要ないとも考

表 4.12 イギリスにおける異なるトマト作型のオンシツツヤコバチのまき餌法の比較 (Parr *et al.*, 1976)

場所	作型	面積・株数	定植日	コナジラミ放飼日	オンシツツヤコバチ放飼日	8月における葉当たりコナジラミ幼虫密度
A	加温, 1月定植	830m^2 2400 株	1 月 26 日	3 月 8 日	コナジラミ放飼から 2, 6, 9 週後	76
B	加温, 3月定植	1000m^2 3600 株	3 月 25 日	4 月 18 日	コナジラミ放飼から 5, 9 週後	95
C	無加温, 4月定植	1500m^2 5400 株	4 月 26 日	5 月 24 日	コナジラミ放飼から 3, 6, 8 週後	88

(注) コナジラミの放飼密度は100株ごとに10頭 (3000頭/ha), オンシツツヤコバチの放飼密度は1, 2回目は100株ごとに150頭 (48000頭/ha), 3回目は100株ごとに75頭 (24000頭/ha)

えられる．オンシツツヤコバチの放飼効果の確認は，オンシツコナジラミ成幼虫の葉当たり個体数，オンシツツヤコバチの寄生率およびスス病発生株率で判定された．

結論として，ほとんどの試験でオンシツツヤコバチは安定した効果を示したが，放飼が早いほど効果は確実であった．育苗期におけるオンシツツヤコバチの放飼は，早期放飼およびオンシツコナジラミの発生場所とオンシツツヤコバチの寄生を空間的に同調させるという点で効果的であることがわかった．ドリブル法はその後各国におけるオンシツツヤコバチ放飼技術の標準となった．一つの弱点は，オンシツコナジラミの発生確認後に放飼する場合，コナジラミの発生調査法が確立されていないことであった．

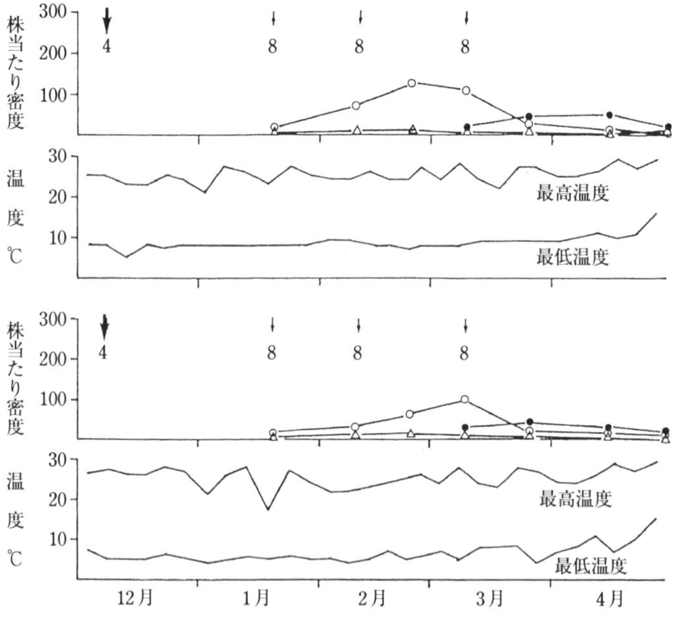

図4.5　促成栽培トマトにおけるオンシツツヤコバチによるオンシツコナジラミの防除試験（矢野，1988）

夜間管理温度は8℃（上図）および5℃（下図）．白丸はコナジラミ3，4齢幼虫，白三角はコナジラミ成虫，黒丸は寄生により黒化したコナジラミ幼虫（マミー）密度を示す．太い矢印，細い矢印および数字は，それぞれコナジラミ成虫とマミーの放飼時期と密度を示す．

わが国では，オンシツツヤコバチの利用技術の開発のための研究を開始するに当たり，これまでの知見から，わが国におけるハウストマトの管理温度が低いため冬期はオンシツツヤコバチがうまく働かない可能性があること，およびオンシツツヤコバチの放飼の時期を決めるための発生調査法が必要であるとの考察に基き，技術開発の目標とされた（Yano，1981；矢野・腰原，1984）．

低温の影響については，オランダで産卵，卵成熟，分散行動に対する影響等の基礎研究がすでに進められていた．そこで実用化試験として，夜温を5℃または8℃に管理した促成栽培トマトで，オンシツツヤコバチの放飼によりオンシツコナジラミの防除が可能かを試験したが，特に問題なく防除できた（矢野，1988）（図4.5）．その後促成栽培およびより高温となる早熟栽培で，オンシツコナジラミの初期密度を一定にして，オンシツツヤコバチの放飼密度を変えて試験を行った．促成栽培では放飼密度の違いで効果に明瞭な

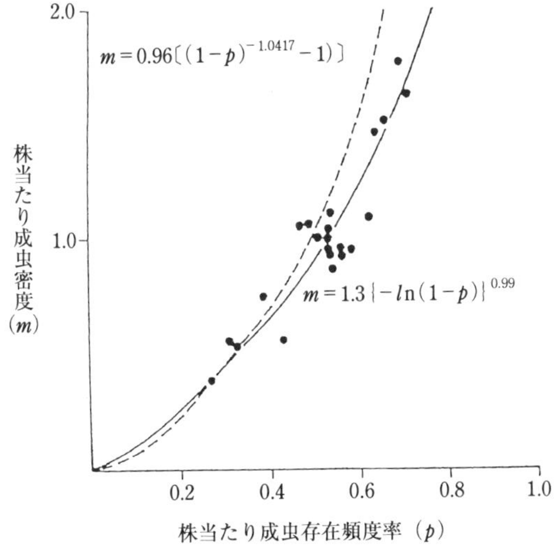

図4.6　トマト株上のオンシツコナジラミ成虫の存在頻度率（存在株率）に基づく密度推定（矢野・腰原，1984）

実線および破線はそれぞれ河野・杉野（1958）の式および Xu（1982）の式への当てはめを示す．

差はなく，早熟栽培では放飼密度が高い方が効果が高かった（矢野，1988）.

オンシツコナジラミの株間分布を種々の放飼条件，温度条件で調べ，成虫の株当たり密度を存在頻度率から推定する式を，河野・杉野式（1958）から導いた（図 4.6）. また条件を変えてオンシツコナジラミをトマト 100 株に放飼し，中央に黄色粘着トラップを設置して 1 週間の捕獲状況を調べた．これによりオンシツコナジラミ成虫密度と黄色粘着トラップ捕獲数との関係を経験的に求め，トラップを利用した密度推定を提案した（矢野・腰原，1984）．実際に黄色粘着トラップでオンシツコナジラミ成虫の発生確認を行ってから，オンシツツヤコバチを放飼したところ，高温条件にもかかわらずうまく防除できた（Yano，1987）（図 4.7）.

わが国では，トラップ捕獲数に基づく放飼時期の決定はその後実用場面でも試されたが，捕獲してから時間を経るとオンシツコナジラミ成虫の確認がしにくくなるなどの指摘が出ている．存在頻度率による密度推定はほとんど

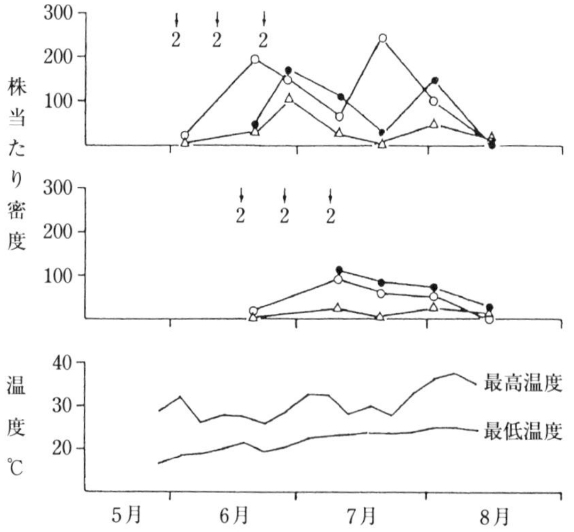

図 4.7　早熟栽培トマトにおけるオンシツツヤコバチによるオンシツコナジラミ防除（Yano，1987）

図中の記号や数字の意味は図 4.5 と同じ．オンシツツヤコバチの放飼時期は黄色粘着トラップによるコナジラミ成虫の発生確認によって決定した.

採用されなかったが，トマト株上のオンシツコナジラミ成虫の有無の確認は，株を揺することにより可能であり実用性はあるものと思われる．オンシツコナジラミ発生確認後のオンシツツヤコバチ放飼の考え方は，害虫が要防除密度に達してから薬剤散布を行うというIPMの考え方と同じであるが，オンシツツヤコバチが遅効性のため，オンシツコナジラミが極めて低い密度の時点で放飼しなければならないことが問題である．現在では発生調査に基づく放飼よりは，早めからスケジュール放飼を行うという方式が多くなっている．この場合発生が確認されていれば，育苗期から放飼した方が効果的であろう．

b. タマゴコバチ類の利用技術の開発

ドイツのHassanのグループは，1977年から1985年にかけて野外放飼試験を行い，ヨーロッパアワノメイガに対するヨトウタマゴバチの利用技術を開発した．1977～1980年の間に基本的な放飼量と放飼技術の開発を行い（Hassan，1981），1980～1985年には最適放飼時期の検討（Hassan，1984；Hassan *et al.*，1986），1984～1985年には最適放飼量の検討を行った（Hassan *et al.*，1986）．その間1980，1983年にはHassanの指導の元に民間会社における大量生産，配布が開始された．

1977～1980年の試験では，3,200～7,056 m^2 の面積のトウモロコシ圃場を1試験区として，1回の試験で無放飼の対照区と，一つまたは二つの放飼区を設けて試験が行われた．各区は方形または長方形で50 m離れていた．ヨトウタマゴバチを野外で放飼するためには，放飼する際に捕食や風雨の影響を避けるような工夫が必要である．3×6 cmのサランネットの袋に，ダンボール紙の断片にバクガの被寄生卵を，タラガント糊で貼り付けたものを収納し，紐でトウモロコシの茎に取り付ける方法が開発され，さらに雨の影響を受けないようにプラスチックのシートで保護された．放飼試験では，ヨトウタマゴバチの放飼発育ステージを一定にして，2～4回放飼する方法と，3段階の異なる発育ステージのヨトウタマゴバチを混ぜて，1～2回放飼する方法が試された．放飼ポイントは14 m間隔とされた．ヨーロッパアワノメイガの卵に対するヨトウタマゴバチの寄生率と，トウモロコシ収穫時の100株当

表4.13　トウモロコシを加害するヨーロッパアワノメイガの防除にヨトウタマゴバチを利用する場合の放飼プログラムの効果の比較（Hassan, 1981）

実験番号		羽化2，3日前のものを45000頭/haの密度で4回放飼	寄生後27℃で2，5，8日飼育したものを等量混ぜて90000頭/haの密度で2回放飼
1	調査株数	720	720
	卵数/株	0.90	1.00
	寄生率（%）	81.6	80.8
2	調査株数	720	720
	卵数/株	0.93	0.99
	寄生率（%）	92.3	88.2
3	調査株数	720	720
	卵数/株	1.07	0.83
	寄生率（%）	89.4	82.2

たりヨーロッパアワノメイガの幼虫数で効果が確認された．寄生率調査では，各放飼点毎に，ランダムに選ばれた21株に自然産卵された卵塊について，1週間おきに寄生と幼虫の孵化が確認された．試験は非常に成功したと言える．すべての放飼区について平均寄生率は72～92％（1977，1978年），対照区との比較で計算した幼虫数の減少率は61～93％であった（1977～1980年）．異なる発育ステージのヨトウタマゴバチを2回放飼する方式でも，4回放飼とほぼ同等の効果が得られた（Hassan, 1981）（表4.13）．

最適放飼時期の検討では1回放飼方式が取られた．過去の発生調査データに基づき，ヨーロッパアワノメイガが産卵開始するおおよそ2週間前から放飼を開始し，試験区毎に1週間ずつ遅らせて放飼した．最も効果の高かった放飼時期は，産卵開始の約1週間前であった（Hassan, 1984）（表4.14）．実用性も考えて，ライトトラップで最初の成虫の捕獲があった時点で放飼するのが適当であろうと予測され，1984～1985年の試験で実証された（Hassan *et al.*, 1986）．

最適放飼量については，飼料用トウモロコシとスイートコーンの両方について検討された．放飼回数は2回で，各放飼についての放飼量は，ヨトウタマゴバチのカード（1,500被寄生卵を貼付）を5，10，15，20 m間隔で置くことにより調節された．それぞれ1回の総放飼量は，600,000，150,000，

表 4.14　ヨーロッパアワノメイガの防除のためのヨトウタマゴバチの放飼時期とヨーロッパアワノメイガの産卵開始時期の関係（Hassan, 1984）

年	放飼日	100株当たり幼虫数	幼虫数の減少率（%）	ヨーロッパアワノメイガの産卵開始日との関係
1980	放飼前	138		
	7月9日	36	74	14日前
	7月16日	19	86	7日前
	7月23日	9	93	産卵開始日
	7月30日	125	9	7日後
1981	放飼前	146		
	6月25日	27	82	11日前
	7月2日	44	70	4日前
	7月9日	37	75	3日後
	7月16日	76	48	10日後
1982	放飼前	308		
	6月22日	36	88	10日前
	6月29日	83	73	3日前
	7月6日	194	37	4日後
1983	放飼前	384		
	6月23日	128	67	7日前
	6月30日	72	81	産卵開始日

67,000, 38,000頭/ haとなる．1985年の成績では，幼虫の減少率が飼料用トウモロコシではそれぞれの放飼量で93, 87, 77, 65 %，スイートコーンでは89, 86, 80, 74 %となり，慣行の放飼量（飼料用トウモロコシでは75,000頭/ ha，スイートコーンでは150,000頭/ ha）の妥当性が再確認された（Hassan *et al.*, 1986）．これらの試験では放飼量は放飼点数で調節されているため，放飼点の分布の均一性は異なっており，試験方法は厳密には正確ではない．ただしヨトウタマゴバチの分散能力が十分で，効果が放飼間隔に影響されないのであれば問題は無いと思われる．Hassanの一連の研究は実用的な放飼技術開発のモデルになると思われる合理的なアプローチを取っている．人力による固定点放飼であり，わが国でも参考にするべき研究である．

カナダのオンタリオ州では1982〜1986年に，The Ontario Projectと呼ばれた ***T. minutum*** 放飼による大規模なトウヒノシントメハマキの防除試験が行われた（Smith *et al.*, 1990）．バクガ卵で ***T. minutum*** を大量増殖する技術が開発された後，放飼試験が実施された．試験に用いられたバルサムモミとトウヒを優占種とする森林は樹齢20〜40年，1試験区は8 haであり，放飼区と対照区は少なくとも 1.6 km 離して設けられた．放飼方法としては，小規模放飼や人家近くで有用な地上放飼と，ヘリコプターによる空中散布とが試みられた．地上放飼としては，5 m 間隔で格子状に配置した放飼点に，手作業で *T. minutum* を収納した紙コップ状の容器で配置する方法と，電動式の葉面散布器を利用して散布する方式が取られた．ヘリコプターによる散布のため，ヘリコプターに取り付ける散布装置が開発された．装置は被寄生卵の調合装置と遠心式の散布装置からなっている (図 4.8)．調合装置は流出速度を調節することができる．散布装置は元来松の種子を空中散布するため開発された装置である．地上 15 m を飛行することにより，ヘリコプターからの散布幅は 15 m となった．タングルフットを塗布した 25 cm 角のカードを地上 10 m の高さで水平に配置して，散布むらやドリフトが調べられた．また散布前後の被寄生卵からの *T. minutum* の羽化率，雌の寿命，産卵数が比較され，散布の影響が評価された．散布による *T. minutum* への影響は認められなかった (表 4.15)．

地上放飼でも空中散布でも寄主卵に対する寄生率はほぼ同じであった．空中散布による *T. minutum* 放飼時期は，採集した幼虫の飼育，性フェロモントラップへの雄の捕獲，産卵調査に基づき決定された．トウヒノシントメハマキの産卵初期に 1 週間間隔で 2 回放飼する方法と 1 回放飼する方法が比較

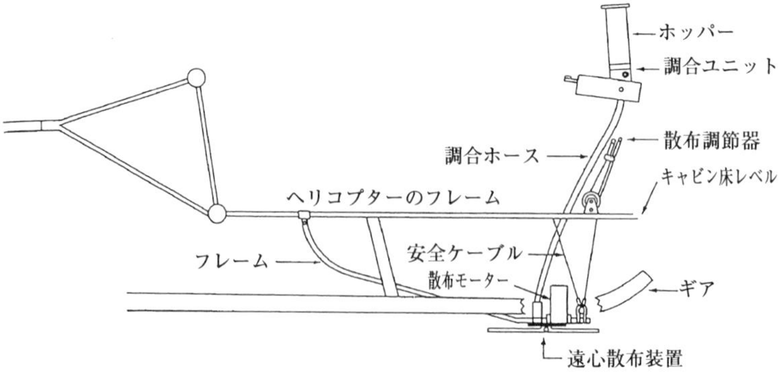

図 4.8　*Trichogramma minutum* の空中散布のためヘリコプターに取り付けられた装置 (Smith et al., 1990)

表 4.15 オンタリオプロジェクトにおける，空中散布の前と後の *Trichogramma minutum* の生物的特性（Smith *et al.*, 1990）

生物的特性	1 回目の放飼			2 回目の放飼		
	生産施設から出荷前	放飼前	放飼後	生産施設から出荷前	放飼前	放飼後
羽化率（%）	94.5	73.5	78.8	89.5	84.7	88.7
雌性比（%）	65.2	58.0	65.2	61.4	57.5	61.4
雌成虫寿命（日）	−	2.5	2.4	−	2.0	2.3
雌当たり総産卵数	−	14.7	16.6	−	17.6	11.5

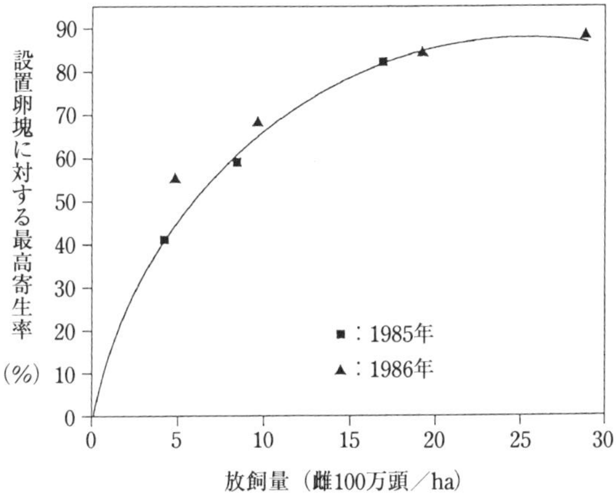

図 4.9 バルサムモミとトウヒの森林に設置したトウヒノシントメハマキ卵塊に対する *Trichogramma minutum* の放飼量と寄生率の関係（Smith et al., 1990）

されたが，2 回放飼で効果が高く，寄生率は 14〜83 %上昇し，幼虫密度は 42〜82 %減少した．*T. minutum* の ha 当たりの放飼量と寄生率の関係は飽和型の曲線になり，1,200〜1,600 万頭以上の放飼量はほとんど寄生率の改善をもたらさないことが示唆された（図 4.9）．放飼量と幼虫密度の減少には直線的関係が認められた．ha 当たり 800 万〜2,300 万頭の雌の放飼は 42〜83 %の幼虫密度の減少をもたらした．

このプロジェクトは散布方式による放飼の代表的な技術開発研究であり，森林や大規模単作の畑作物などへの放飼には参考になると思われる．

(3) モデルによる利用技術の評価

a. オンシツツヤコバチの利用技術評価のためのモデル

矢野(1988, 1989 a, b)は，オンシツコナジラミとオンシツツヤコバチの個体数変動を予測するシミュレーションモデルを作成し(図4.10)，個体群動態機構の解析とオンシツツヤコバチの利用戦略の検討を行なった．コナジラミの発育および増殖，ツヤコバチの発育はLeslie行列モデル(ボックス4.2)で記述した．

温度条件は一定として，コナジラミの齢構成は卵，1～4齢幼虫，成虫を，

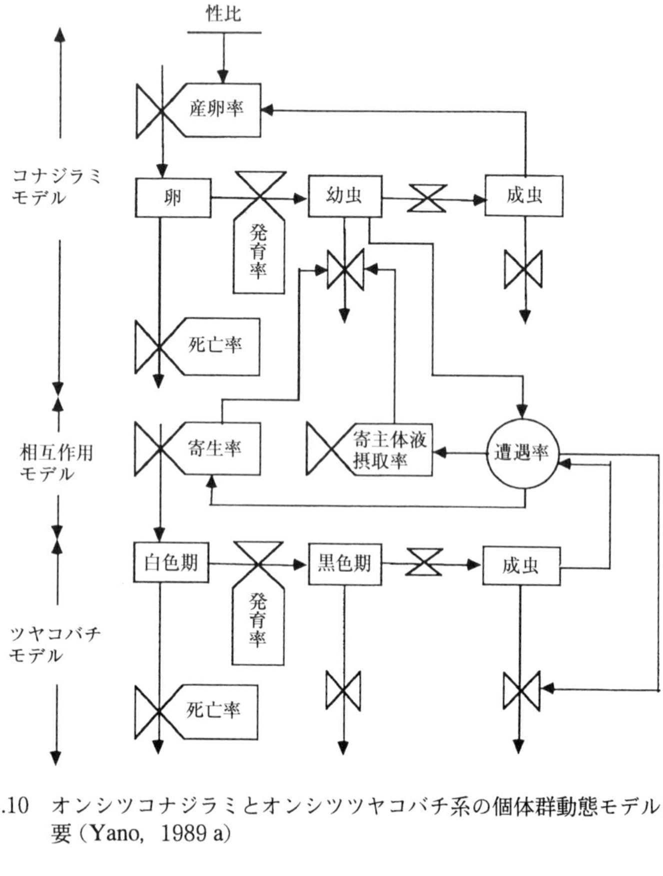

図4.10　オンシツコナジラミとオンシツツヤコバチ系の個体群動態モデルの概要(Yano, 1989 a)

ボックス 4.2 Leslie 行列モデル

生物の集団は通常は種々の発育ステージまたは齢をもつ集団の集まりであり，個体数の変動を記述する場合も，このような齢構成を反映したモデルが提案されている．最も基本的でよく知られているモデルが Leslie 行列である．時刻 t における x ($x=1, 2, \cdots k$) 番目の齢の個体数を $N_{x,t}$ とする．齢 x から $x+1$ の間の生存率を P_x とし，時刻 t に齢 x の個体はすべて時刻 $t+1$ では齢 $x+1$ まで発育すると仮定する．すると $N_{x+1,t+1}$ は

$$N_{x+1,\,t+1} = P_x N_{x,t}$$

で表される．最初の齢の個体数 $N_{1,t+1}$ は，時刻 t の各齢の個体数 $N_{x,t}$ と単位時間当たりの各齢 1 個体当たり出生数 f_x の積を足し合わせた値になるので

$$N_{1,\,t+1} = f_1 N_{1,t} + f_2 N_{2,t} + \cdots\cdots f_x N_{x,t} + \cdots\cdots f_k N_{k,t}$$

となる．

これらの式を行列とベクトルで表すと

$$\begin{bmatrix} N_{1,t+1} \\ N_{2,t+1} \\ \bullet \\ \bullet \\ N_{k-1,t+1} \\ N_{k,t+1} \end{bmatrix} = \begin{bmatrix} f_1 & f_2 & \bullet\bullet & f_{k-1} & f_k \\ P_1 & 0 & \bullet\bullet & 0 & 0 \\ 0 & P_2 & 0\,\bullet & 0 & 0 \\ \bullet & \bullet & \bullet\bullet & \bullet & \bullet \\ \bullet & \bullet & \bullet\bullet & 0 & \bullet \\ 0 & \bullet & \bullet\,0 & P_{k-1} & 0 \end{bmatrix} \begin{bmatrix} N_{1,t} \\ N_{2,t} \\ \bullet \\ \bullet \\ N_{k-1,t} \\ N_{k,t} \end{bmatrix}$$

となり，一般には

$$\boldsymbol{n}_{t+1} = \boldsymbol{A}\boldsymbol{n}_t$$

と表記される．ここで $\boldsymbol{n}_t$ は生物集団の齢構成を表す列ベクトルであり，ベクトルの要素が各齢の個体数を示す．行列 A は列ベクトルの時間にともなう変化を表す行列であり，Leslie 行列と呼ばれる．Leslie 行列を列ベクトルに繰り返して乗じて世代間変動を予測すると，一定の安定した齢構成（安定齢分布）に近づくことがわかる．安定齢分布に達すると集団では，Leslie 行列の固有値の主要根が世代間の増殖倍率になる．Leslie 行列は哺乳動物などの経年変動を記述するには適しているが，昆虫のような変温動物に適用して個体群変動を予測するには工夫がいる．定温条件で昆虫の齢として日齢を単位とするならば直接適用できる．

さらに日齢で分割した．ツヤコバチは実際の発育段階ではなく，外部から見て白色期と黒色期および成虫期に分け，日齢に分割した．コナジラミの発育，死亡，産卵，成虫寿命，性比およびツヤコバチの発育，死亡のパラメータは温室内における飼育実験で求めた．コナジラミの幼虫期の生存率，産卵に対する密度の影響は，かなり高密度でも認められなかったので無いものと仮定した．コナジラミ幼虫に対するオンシツツヤコバチの寄生と寄主体液摂取の効果の評価は，温室内で鉢植えトマト1株を収納したケージ試験で行った．ケージ内のトマトでコナジラミ成虫に1日産卵させ，幼虫が試験に適当な齢期に達してからツヤコバチに1日寄生させた．コナジラミとツヤコバチの数を変えて寄生および寄主体液摂取の機能の反応を調べた．機能の反応はHollingの円盤方程式（ボックス4.3）に当てはめた（図4.11）．機能の反応

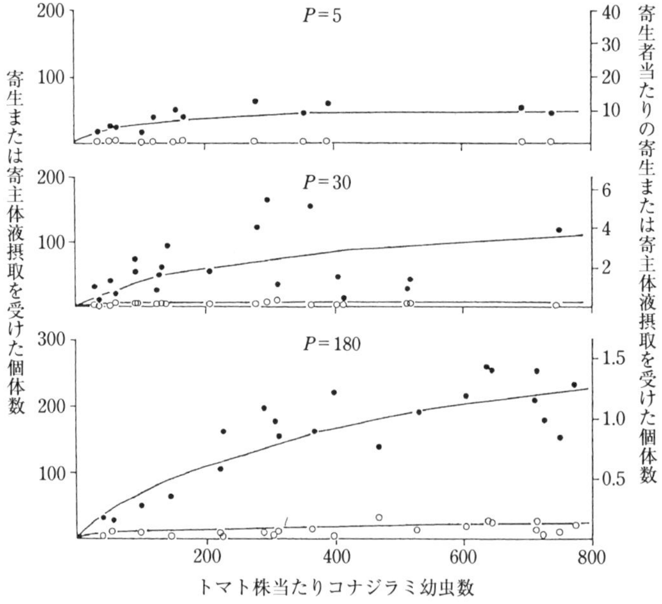

図4.11　オンシツコナジラミ3，4齢幼虫に対するオンシツツヤコバチ雌成虫の寄生（黒丸）と寄主体液摂取（白丸）の機能の反応に及ぼすオンシツツヤコバチ個体数（P）の影響（矢野，1988）

で，ツヤコバチによるコナジラミの総死亡に占める寄生の比率は，コナジラミ幼虫が若齢ほど，またツヤコバチの放飼数が多いほど低くなった．また探索効率もツヤコバチの放飼数が多いと低くなった．

ボックス4.3 Holling (1959) の円盤方程式

Holling (1959) は，タイプ2の機能の反応のモデルとして，円盤方程式 (disc equation) と呼ばれる数式を導いた．円盤方程式という名前の由来は，Holling がこの式を導く際に，目隠しをした人に円盤を取らせるという模擬実験を行ったためである．

探索時間を T_S とすると，捕食数 n は餌密度 N と探索時間に比例すると考えられるため，

$$n = aNT_S$$

という関係が得られる．a は単位探索時間当たりの餌発見数（探索効率）と考えられる．また餌1頭を処理するのに要する時間（処理時間，handling time）を h とすると，総時間 T は，

$$T = T_S + nh$$

となるので，これら2式から T_S を消去すると

$$n = \frac{aTN}{1+ahN}$$

となり，さらに単位時間当たりの捕食数 $F(N)$ は $T = 1$ と置けば，

$$F(N) = \frac{aN}{1+ahN}$$

が得られる．これが円盤方程式であり，飽和型の曲線になる．円盤方程式の特徴は N が大きくなると $1/h$ という極限値に近づくことと，N が0に近いとほぼ aN で近似できることである．機能の反応の式としては基本的な式の一つであり，さらに他の要因を組み込んだ種々の式が提案されている．

機能の反応のモデル化においては，コナジラミの各齢幼虫が混在する場合，ツヤコバチは特定の齢を選好せずランダムに攻撃するものと仮定した．齢 j のコナジラミ幼虫の個体数を N_j，それらに対する探索効率を a_j，処理時

間を h_j とすると，P 個体のツヤコバチ成虫により攻撃される齢 j のコナジラミ個体数 N_{aj} は，

$$N_{aj} = \frac{Pa_jN_j}{1+\sum a_jh_jN_j}$$

となる．このうち寄生により死亡する幼虫数を kN_{aj} とすると，寄主体液摂取により死亡する幼虫数は $(1-k)N_{aj}$ となる．さらに a, h, k（式が煩雑になるため j を省略）を実験結果に基づき以下のようなツヤコバチ成虫数 P の関数とした．

$$a = a_0P^{-\alpha}$$

$$h = h_0 + \beta P$$

$$k = k_0 - \gamma P$$

観察データを用いてモデルの検証が行われた後（図 4.12），モデルのシミ

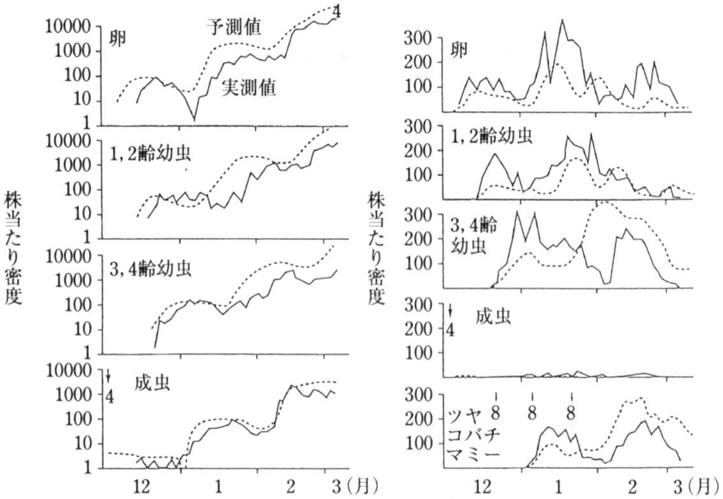

図 4.12　ハウストマトにオンシツコナジラミ成虫（矢印）を放飼した後の，各発育ステージの個体数変動の実測値（実線）とモデルによる予測値（点線）の比較（左図）および同じ条件の温室にオンシツツヤコバチを放飼（矢印）した時の，オンシツコナジラミ各発育ステージおよびオンシツツヤコバチマミーの個体数変動の実測値（実線）とモデルによる予測値（点線）の比較（右図）（矢野，1988）

ュレーションにより放飼戦略として，オンシツコバチの放飼密度，回数，時期が防除効果に与える影響が検討された．ツヤコバチの総放飼密度が同じ場合は，放飼回数は多い方が効果は安定していた．ツヤコバチの放飼密度を変えた場合は，ツヤコバチの密度がある程度以上であれば効果は変わらなかった．放飼の時期は放飼回数に影響されるが，寄生に好適なコナジラミ幼虫が出現してからできるだけ早く放飼するのが最も効果的であった（図 2.5 参照）．現場ではコナジラミの発見後すぐに複数回放飼を行う方法が取られている．モデルからも早期複数回放飼の重要性が予測された．放飼回数が多いほど効果が安定するということは，バンカー植物の利用のように長期間継続して天敵を供給するような方式の妥当性を示唆している．なおこのモデルは空間構造を持たないため，ツヤコバチの放飼点の空間配置などの検討はできないが，ある程度限られた情報で，放飼時期，密度，回数などの基本的な放飼戦略の検討はできた．

Van Roermund (1995) は，空間構造をもつ，より詳細なシミュレーションモデルを用いて，オンシツツヤコバチの放飼戦略を検討した．モデル化の手法は individual based modelling と呼ばれ，最近コンピューターの演算速度が高速になったため可能になった方法である．コナジラミやツヤコバチ 1 頭ずつの行動，発育，死亡を忠実にモデルで再現する方法で，行動の継続時間など確率的な現象の再現には乱数を用いたモンテカルロシミュレーションを多用している．生物学的にも詳細で，例えばツヤコバチの蔵卵数の産卵行動に対する影響，葉上の探索継続時間に対する産卵経験等の影響，温度に依存したトマトの生長，昆虫の発育期間の変異などが組み込まれている．

ツヤコバチの寄生，寄主体液摂取の評価は，機能の反応のモデリングという方法ではなく，ツヤコバチの歩行速度やコナジラミ幼虫の大きさなどを測定して，遭遇確率を計算する手法をとっている．瞬間的な遭遇確率 RE は，ツヤコバチの探索径路の幅（mm）を WI_p，コナジラミ幼虫の平均直径（mm）を DM_h，ツヤコバチの歩行速度（mm/ sec）を WS，歩行割合を ACT，コナジラミ幼虫密度/ mm^2 を $DENS$ とすると

$$RE = (WI_p + DM_h) \times WS \times ACT \times DENS$$

となる．また，ある時間 dt の間の遭遇確率 PE は，

$$PE = 1 - \exp(-RE \times dt)$$

となる．これらの式は天敵の寄主探索能力の評価に役立つものと思われる．コナジラミとツヤコバチの株間分散のモデルでは，分散源の株からの距離 r の関数として飛来する確率 $P(r)$ が仮定された．

$$P(r) = \alpha \exp(-\alpha r) / 2\pi r$$

α は $P(r)$ の減少のパラメータである．

オンシツツヤコバチの放飼戦略を扱ったシミュレーションでは，コナジラミの存在する625株のトマトに対し，同じ数のオンシツツヤコバチを1カ所および25カ所から均一に放飼した場合の効果が比較された．発生初期のコナジラミは局在していることが多いので，現場ではオンシツツヤコバチはなるべく一様に放飼することが推奨されているが，予想に反しモデルでは1カ所から放飼した方が効果は高いことが予測された．放飼回数を4回として時期をずらして放飼すると，それほど大きな差はなかったが，1回放飼では放飼時期の影響をより強く受けた．

このモデルは，20年近くにも及ぶ基礎データの蓄積があって初めて可能となった詳細なモデルで高い評価を受けている．必要なパラメータが多過ぎて余り一般的な方法ではないが，近縁種のシルバーリーフコナジラミやサバクツヤコバチなどのモデル化には適用できるかもしれない．

b. タマゴコバチ類の利用技術評価のためのモデル

Knipling and McGuire (1968) は，タマゴコバチ類の大量放飼による効果をシミュレーションにより初めて評価した．タマゴコバチ類の寄主発見確率の予測には，Nicholson and Bailey (1935) と同じモデルが利用された．例えば寄主植物が小さく1単位の総葉面積しか持っていない時，5,000頭のタマゴコバチ類の成虫が1エーカーの作物に存在する寄主卵の50％を発見し寄生することができると推定し，この捕食寄生者の数5,000頭を仮に P_{50} と呼ぶ．個体数 P の捕食寄生者がランダムに探索した時に，その寄生率（%）PP は，

$$PP = 100\ (1 - 0.5^{\frac{P}{P_{50}}})$$

と推定できる (図 4.13)．この式では寄主個体数は一定であり，寄生率は捕食寄生者数だけで決まる．P_{50} の値は種によって異なっており，植物が生長して総葉面積が大きくなると，それに比例して大きくなる．実際に P_{50} の値を推定するには，野外で寄主卵を人為的に設置してから捕食寄生者密度を変えて放飼した後回収し，寄生率を調べる作業が必要となる（Need and Burbutis, 1979)．

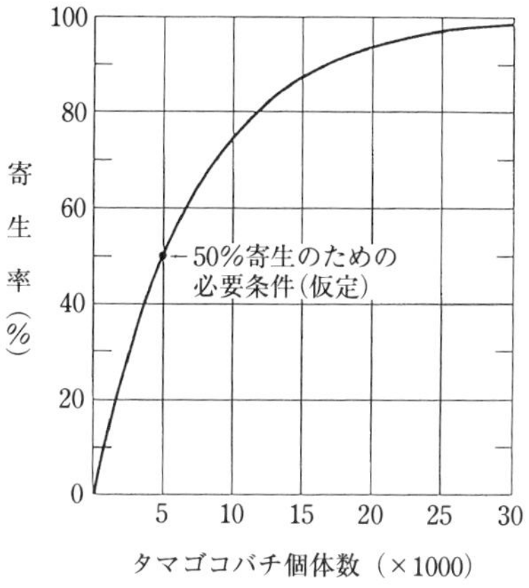

図 4.13　1 エーカー当たりのタマゴコバチ個体数と寄生率の関係 (Knipling and McGuire, 1968 より改変)

Knipling and McGuire（1968）は，サトウキビのズイムシ *Diatraea saccharalis* やワタのタバコガ類 *Heliothis* spp. に対して，タマゴコバチ類を放飼した場合の効果について，この式とこれらの害虫の生命表データに基づいてシミュレーションを行い評価した．サトウキビのズイムシに対しては，発生初期における寄主卵の追加とタマゴコバチ類の接種的放飼による抑圧の可能性を示した．ワタのタバコガ類の防除については，タマゴコバチ類の継続的放飼で常に一定の寄生率を得るための放飼数を推定した．

Barclay *et al.* (1985) は，Nichoson - Bailey 型の寄主—捕食寄生者系の連立差分方程式モデルを用いて，土着のタマゴコバチ類を人為的に 1 世代ごとに大量放飼した場合の種々の要因の効果を評価した．この場合，捕食寄生者は単寄生性で，寄主と捕食寄生者の世代の長さは同じで完全に同調しているという仮定である．捕食寄生者のランダム探索を仮定した基本式は，

$$N_{t+1} = \lambda N_t \exp\left[-a\ (P_t + I)\right]$$

$$P_{t+1} = N_t \{1 - \exp\left[-a\ (P_t + I)\right]\}$$

となる．ここで N_t, P_t はそれぞれ t 世代の寄主，捕食寄生者密度であり，λ

は寄主の1世代当たり増殖率，a は捕食寄生者の寄主発見効率，I は捕食寄生者の放飼密度である．放飼効果は寄主の絶滅をもたらすのに必要な最小限の捕食寄生者の放飼密度 $I^* = \ln(\lambda) / a$ と，絶滅までの世代数で評価され，以下のような予測が得られた．寄生の密度依存的死亡は寄主の絶滅を早めるが，I^* に影響しない．寄主が外部から新たに移入してくる場合，寄主は絶滅しない．捕食寄生者の探索がランダムでなく集中的になるか，捕食寄生者間で産卵干渉があると寄主は絶滅しにくくなる．二次捕食寄生者の存在は全く影響しない．これらの効果はある程度常識的に予想されることであり，定量的ではなく定性的な評価に留まっている．

カナダでは The Ontario Project の終了後，シミュレーションモデルによりトウヒノシントメハマキに対する *T. minutum* の放飼方法が再評価された．モデルはトウヒノシントメハマキの生活史データの解析に基づくもので，個体群全体が，卵，6齢期をもつ幼虫期，蛹，成虫の10の発育ステージに分けられ，それぞれさらに3.5℃以上で10日度の積算温量に基づき8～19のクラスに分けられた．基本的なシミュレーションの手順は，1日分の温量から個体群の発育による各クラス間の移動を計算し，それに非生物的要因および

表4.16　シミュレーションによるトウヒノシントメハマキ防除のための *Trichgramma minutum* の放飼戦略（Smith and You, 1990）

放飼戦略	放飼日		放飼率（×100万頭雌/ha）		シミュレーションによる予測発生幼虫数×100万頭/ha
	1回目放飼	2回目放飼	1回目放飼	2回目放飼	
1回放飼で24時間以内に羽化	7月20日	−	12	−	0.93
1回放飼で5日間継続羽化					
戦略A	7月18日	−	12	−	0.41
戦略B	7月18日	−	12	−	0.44
戦略C	7月18日	−	12	−	0.42
2回放飼で24時間以内に羽化	7月18日	7月22日	12	12	0.41

(注) 5日間継続羽化させた場合1，2，3，4，5日目に，戦略Aでは，それぞれ10，15，20，25，30％羽化，戦略Bでは，10，20，40，20，10％羽化，戦略Cでは，30，25，20，15，10％羽化させた．

生物的要因による死亡を乗じるというものである．成虫の産卵については，さらに産卵雌率，雌当たり1日当たり産卵数，性比が組み入れられた．

シミュレーションにより，*T. minutum* の1回放飼と2回放飼の効果が比較された．1回放飼では，24時間以内にすべて羽化させる集中放飼と，数日をかけて羽化させる放飼とが比較された．最も効果が高かったのは，寄主卵の産卵開始後14日後の1回放飼で5日かけて羽化させる放飼法であった (Smith and You, 1990) (表4.16)．発育ステージの異なる被寄生卵を放飼するプログラム放飼が優れていることが示唆された．さらにモデルを用いて，*T. minutum* の大量放飼によるトウヒノシントメハマキの防除が，3段階の被害許容水準について評価された．どの被害許容水準でも，*T. minutum* の放飼でトウヒノシントメハマキをそれ以下に抑圧できることが予測された．また放飼はトウヒノシントメハマキの密度の増加傾向時に行うと効果的であることも予測された (You and Smith, 1990).

引用文献

Anonymous (1975) Biological pest control: Rearing parasites and predators. Grower's Bull. 2, Glasshouse Crops Research Institute, Littlehampton, Sussex. 12 pp.

Barclay, H.J., I.S. Otvos and A.J. Thomson (1985) Models of periodic inundation of parasitoids for pest control. Can. Entomol. 117, 705-716.

Bigler, F. (1989) Quality assessment and control in entomophagous insects used for biological control. J. Appl. Ent. 108, 390-400.

Bigler, F. (1994) Quality control in *Trichogramma* production. Wajnberg, E. and S.A. Hassan eds., Biological Control with Egg Parasitoids, CAB International, Wallingford, UK, 93-111.

Carey, J.R. and R.I. Vargas (1985) Demographic analysis of insect mass rearing : a case study of three tephritids. J. Econ. Entomol. 78, 523-527.

Debach, P. and E.B. White (1960) Commercial mass culture of the California red scale parasite *Aphytis lingnanensis*. Calif. Agric. Exp. Stn. Bull. 770, 58 pp.

Field, R.P., W.J. Webster and D.S. Morris (1979) Mass rearing *Typhlodromus occidentalis* Nesbitt (Acarina: Phytoseiidae) for release in orchards. J. Aust. Entomol. Soc. 18, 113-115.

Finney, G.L. (1950) Mass culturing *Chrysopa californica* to obtain eggs for field distribution. J. Econ. Entomol. 43, 97-100.

Finney, G.L. and T.W. Fisher (1964) Culture of entomophagous insects and their hosts. Debach, P. ed., Biological Control of Insects and Their Hosts, Reinhold, New York, 328-355.

Gilkeson, L.A. (1992) Mass rearing of phytoseiid mites for testing and commercial application. Anderson, T.E. and N.C. Leppla eds., Advances in Insect Rearing for Research and Pest Management, Westview Press, Boulder, USA, 489-506.

Greenberg, S.M., D.A. Nordlund and E.G. King (1996) Mass production of *Trichogramma* spp.: experiences in the former Soviet Union, China, the United States and western Europe. Biocontrol News and Information 17 (3), 51N-60N.

Grenier, S. (1994) Rearing of *Trichogramma* and other egg parasitoids on artificial diets. Wajnberg, E. and S.A. Hassan eds., Biological Control with Egg Parasitoids, CAB International, Wallingford, UK, 73-92.

浜村徹三・真梶徳純 (1977) チリカブリダニの大量飼育と貯蔵. 森樊須・真梶徳純編, チリカブリダニによるハダニ類の生物的防除. 日本植物防疫協会, 東京, 46-49.

Hassan, S.A. (1981) Mass production and utilization of *Trichogramma*: 2. Four years successful biological control of the European corn borer. Med. Fac. Landbouww. Rijksuniv. Gent 46/2, 417-427.

Hassan, S.A. (1984) Massenproduktion und Anwendung von *Trichogramma*: 4. Feststellung der gunstigsten Freilassungstermine für die Bekämpfung des Maiszünslers *Ostrinia nubilalis* Hübner. Gesunde Pflanzen 36, 40-45.

Hassan, S.A. (1985) Massenproduktion und Anwendung von *Trichogramma*: 7. Siebenjahrige Erfahrungen bei der Bekämpfung des Maiszünslers *Ostrinia nubilalis* Hübner. Gesunde Pflanzen 37, 197-202.

Hassan, S.A. (1989) Selection of suitable *Trichogramma* strains to control the codling moth *Cydia pomonella* and the two summer fruit tortrix moths *Adoxophyes orana*, *Pandemis heparana* (Lep.: Tortricidae). Entomophaga 34, 19-27.

Hassan, S.A. and M.F. Guo (1991) Selection of effective strains of egg parasites of the genus *Trichogramma* (Hym., Trichogrammatidae) to control the European corn borer *Ostrinia nubilalis* Hb. (Lep., Pyralidae). J. Appl. Ent. 111, 335-341.

Hassan, S.A. and K.S. Hagen (1978) A new artificial diet for rearing *Chrysopa carnea* larvae (Neuroptera, Chrysopidae). Z. ang. Entomol. 86, 315-320.

Hassan, S.A., E. Stein, K. Dannemann und W. Reichel (1986) Massenproduktion und Anwendung von *Trichogramma*: 8. Optimierung des Einsatzes zur Bekämpfung des Maiszünslers *Ostrinia nubilalis* Hübner. J. Appl.Ent. 101, 508-515.

Heuttel, M.D. (1976) Monitoring the quality of laboratory-reared insects : A biological and behavioral perspective. Environ. Entomol. 5, 807-814.

Holling, C.S. (1959) Some characteristics of simple type of predation and parasitism. Can. Entomol. 91, 385-398.

Hopper, K.R., R.T. Roush and W. Powell (1993) Management of genetics of biological-control introductions. Annu. Rev. Entomol. 38, 27-51.

Hoy, M.A., D. Castro and D. Cahn (1982) Two methods for large scale production of pesticide-resistant strains of the spider mite predator *Metaseiulus occidentalis* (Nesbitt) (Acarina, Phytoseiidae). Z. ang. Entomol. 94, 1-9.

Leppla, N.C. and W.R. Fisher (1989) Total quality control in insect mass production for insect pest management. J. Appl. Ent. 108, 452-464.

Klemm, U., M.F. Guo, L.F. Lai and H. Schmutterer (1992) Selection of effective species or strains of *Trichogramma* egg parasitoids of diamondback moth. Telekar, N.S. ed., Diamondback Moth and Other Crucifer Pests, Proc. 2nd Intern. Workshop, 317-323.

Knipling, E.F. and J.U. McGuire Jr (1968) Population models to appraise the limitations and potentialities of *Trichogramma* in managing host insect populations. US Dep. Agric. Technol. Bull. 1387, 1-44.

河野達郎・杉野多万司 (1958) ニカメイチュウの被害茎の推定について　応動昆 2, 184-187.

Mackauer, M. (1976) Genetic problems in the production of biological control agents. Annu. Rev. Entomol 21, 369-385.

McMurtry, J.A. and G.T. Scriven (1965) Insectary production of phytoseiid mites. J. Econ. Entomol. 58, 282-284.

McMurtry, J.A. and G.T. Scriven (1966) Effects of artificial foods on reproduction and development of four species of phytoseiid mites. Ann. Entomol. Soc. Am. 59, 267-269.

Minkenberg, O.P.J.M. (1990) On seasonal inoculative biological control. PhD

Thesis, Wageningen Agricultural University, The Netherlands, 230 pp.

森樊須 (1993) 天敵農薬-チリカブリダニその生態と応用. 日本植物防疫協会, 東京, 130 pp.

森樊須・真梶徳純編 (1977) チリカブリダニによるハダニ類の生物的防除. 日本植物防疫協会, 東京, 89 pp.

Morrison, R.K. (1977) A simplified larval rearing unit for the common green lacewing. Southwest. Entomol. 2, 188-190.

Morrison, R.K. and E.G. King (1977) Mass production of natural enemies. Ridgway, R.L. and S.B. Vinson eds., Biological Control by Augmentation of Natural Enemies, Plenum Press, New York, 183-217.

Need, J.T. and P.P. Burbutis (1979) Searching efficiency of *Trichogramma nubilalae*. Environ. Entomol. 8, 224-227.

Nicholson, A.J. and V.A. Bailey (1935) The balance of animal populations. Part I. Proc. Zool. Soc. London, 1935, 551-598.

Niijima, K. and M. Matsuka (1990) Artificial diets for the mass production of Chrysopids (Neuropetra). Bay-Petersen, J. ed. The Use of Natural Enemies to Control Agricultural Pests. FFTC Book Series No. 40, 190-198.

Nordlund, D.A. and S.M. Greenberg (1994) Facilities and automation for the mass production of arthropod predators and parasitoids. Biocontrol News and Information 4 (12), 45N-50N.

Nordlund, D.A. and R.K. Morrison (1992) Mass rearing of *Chrysoperla* species. Anderson, T.E. and N.C. Leppla eds., Advances in Insect Rearing for Research and Pest Management, Westview Press, Boulder, USA, 427-439.

Ochieng, R.S., G.W. Oloo and E.O. Amboga (1987) An artificial diet for rearing the phytoseiid mite *Amblyseius teke* Pritchard and Baker. Exp. Appl. Acarol. 3, 169-173.

Pak, G.A. (1986) Behavioural variations among strains of *Trichogramma* spp. : a review of the literature on host-age selection. J. Appl. Ent. 101, 55-64.

Pak, G.A. (1988) Selection of *Trichogramma* for inundative biological control. PhD Thesis, Wagenignen Agricultural University, The Netherlands, 224 pp.

Pak, G.A., H.C.E.M. Buis, I.C.C. Heck and M.L.G. Hermans (1986) Behavioural variations among strains of *Trichogramma* spp. : Host-age selection. Entomol. Exp. Appl. 40, 247-258.

Pak, G.A. and T.G. van Heiningen (1985) Behavioural variations among strains of *Trichogramma* spp. : Adaptability to field-temperature conditions. Entomol. Exp. Appl. 101, 3-13.

Parr, W.J., H.J. Gould, N.H. Jessop and F.A.B. Ludlam (1976) Progress towards a biological control programme for glasshouse whitefly (*Trialeurodes vaporariorum*) on tomatoes. Ann. Appl. Biol. 83, 349-363.

Ramakers, P.M.J. (1984) Mass production and introduction of *Amblyseius mckenziei* and *A. cucumeris*. IOBC/WPRS Bull. 6 (3), 203-210.

Ramakers, P.M.J. and M.J. van Lieburg (1982) Start of commercial production and introduction of *Amblyseius mckenziei* Sch. & Pr. (Acarina : Phytoseiidae) for the control of *Thrips tabac*i Lind. (Thysanoptera : Thripidae) in glasshouses. Med. Fac. Landbouww. Rijksuniv. Gent. 47 (2), 540-545.

Scopes, N.E.A., S.M. Biggerstaff and D.E. Goodal (1973) Cool storage of some parasites used for pest control in glasshouses. Pl. Path. 22, 189-193.

Smith, S.M., J.R. Carrow and J.E. Laing eds. (1990) Inundative release of the egg parasitoid, *Trichogramma minutum* (Hym.; Trichogrammatidae) against forest insect pests such as the spruce budworm, *Choristoneura fumiferana* (Lep. : Trotricidae) : The Ontario Project 1982-1986. Mem. Entomol. Soc. Can. 153, 1-87.

Smith, S.M. and M. You (1990) A life system simulation model for improving inundative releases of the egg parasite, *Trichogramma minutum* against the spruce budworm. Ecol. Model. 51, 123-142.

Stinner, R.E. (1977) Efficacy of inundative releases. Annu. Rev. Entomol. 22, 515-531.

Tommasini, M.G. and G. Nicoli (1993) Adult activity of four *Orius species* reared on two preys. Bull. OILB/SROP 16 (2), 181-184.

Tommasini, M.G. and G. Nicoli (1996) Evaluation of *Orius* spp. as biological control agents of thrips pests : Further experiments on the existence of diapause in *Orius laevigatus*. IOBC/WPRS Bull. 19 (1), 183-186.

Van den Meiracker, R.A.F. (1994) Induction and termination of diapause in *Orius* predatory bugs. Entomol. Exp. Appl. 73, 127-137.

Van den Meiracker, R.A.F. (1999) Biocontrol of western flower thrips by heteropteran bugs. Ph.D thesis, Univ. Amsterdam, 147 pp.

Van Lenteren, J.C. (1993) Parasites and predators play a paramount role in pest management. Lumsden, R.D. and J.L. Vaughn eds., Pest Management : Biologically Based Technologies, American Chemical Society, Washington DC, 66-81.

Van Lenteren, J.C. (1998) Designing and implementing quality control of beneficial insects : towards more reliable biological pest control. STING 18, 1-31.

Van Lenteren, J.C. and G. Manzaroli (1999) Evaluation and use of predators and parasitoids for biological control of pests in greenhouses. Albajes, R., M.A. Gullino, J.C. van Lenteren and Y. Elad eds., Integrated Pest and Disease Management in Greenhouse Crops, Kluwer Academic Publishers, Dordrecht, The Netherlands, 183-201.

Van Roermund, H.J.W. (1995) Understanding biological control of greenhouse whitefly with the parasitoid *Encarsia formosa* : From individual behaviour to population dynamics. PhD Thesis, Wageningen Agricultural University, The Netherlands, 243 pp.

Vet, L.E.M. and J.C. van Lenteren (1981) The parasite-host relationship between *Encarsia formosa* Gah. (Hymenoptera : Aphelinidae) and *Trialeurodes vaporariorum* (Westw.) (Homoptera : Aleyrodidae) X. A comparison of three *Encarsia* spp. and one *Eretmocerus* sp. to estimate their potentialities in controlling whitefly on tomatoes in greenhouse with a low temperature regime. Z. ang. Ent. 91, 327-348.

Waage, J.K., K.P. Carl, N.J. Mills and D.J. Greathead (1985) Rearing entomophagous insects. Singh, P. and R.F. Moore eds., Handbook of Insect Rearing vol. I, Elsevier, Amsterdam, 44-66.

Wührer, B.G. and S.A. Hassan (1993) Selection of effective species / strains of *Trichogramma* (Hym., Trichogrammatidae) to control the diamondback moth *Plutella xylostella* L. (Lep., Plutellidae). J. Appl. Ent. 116, 80-89.

Xu, R. (1982) Population dynamics of *Trialeurodes vaporariorum* (greenhouse whitefly) : some comments of sampling techniques and prediction of population development. Z. ang. Entomol. 94, 452-465.

Yano, E. (1981) Greenhouse whitefly *Trialeurodes vaporariorum* (Westw.) (Hom., Aleyrodidae) in Japan and possibilities for its control by *Encarsia formosa* (Hym., Aphelinidae). Z. ang. Ent. 92, 364-370.

矢野栄二・腰原達雄 (1984) オンシツコナジラミ成虫の発生調査法. 野菜試報　A.12,

85-96.

Yano, E. (1987) Control of the greenhouse whitefly, *Trialeurodes vaporariorum* Westwood (Homoptera : Aleyrodidae) by the integrated use of yellow sticky traps and the parasite *Encarsia formosa* Gahan (Hymenoptera : Aphelinidae). Appl. Entomol. Zool. 22, 159-165.

矢野栄二 (1987) 第2章天敵昆虫の利用，第1節大量生産と放飼技術，第1項昆虫への利用. 岡田斉夫・坂斉・玉木佳男・本吉總男編，バイオ農薬・生育調節剤開発利用マニュアル. エルアイシー，東京，89-107.

矢野栄二 (1988) オンシツコナジラミとその寄生蜂*Encarsia formosa* Gahanの個体群動態に関する研究. 野菜茶試研報　A.2, 143-200.

Yano, E. (1989 a) A simulation study of population interaction between the greenhouse whitefly, *Trialeurodes vaporariorum* Westwood (Homoptera : Aleyrodidae) , and the parasitoid *Encarsia formosa* Gahan (Hymenoptera : Aphelinidae). I. Description of the model. Res. Popul. Ecol. 31, 73-88.

Yano, E. (1989 b) A simulation study of population interaction between the greenhouse whitefly, *Trialeurodes vaporariorum* Westwood (Homoptera : Aleyrodidae) , and the parasitoid *Encarsia formosa* Gahan (Hymenoptera : Aphelinidae). II. Simulation analysis of population dynamics and strategy of biological control. Res. Popul. Ecol. 31, 89-104.

Yano, E., K. Watanabe and K. Yara (2002) Life history parameters of *Orius sauteri* (Poppius) (Heteroptera : Anthocoridae) reared on *Ephestia kuehniella* eggs and the minimum amount of the diet for rearing individuals. J. Appl. Ent. 126, 389-394.

You, M. and S.M. Smith (1990) Simulated management of an historical spruce budworm population using inundative parasite release. Can. Entomol. 122, 1167-1176.

第5章　永続的利用

1．永続的利用の歴史

永続的利用（伝統的生物的防除）の歴史は，1888年のカリフォルニアでのベダリアテントウによるイセリアカイガラムシ防除の画期的成功に始まる．イセリアカイガラムシはカリフォルニアのカンキツ栽培に壊滅的被害を与えていたが，原産地のオーストラリアにおけるこのテントウムシの発見，導入により，1年後には抑圧された．その後アメリカでは天敵の永続的利用が盛んになり，他の国でも試みられるようになった．第二次大戦以前にすでに多くの成功例が記録されているが，特に1910〜1920年代は成功率が高かった．戦後1950年代に導入例数は回復したが，成功率が低下するようになった．最近は成功率が回復しつつある．

イギリスの国際生物的防除研究所（IIBC）では，Clausen（1978）や他の永続的利用に関する総説に基づき，1990年までの害虫防除のための捕食者，捕食寄生者の導入記録と防除の成否に関するデータベースBIOCATを構築した．これによると543種の害虫に対し2,011種の天敵が導入され，導入記録は4,769件，そのうち定着例が1,445件，防除成功例が517件となっている（Greathead and Greathead, 1992）．防除対象害虫の種類は，導入例，成功例ともにカメムシ目，特にカイガラムシ類とコナカイガラ類の比率が高い．次いでチョウ目害虫を対象とする導入事例が多いが，土着害虫に対する導入天敵の放飼が主体であり成功率は低い．しかしコナガやジャガイモガに対しては複数の成功例が報告されている．導入・放飼された天敵の種類は寄生蜂が主体で，テントウムシなどの捕食者，ヤドリバエ類も利用されている．寄生蜂はコマユバチ類，ヒメバチ類，ツヤコバチ類，トビコバチ類，ヒメコバチ類が主要種となっている．永続的利用が図られている地域は，北米，オセアニアなど新大陸や，ハワイ，バミューダ，フィジー，モーリシャスなど島しょ地域が多く，ユーラシア大陸やアフリカ大陸は相対的に事例が少ない．

永続的利用の著名な成功例についてはいくつかの本で紹介されている(Debach, 1964 ; DeBach and Rosen, 1991 ; Clausen, 1978). 本章では最近の具体例として，わが国におけるヤノネカイガラムシ，クリタマバチの防除，アフリカにおけるキャッサバコナカイガラの防除および米国におけるトネリココナジラミの防除について紹介する.

2. 永続的利用の手順

永続的利用では通常，次に述べる九つの段階を踏む(van Driesche and Bellows, 1996).

(1) 防除対象害虫の選択と評価

永続的利用のための天敵導入プログラムを立案する前に，防除対象害虫を明らかにして，天敵導入による防除が適しているかどうか生物学的，経済的，社会的，行政的および組織的側面から評価しなければならない. 生物学的には，対象害虫の原産地と原産地における害虫としての重要度が問題である. もし原産地で重要害虫でなければ害虫の侵入地域への天敵導入が成功する可能性がある. 経済的には，害虫のもたらす被害が天敵導入を図る必要があるほど深刻であるか，天敵導入によって害虫の被害が大幅に軽減されるかどうかが問題である. 社会的には，天敵導入に関して利害の対立が無いかどうかが問題となる. 例えば導入天敵が対象害虫以外の貴重な種を攻撃するとすれば，そのリスクと導入による便益をともに考慮する必要がある.

(2) 予備的な分類学的作業と野外調査

対象害虫の分布，生活史，寄主範囲，害虫としての重要度，天敵相などを文献から確認しなければならない. また天敵の放飼予定地点で予備的な野外調査を行い，対象害虫の土着天敵およびその影響を把握しておく.

(3) 天敵探索地域の選択

導入する天敵の探索地域の選択には4通りの考え方がある. 対象害虫の天

敵，対象害虫の近縁種の天敵，対象害虫と生態学的に似た種の天敵，対象害虫と分類学的にも生態学的にも関係のない種の天敵の探索である．イセリアカイガラムシに対するベダリアテントウの利用をはじめ，多くの著名な永続的利用では，対象害虫の原産地において害虫の天敵を探索している．害虫の原産地の特定には，その地理的分布の中心，主要な寄主植物の分布域，害虫が天敵の影響で低密度に保たれている地域，害虫の天敵相特に特異的な天敵相の豊かな地域，害虫の近縁種の多い地域などを参考にする．対象害虫に特異的な天敵は，害虫と長く相互関係を保っているため天敵が害虫によく適応していると思われる．対象害虫と全く関係を持たないか，もしくは緊密な関係を持たない天敵の利用が成功することがある．そのため対象害虫の近縁種の天敵や，生態学的に似た種の天敵の探索が行われることもある．近年唱えられた新結合（new association）理論は，このような新しい害虫と天敵の相互関係の方が天敵が有効に働くとする説である（Hokkanen and Pimentel, 1984）．しかし基本的には対象害虫の天敵の探索を主眼とするべきであろう．

（4） 採集する天敵の選択

採集する天敵は害虫抑圧効果が高く，しかも安全な種を選択しなければならない．どのように選択するかについてはこれまで多くの議論がある．天敵の永続的利用で一般に最も重視されるのは，寄主特異性である．単食性もしくは少食性の種が利用される．害虫防除のため導入される天敵としては，脊椎動物，病原微生物，寄生性もしくは捕食性昆虫（ダニを含む）が考えられるが，脊椎動物の利用に関しては，蚊の防除にカダヤシ（魚の1種）が利用された例がある位で，ほとんど行われていない．また脊椎動物天敵の導入は土着生物に悪影響を与える可能性もあり，害虫防除以外の目的でも現在は実施されていない．病原微生物の導入による害虫防除もほとんど成功例は無い．害虫防除の目的で導入される天敵はほとんどすべて捕食寄生者もしくは捕食性昆虫である．一般的には，捕食寄生者の方が捕食者より寄主特異性が高いためよく導入される．

探索の結果，複数の導入候補種が得られた場合，放飼前に比較して有効な天敵を選択するのが理想である．しかし室内実験や個体群モデルからの予測は極めて困難である．このような導入前の事前評価は放飼増強法では有効であるが，永続的利用では天敵の移動分散，野外における寄主，二次捕食寄生者の影響など，放飼した導入天敵の定着や増殖に関わる要因の評価は難しい．むしろ放飼場所と原産地における天敵，寄主，気象条件に関する情報や，可能であれば放飼場所における野外試験に基づいて決める方がよいと思われる．

(5) 天敵の探索，採集および輸送

天敵の探索地域や探索する天敵の種類が決まれば，探索旅行を計画する．外国での探索が行われる場合も多く，関係当局の許可が必要である．採集された天敵は通常，検疫施設へ送られる．探索は異なる季節，高度，気候を考慮して行わなければならない．寄主の発生初期と後期では天敵相が異なることにも注意が必要である．天敵の探索は，地理的にできるだけ広い範囲で，十分離れた多くの採集地点について，少しずつ採集するようにした方がよい．

(6) 検　疫

採集された天敵は，検疫のための隔離施設において，天敵に寄生している二次捕食寄生者や病原体などの有害生物が取り除かれる．またこれに引き続き，放飼の準備段階として天敵の飼育により，対象害虫で生活史を完了できるか，二次寄生性が無いか，腐食性が無いかなどの検査も行われる．

(7) 安全性評価

天敵の安全性評価としては，一般的に寄主範囲が調査される．雑草防除に植食性昆虫を利用する場合は，有用植物や貴重な植物を加害する可能性が無いかどうかの確認のため，かなり綿密な寄主特異性試験が検疫施設の閉鎖環境下で行われる．導入される天敵が寄生性天敵の場合，寄主範囲はある科の

特定の属や数種に限定されることが多い．また対象害虫への効果の面から，寄主特異性の高い寄生性天敵が導入される傾向が強い．したがって害虫の天敵に対して，それほど厳密な寄主特異性試験は行われてこなかった．また室内実験で寄主範囲を正確に推定する手法の開発も不十分である．しかし永続的利用のため導入する天敵の環境影響の事前評価は，重視される傾向にあるため，事前評価で最も重要な評価項目と思われる寄主特異性の試験の開発が待たれる．

(8) 野外放飼と天敵の定着

放飼後の天敵の定着は永続的利用における重要なステップである．天敵の定着が失敗する主要な原因としては，天敵の放飼場所の気象条件への不適応と対象害虫に対する選好性の欠如である．気象条件としては，極端な温湿度，降雨および日長が考えられる．日長に関連する問題として天敵の休眠がある．対象害虫に対する選好性については，原産地における野外調査で十分確認しなければならない．放飼プログラムそのものも天敵の定着の可能性に影響する．一般的には，多数の頑健な発育ステージの天敵を，寄主密度の高い安全な環境に放飼すれば定着率は高くなる．天敵の定着には，繰り返し放飼が必要である．放飼回数が少ないとしばしば天敵は定着に失敗する．定着したか否かの確認は，寄主のサンプリングに基づいて判断される．天敵放飼1年後もしくはそれ以後における導入天敵の繁殖集団の存在に基づいて判断する．

(9) 天敵の有効性と放飼プログラムの評価

放飼した導入天敵の定着が確認されたならば，防除対象害虫に対する効果の評価を行う．この評価は放飼プログラムの完了に関連して極めて重要である．もし放飼点で十分な効果があれば，放飼点からより離れた地域での効果の確認を継続する必要があり，効果が無ければ別の種の導入，放飼を考慮する必要性も出てくる．対象害虫に対する天敵導入の効果は最初数世代は安定しないので，対象害虫との関係が安定した状態になるまで調査を継続する．

害虫密度が天敵放飼後に低下したとしても，それだけで天敵導入による抑圧の直接の証明にはならない．天敵の効果の客観的評価法としては，天敵除去区を人為的に作成する実験的方法と，放飼前と放飼後に生命表を作成して比較する方法がある（第6章参照）．

3．永続的利用の実例

（1）ヤノネカイガラムシに対する導入寄生蜂の利用

ヤノネカイガラムシは，1908年にわが国で初めて発見されたカンキツ類の侵入害虫である．原産地と見られる中国からの天敵導入の必要性は以前から指摘されていたが，1980年になってようやく中国の協力のもとに天敵の探索が行われ，四川省重慶で採集された2種の寄生蜂がわが国に導入された．1種は新種であることが判明し，*Aphytis yanonensis* DeBach et Rosen（和名ヤノネキイロコバチ，図5.1）と命名された．もう1種は *Coccobius fulvus*（Compere et Annecke）（和名ヤノネツヤコバチ，図5.2）と同定された．導入後，両種の生態的特性や寄生能力などについては，静岡県柑橘試験場と果樹試験場口之津支場（現果樹研究所カンキツ研究部）で研究が行われ，ヤノネカイガラムシの生物的防除にきわめて有望な種であることが明らかとなった．野外放飼は1982年から静岡，長崎両県で開始された．その後事業化により，全国的規模で大量増殖と野外放飼が推進された（古橋・西野，1984）．

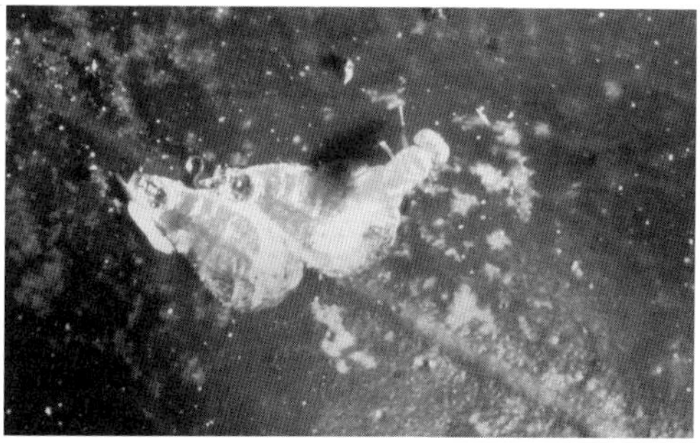

図5.1 ヤノネカイガラムシを攻撃中のヤノネキイロコバチ成虫（写真，古橋嘉一氏）

ヤノネキイロコバチ（以下キイロコバチと略記）とヤノネツヤコバチ（以下ツヤコバチと略記）は，かなり対照的な寄生習性や生態的特性をもつ．前者は外部寄生蜂で2齢幼虫や未成熟成虫に主として寄生する

図 5.2　ヤノネカイガラムシとヤノネツヤコバチ成虫（写真，古橋嘉一氏）

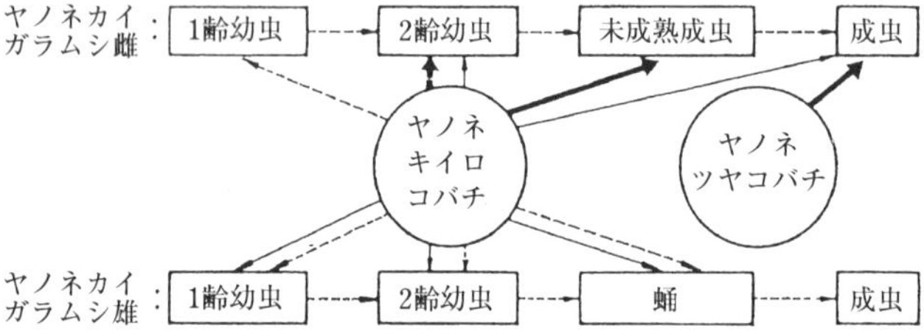

図 5.3　ヤノネカイガラムシの発育過程と各発育ステージに対するヤノネキイロコバチとヤノネツヤコバチの攻撃（古橋・西野，1984）
実線は産卵，破線は寄主体液摂取を示す．線の太さは攻撃の強さを示す．

のに対し，後者は内部寄生蜂で雌成虫のみに寄生する（古橋・西野，1984；Takagi, 1991）（図 5.3）．両種とも寄生された寄主と，そうでないものを識別することができる（Takagi，1991）．繁殖様式はキイロコバチが産雌単性生殖で，ツヤコバチは産雄単性生殖である．25 ℃における卵・幼虫期の発育期間は，キイロコバチは 15.0 日，ツヤコバチは 27.1 日であり（Furuhashi and Nishino，1983；緒方，1987），また生涯産卵数は，キイロコバチは 17.3 または 18.7 個，ツヤコバチは 60.6 個である（Takagi and Ogata，1990）．野外ではキイロコバチは年 10〜12 世代，ツヤコバチは年 4〜5 世代を経過すると考えられている（Furuhashi and Nishino，1983）．キイロコバチは発育が速いため，ツヤコバチの3分の1の産卵能力しかないのにかかわらず，内的自然増加率はより高くなる (Takagi and Ogata, 1990) (表5.1)．共寄生した場合の種間競争でも，つねにキイロコバチがツヤコバチより優勢である (杉浦・高木, 1996)．しかし野外調査では，実際の共寄生率は10％程度に留まっていた (杉浦・高木, 1992)．

野外に放飼された両種の寄生蜂は高い防除効果を示した．1981年7月に沼津市で，6, 7月に清水市で放飼されたキイロコバチは，その年のうちに80％前後の寄生率を示した (Furuhashi and Nishino, 1983；古橋・西野, 1984) (図5.4)．長崎県の果樹試験場口之津支場では，1981年6月に温州ミカン園で両種が同時放飼された．キイロコバチの寄生率は1981年11月には60％に達したが，越冬後寄生率が低下した．ツヤコバチの初期の増殖率は低かったが，1982年になって増加し，ヤノネカイガラムシの密度低下後も高い寄生

表5.1　25℃におけるヤノネキイロコバチとヤノネツヤコバチの増殖能力 (Takagi and Ogata, 1990)

	純増殖率 R_0	平均世代時間 T (日)	内的自然増加率/雌/日	
			r_m	r_c
ヤノネキイロコバチ	18.6	17.4	0.171	0.168
ヤノネツヤコバチ	30.45－1	33.9	0.105	0.101

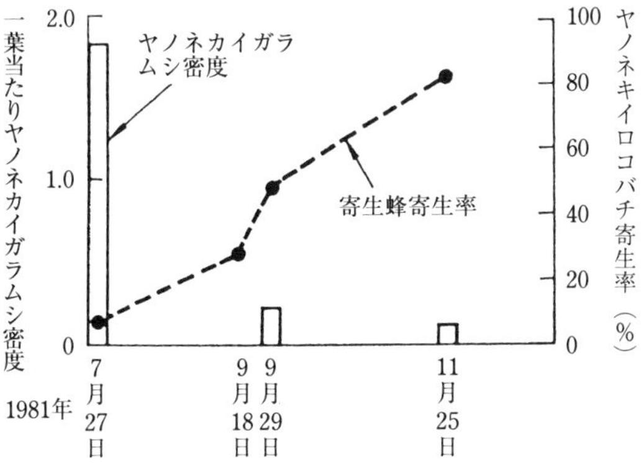

図5.4　沼津市西浦のミカン園におけるヤノネキイロコバチ放飼後のヤノネカイガラムシ密度と寄生蜂の寄生率の推移 (古橋・西野, 1984)

率が維持された（高木，1983；高木・氏家，1986）．両種の寄生蜂の働きにより，1980年には52.8％であったヤノネカイガラムシの被害果率は，1984年には4.3％に低下した．九州各県で1981年以後放飼事業が行われた結果，キイロコバチはすみやかに分散し，1987年に九州のミカン園ではどこでも見られるようになった（図5.5）．ツヤコバチは放飼後4，5年経過しても放飼点から1 km以内に留まっていた（大久保ら，1988；橋元ら，1988）．

Takagi and Hirose（1994）は，野外における両種寄生蜂およびヤノネカイガラムシの動態調査および室内における生態調査の結果から，両種が野外で共存する理由について考察した．キイロコバチの方が増殖率が高く，直接の競争においても優勢であり，野外でも1種のみの優占種として存在してもよいように思えるが，発育期間や産卵期間が短いため，ヤノネカイガラムシが低密度になるとヤノネカイガラムシだけで集団を存続することはできない．しかし多食性で分散能力も高いため，寄主転換を行い他種のカイガラムシも利用していると思われる．ヤノネカイガラムシが高密度の場合は，高い増殖能力により密度を低下させる能力を示す．一方，ヤノネカイガラムシに特異

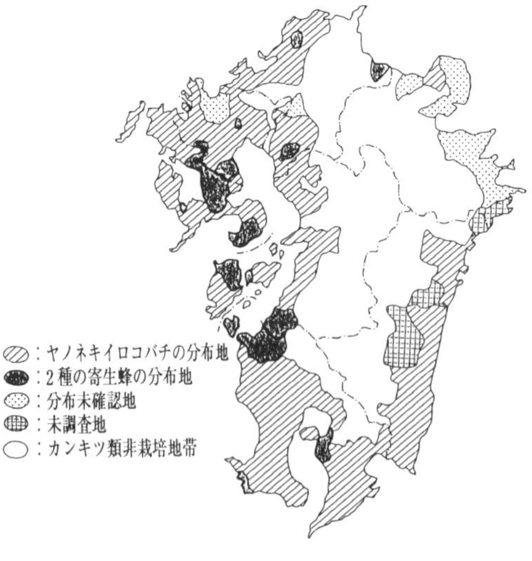

図5.5　1987年の九州におけるヤノネキイロコバチとヤノネツヤコバチの分布（橋元ら，1988）

表 5.2　ヤノネキイロコバチとヤノネツヤコバチの生態学的特性の比較（Takagi and Hirose, 1994）

生態学的特性	ヤノネキイロコバチ	ヤノネツヤコバチ
産卵能力	低い	高い
発育	速い	遅い
増殖様式	産雌単性生殖	産雄単性生殖
雌成虫寿命	短い	長い
攻撃する寄主	未成熟成虫	成虫
種間競争	優勢	劣勢

的なツヤコバチは，産卵期間が長いため，低密度のヤノネカイガラムシを利用して集団を維持し，ヤノネカイガラムシを低密度に保っていると考えられる (表 5.2)．結局，ヤノネカイガラムシが高密度ではキイロコバチ，低密度ではツヤコバチが有効に働き，両種が相補的に機能してヤノネカイガラムシを抑圧したと結論された．しかし和歌山県における調査では，1987 年の両種の放飼後ツヤコバチだけが高い寄生率を示し，1994 年にはヤノネカイガラムシの密度を約 100 分の 1 にまで低下させた (Itioka *et al.*, 1997)．

(2) クリタマバチに対する導入寄生蜂の利用

チュウゴクオナガコバチ *Torymus sinensis* Kamijo (図 5.6) は，中国ではクリタマバチの土着有力寄生蜂である．わが国には 3 回にわたって導入され，

図 5.6　チュウゴクオナガコバチ成虫 (写真，守屋成一氏)

特に1982年にはかなり大量のクリタマバチ採集ゴールから羽化した寄生蜂が，熊本県と茨城県で放飼された．熊本県ではチュウゴクオナガコバチは定着したものの，寄生率が当初6年間は極めて低く0.5％程度であった．その後1989年になってようやく上昇し始めた（村上，1997）（図5.7）．一方，茨城県で放飼された集団は順調に定着し，放飼3年後から寄生率が上がり始

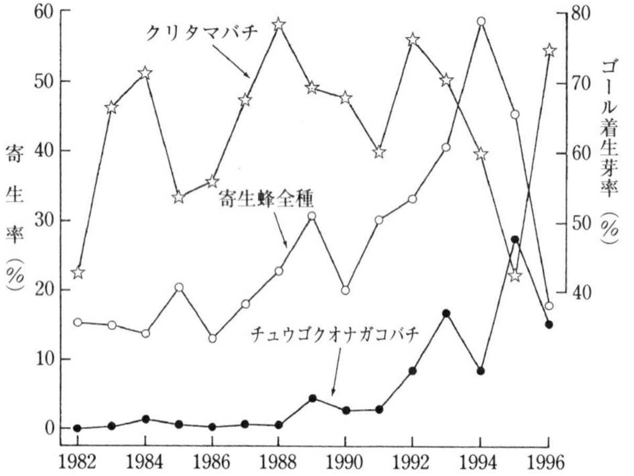

図5.7　熊本県大津町の放飼園におけるクリタマバチとチュウゴクオナガコバチおよび寄生蜂全種合計の寄生率の年次変動（村上，1997）

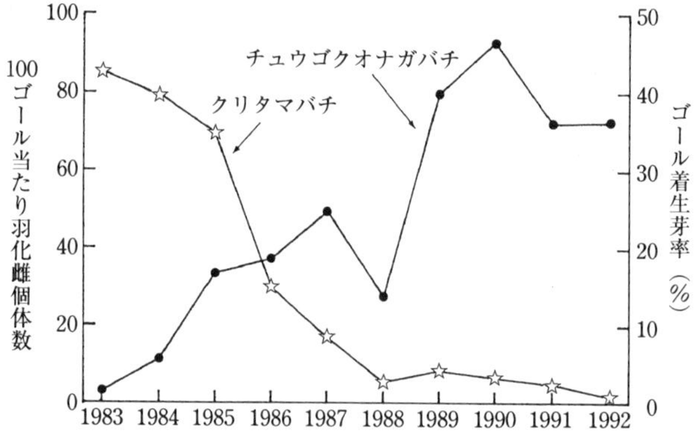

図5.8　茨城県つくば市におけるクリタマバチとチュウゴクオナガコバチの密度の年次変動（Moriya et al., 1989より村上，1997が作成）

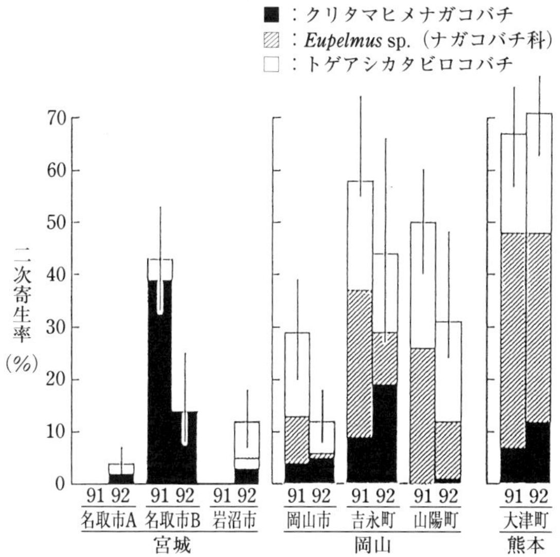

図 5.9 宮城，岡山，熊本県におけるクリマモリオナガコバチに対する二次寄生（村上ら，1994）

め，1989年にはクリタマバチの被害芽率を数%にまで低下させた（Moriya *et al.*, 1989, 1990）（図 5.8）．村上ら（1994）は，近縁の土着種であるクリマモリオナガコバチ *Torymus beneficus* Yasumatsu et Kamijo に対する二次捕食寄生者の影響が西日本でより強いことから（図 5.9），熊本県で放飼されたチュウゴクオナガコバチについても，二次捕食寄生者の影響で寄生率が当初上昇しなかったと考察している．チュウゴクオナガコバチの生態は，クリマモリオナガコバチとの比較において多くの研究が行われている．クリマモリオナガコバチには羽化時期の異なる2系統が存在し，チュウゴクオナガコバチとは，羽化時期，胸部に対する産卵管鞘の相対長の違い（図 5.10）および酵素多型で識別できることが明らかとなった（Ôtake, 1987；伊澤ら，1992）．チュウゴクオナガコバチはクリマモリオナガコバチと比べ，羽化時期がクリタマバチとよく同調し，産卵能力も高く（朴・守屋 1992 a，b）（表 5.3），産卵管が長いためにゴール内の寄主幼虫への産卵が容易である（Moriya *et al.*, 1990）等，クリタマバチの生物的防除に利用する天敵として多くの優れた性

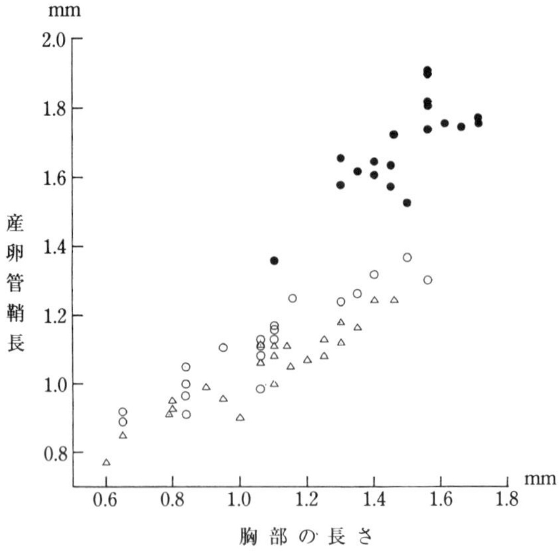

図5.10　チュウゴクオナガコバチ（黒丸），クリマモリオナガコバチ（白丸）および晩期羽化型（白三角）の胸部長と産卵管鞘長の関係（Ôtake, 1987より村上，1997が作成）

表5.3　チュウゴクオオナガコバチ（Ts）とクリマモリオナガコバチ（早期羽化型TbEおよび晩期羽化型TbL）雌成虫の自然温度条件下での産卵と生存（朴・守屋，1992a）

種および型	平均生涯産卵数	平均産卵前期間（日）	寿命（日）		調査期間
			雌	雄	
Ts	71.0	4.8	33.9	21.4	4月9日～5月28日
TbE	25.6	12.5	44.6	26.2	3月24日～6月2日
TbL	18.8	5.5	40.1	22.7	4月12日～6月7日

質をもつことが示された．なお，チュウゴクオナガコバチによるクリタマバチの生物的防除については，村上（1997）の本に詳しく紹介されている．

（3）キャッサバコナカイガラに対するトビコバチ *Epidinocarsis lopezi* の利用

キャッサバコナカイガラ *Phenacoccus manihoti* Matile-Ferreroは，1973

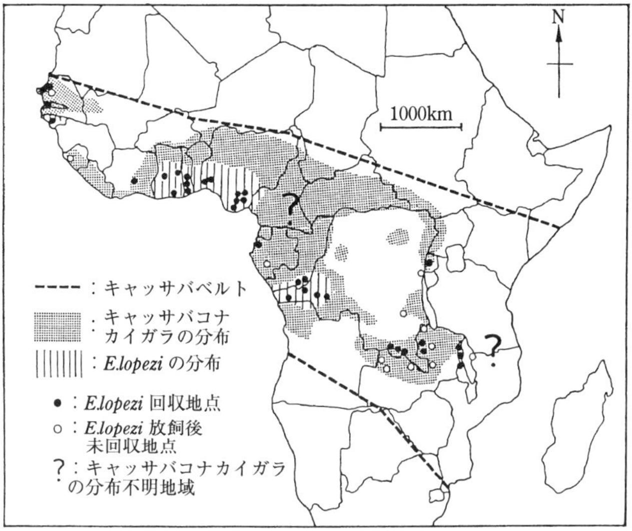

図 5.11　1986 年末におけるアフリカ内のキャッサバコナカイガラと *E. lopezi* の分布 (Neuenschwander and Herren, 1988)

年にコンゴとザイールでキャッサバを加害しているのが確認された．発生確認から 2，3 年で重要害虫となり，1986 年にはアフリカのキャッサバ栽培地帯の 70 %，25 カ国にまで広がった (図 5.11)．この害虫はキャッサバの生長点の萎縮と落葉を引き起こし，84 %ものイモの減収をもたらす．被害が甚大でかつ広域にわたっていたため，原産地からの天敵の導入を試みることになった．キャッサバコナカイガラの原産地は中南米である．1977 年から 1981 年にかけ，英連邦生物的防除研究所 (CIBC 後の IIBC) と国際熱帯農業研究所 (IITA) が共同して中南米で天敵探索を行ったが，よく似た近縁種と混同されたこともあり，キャッサバコナカイガラはなかなか発見できなかった．1981 年にようやくパラグァイで発見され，採集された天敵は CIBC における検疫を経て IITA に送られた．その中にトビコバチ *Epidinocarsis lopezi* (De Santis) が含まれていた (Neuenschwander and Herren, 1988)．

E. lopezi は内部寄生性の一次捕食寄生者である．寄主の 2 倍の速度で発育し，発育の最適温度は 27 ℃である．成虫はコナカイガラに加害されたキャ

ッサバの出す揮発性のにおいに誘引される（Nadel and van Alphen, 1986）．またコナカイガラのワックスが，摂食化学物質として成虫の定着に関与している（Langenbach and van Alphen, 1986）．成虫は寄生と寄主体液摂取によりコナカイガラの幼虫を攻撃する（Kraaijeveld and van Alphen, 1986）．1雌当たりの生涯産卵数は40～67個，平均寿命は約10日である．

IITAでは1981年から*E. lopezi*の放飼を開始した（Lema and Herren, 1985）．寄生蜂はよく定着するとともに急速に分布を広げ，3年後の1984年にはナイジェリア南西部のキャッサバ畑の70％で見られるようになった（Herren *et al.*, 1987）．その後アフリカの他の多くの国で放飼され定着した（図5.11）．*E. lopezi*の効果は野外におけるコナカイガラの個体数調査と野外実験により評価された．個体数調査はナイジェリアのIbadanとAbeokutaの2地点で2品種（通常品種とIITAで育成した病害抵抗性品種）のキャッサバについて行われた．コナカイガラ密度はより乾燥したAbeokutaで高く，また生長の旺盛な病害抵抗性品種の方がコナカイガラの被害は少なかった．コナカイガラの発生のピークは常に乾季の後半であった．*E. lopezi*の放飼後，コナカイガラの密度は大幅に低下した．ナイジェリア南西部では*E. lopezi*の放飼前と放飼翌年では被害株率が88％から23％に低下し，コナカイガラの密度は約100分の1となった．野外実験ではスリーブのあるケージを利用した天敵除去試験と，薬剤散布による天敵除去試験が行われた（Neuenschwander *et al.*, 1986）（図5.12）．スリーブを開放して*E. lopezi*がケージ内のキャッサバ上のコナカイガラを攻撃できるようにすると，スリーブを閉じてコナカイガラを保護した場合に比べ，コナカイガラの密度は最低7分の1にまで低下した．薬剤散布による天敵除去区では，ピーク時にコナカイガラの密度が芽当たり200頭にまで達したが，除去しない区ではおおよそ常に10頭程度で推移した．

この大規模な生物的防除の事業は，国際研究機関や欧米の研究者の国際協力に基づいて行われ見事な成功を収めた．畑作物害虫に対する導入天敵の利用の成功という点でも特筆される．

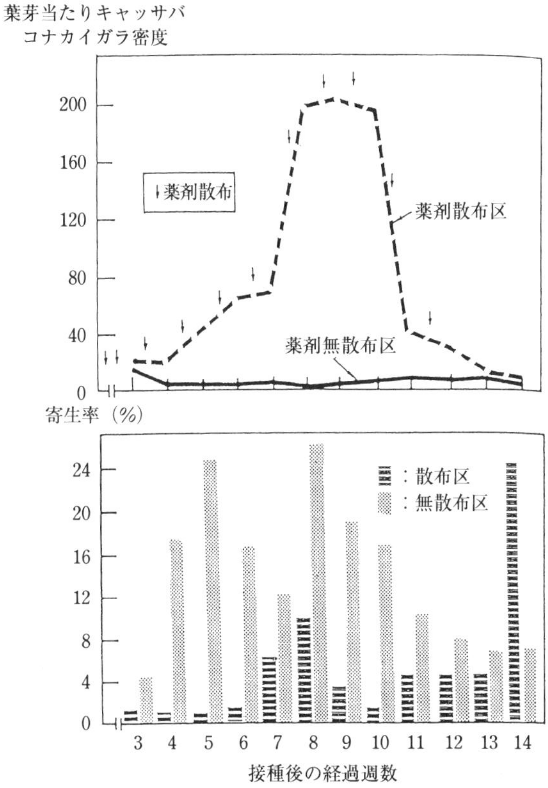

図 5.12　薬剤散布区と無散布区におけるキャッサバコナカイガラの密度変動と *E. lopezi* による寄生率の変動（Neuenschwander et al., 1986）

(4) トネリココナジラミに対するツヤコバチ *Encarsia inaron* の利用

トネリココナジラミ *Siphoninus phillyreae*（Haliday）は，イベリア半島，ポーランド，インドおよびサハラ地域まで広く分布する種であるが，ほとんど被害をもたらすことはなかった．しかし 1988 年にカリフォルニアで発見された時，すでに 70 万 ha の地域で都市の緑化木を主体とする 50 種にのぼる樹木の害虫となっていた．多くの植物のすべての葉がコナジラミの幼虫で覆われ，土着天敵は全く効果が無かった．分布はさらにカリフォルニア全域

表5.4　*Encarsia inaron* の存在とトネリココナジラミの純増殖率 R_0（Gould *et al.*, 1992）

場所	*E. inaron* が存在する	*E. inaron* が存在しない
放飼区1	0.4	(3.1)
放飼区2	1.1	(5.5)
無放飼区1	–	6.0
無放飼区2	–	2.9

（注）括弧内の R_0 は放飼区の *E. inaron* に寄生された個体がすべて非寄生個体と同じ死亡要因で死亡したと仮定して計算した．

からアリゾナやネバダにまで広がった．トネリココナジラミについては，比較的既往文献があり天敵相についても知られていた．地中海地域の研究者の協力と天敵探索の結果，数種のツヤコバチとテントウムシが米国に導入された．

導入された天敵の中で，イスラエルから導入されたツヤコバチ *Encarsia inaron*（Walker）が大量生産の後放飼された．このツヤコバチはあらゆる放飼点でよく定着，増殖し，コナジラミの密度を低下させた．南カリフォルニアではコナジラミの密度は100分の1に低下し，寄生率は90％に達した．コナジラミの分布はハワイやニューメキシコにまで拡大したため，この寄生蜂の導入が引き続き行われた（Van Driesche and Bellows, 1996）．*E. inaron* による生物的防除の評価のため，放飼点と対照区におけるコナジラミの生命表の比較が行われた．寄生蜂は2齢から4齢のコナジラミ幼虫の高い死亡率をもたらした．放飼区ではコナジラミの純増殖率は1かそれ以下となったに対し，対照区では1より大きくなった（表5.4）．寄生蜂の影響により，コナジラミの密度が増加から減少傾向に変化したことを示している（Gould *et al.*, 1992）．この生物的防除は，天敵の研究者の国際協力により天敵の導入が迅速に行われた例である．*E. inaron* の導入に際しては，非対象生物への影響評価や導入のリスク・便益分析が行われた（第8章参照）．

4．永続的利用の理論

(1) 永続的利用の生態学的背景

多くの導入天敵の永続的利用は侵入害虫に対して行われる．永続的利用の基本的概念では，侵入害虫は原産地では天敵の影響により低密度に保たれているとしている．害虫が何らかの原因で天敵の影響から免れるようになると，多発して害虫化する．昆虫が天敵の存在しない新しい環境に侵入した場合も，侵入害虫として脅威を与える可能性が出てくる．そこで害虫の原産地において害虫を制御している天敵を導入してやれば，新しい環境で害虫と天敵の関係が再構築され害虫が抑圧できる（Van Driesche and Bellows, 1996).

しかしながら，原産地の害虫の密度が天敵の影響により低密度に保たれているとする前提は，一般的に成立しているわけではない．例えば害虫の種類によっては，気候要因が非常に影響が大きく，天敵による死亡は重要ではないこともある．厳密には侵入害虫の原産地で，天敵の影響による死亡が重要であることを生命表や実験的手法で証明した方がよい．原産地では害虫は複数種の天敵に影響されており，天敵も厳しい種間競争にさらされている．それらの天敵をすべて導入することは現実には不可能であろうし，新しい環境で原産地における害虫と天敵の組み合わせの完全な再構築はできない．また導入場所における，より単純化された侵入害虫と導入天敵の動態の予測は困難であろう．

侵入害虫だけでなく，土着害虫に対しても天敵導入が行われることもある(neoclassical biological control)．成功例はまだ多くはないが，新結合理論がこの方法の妥当性に対する一応の説明になっている．しかし導入天敵の環境影響を考慮して，むやみに天敵導入を行うべきではないとする立場からは，この方法は批判されている．

(2) 導入天敵のもつべき特性

Coppel and Martins (1977) は，導入天敵に望まれる生物学的特性として，生態学的適合性，時間的な同調性，密度依存的反応，増殖能力，寄主探索能力，分散能力，寄主特異性と適応，代替寄主や代替餌の利用，二次寄生性の欠如，飼育の可能性をあげた．生態学的適合性とは，導入天敵と対象害虫の生態学的要求が類似していることである．そのため対象害虫の原産地や生態学的に似通った地域で天敵が探索される．密度依存的反応は個体群生態学的概念であり，一般に機能の反応と数の反応に分けて考えられている（第1章参照）．密度依存的反応，増殖能力，寄主探索能力などの重要性は，個体群動態理論から推測されている．

Huffaker *et al.* (1976) は，基本的特性として，物理的環境変動への適応，探索能力，増殖能力，捕食または寄生能力および寄主の生活史との同調性等の要因をあげ，対象害虫を抑圧する能力という観点から，探索能力の重要性を指摘した．Waage (1990) は，天敵の特定の性質に注目して，有望種を選択する考え方を還元主義的アプローチと呼んだ．この考え方は天敵の事前評価に便利に思えるが，それぞれの望ましい特性は相互に関連していることが多い．例えば増殖能力と探索能力，増殖能力と

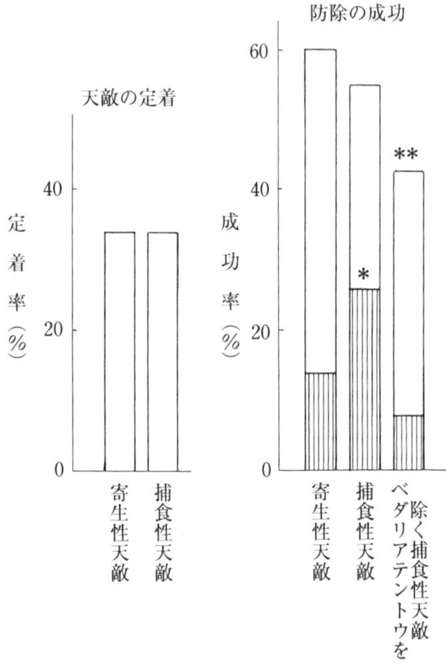

図 5.13　導入天敵の寄生性・捕食性の違いによる天敵導入の結果（Hall and Ehler，1979 および Hall et al.，1980 より広瀬，1987 が作図）

防除の成功で白柱が全成功の例，黒柱が全成功例中の完全成功例．* は危険率5%，** は危険率1%で寄生性天敵と有意差があることを示す．

競争能力の関係には負の相関があると考えられる．一方，探索能力と天敵間の相互干渉には正の相関があると思われる．特に負の相関，つまり二つの特性がトレードオフの関係になっている場合は問題である．そういうこともあって，望ましいすべての特性を兼ね備えた天敵は存在しない．しかし寄主範囲，寄主との同調性，増殖能力，寄主探索能力および飼育の可能性は，一般に重視される特性である．

どのような天敵が永続的利用に望ましいかに関しては，捕食性天敵と寄生性天敵のどちらがよいかという問題もある．どちらが永続的利用における成功率が高いかについては，Clausen (1978) のデータに基づいて解析されている (Hall and Ehler, 1979 ; Hall *et al.*, 1980, 広瀬, 1987)．それによると導入天敵の定着率でも成功率でも両者に差は認められなかった (図 5.13)．ベダリアテントウは捕食性天敵でありながら，幼虫期に餌のイセリアカイガラムシの体内でいわば寄生的に過ごし，非常に寄生性天敵に近い習性をもつ．そこで成功例の中でベダリアテントウを除いて分析すると，成功率は寄生性天敵の方が高くなる．この問題は寄主範囲も関連しており，現在では寄主範囲の狭い寄生性天敵が主として導入されている．

(3) 永続的利用と放飼環境

永続的利用の成否は，導入天敵の放飼環境で左右されることが指摘されてきた．最もよく言われるのが環境の安定度である．Hall らは，導入天敵の放飼環境として，一年生作物，果樹園その他多年生作物および森林・原野について，天敵の定着率と防除の成功率を比較した (Hall and Ehler, 1979 ; Hall *et al.*, 1980 ; 広瀬, 1987)．環境の安定度は森林・原野が最も高く，果樹園がそれに次ぎ，一年生作物の環境が最も低いと思われる．定着率は一年生作物が他より有意に低く，防除の成功率は果樹園が他より有意に高かった (図 5.14)．永続的利用は農作業による撹乱の影響が大きい一年生作物での成功は期待できず，果樹園など中程度の安定度の環境で成功率が高い．人為のほとんど入らない森林・原野では，果樹園より土着の生物相が豊富で，その影響により導入天敵が効果を発揮しにくいと考えられる．

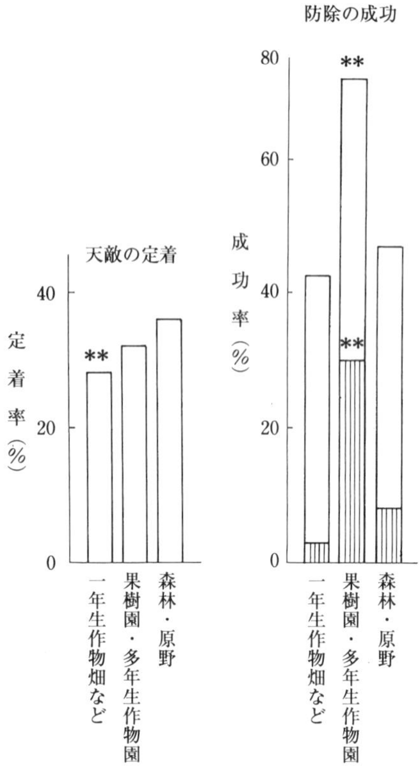

図5.14　安定度の異なる生息環境別にみた天敵導入の結果（Hall and Ehler, 1979 および Hall et al., 1980 より広瀬，1987 が作図）

防除の成功で白柱が全成功の例，黒柱が全成功例中の完全成功例．* は危険率5％，** は危険率1％で他の二つの生息場所と有意差があることを示す．

大陸か島しょかという地理的条件も，永続的利用の効果に影響すると言われてきた．これは初期の永続的利用において，ハワイ，バミューダ，フィジーなど熱帯の島しょ域で成功したことにもよる．かつては島しょでは大陸より永続的利用が成功し易いと考えられていたが，過去の生物的防除事例の解析によると，そのような傾向は認められなかった．

熱帯と温帯における永続的利用の違いは，温帯では捕食寄生者と寄主との時間的同調が成功に不可欠であるのに対し，熱帯では寄主が多化性で世代が重なっている場合が普通であり同調性がそれほど重要ではないこと，および対象害虫以外の寄主昆虫の利用が熱帯の方が容易であろうと考えられることである（Huffaker *et al.*, 1976）．熱帯の方が永続的利用に有利にも思えるが，導入天敵と競合する土着天敵の影響は熱帯の方がより強いであろう．現実には温帯域でも多くの成功例が知られている．

（4）永続的利用と個体群生態学—低密度平衡理論

Huffaker ら（Huffaker *et al.*, 1971；Huffaker *et al.*, 1976）は，導入天敵は害虫を低密度に抑圧するだけでなく，密度依存的作用で害虫密度を安定化させると主張した．この考え方を数理モデルにより理論的に展開したのがイギリスの Hassell や Waage のグループである．モデルとしては，寄主—捕食寄生者系の代表的なモデルである Nicholson and Bailey（1935）モデルを一般化したものが用いられた．モデルの概略をボックス 5.1 に示したが，彼らは永続的利用においては寄主—捕食寄生者系の動態が安定化し，安定化した時の平衡密度が十分低いことが重要であると考え理論を構築した．これは低密度平衡理論（low equilibrium theory）とも呼ばれる．

彼らはボックス 5.1 にあるような連立差分方程式モデルに，種々の生物学的要因を組み込み，寄主と捕食寄生者の平衡密度を導いた後平衡点の安定性を調べ，平衡密度や系の安定性と生物学的要因の関係を調べた．このような手法で彼らは，平衡密度を下げる要因として，寄主の増殖能力の低下，捕食寄生者の高い探索能力または最大寄生能力，捕食寄生者の卵・幼虫期死亡率の低下の重要性を確認した．安定化させる要因としては，寄主の密度依存的増殖，捕食寄生者の密度依存的機能の反応，捕食寄生者間干渉，捕食寄生者の集合反応，捕食寄生者の性比の密度依存性，探索中の捕食寄生者分布のばらつき（CV^2 法則）が確認された（Hassell，1978；Waage and Hassell，1982；Hassell and Pacala，1990）．安定化要因の効果は平衡密度に影響されるが，低い平衡密度でも安定化の効果の高い集合反応が重要視されている．寄主の密度依存的増殖や捕食寄生者間干渉は，高い平衡密度で安定化させる効果を示す．また捕食寄生者の害虫抑圧効果の指標として，害虫単独と害虫—捕食寄生者系の害虫の平衡密度の比（q 値）が提案されている（Beddington *et al.*，1978）．

低密度平衡理論は，確かに個体群動態理論から天敵の永続的利用についてそれなりの予測をもたらしたが，モデルの構造や安定性の概念の有用性について批判されている．これらのモデルの大部分は空間的に均質なモデルであり，天敵は寄主の空間的位置に影響されず，どの寄主も攻撃する可能性がある．このような仮定は余り現実的ではない．天敵の探索，分散能力には限界があり，集団全体を多くの小集団（パッチ）に分割し，パッチ間の寄主昆虫および天敵の移動とパッチ内の動態を組み合わせて全体の動態を考える方が現実的である．野外においては害虫の個体群動態は種々の要因に影響されており，導入天敵と対象害虫だけの相互関係で決まっているわけではない．また安定性の重要性を疑問視する意見も応用研究者の間で強く出されている．実用的な観点からは害虫の抑圧が先決である．対象害虫の増殖能力を他の方法で低下させたり（例えば耐虫性品種の利用），寄主探索能力の高い天敵を選択して利用する方が実用的である．

ボックス5.1 低密度平衡理論のモデル

イギリスの Hassell (1978) や Waage and Hassell (1982) は，導入天敵の永続的利用による害虫防除の目的は，害虫の低密度抑圧と低密度における安定化であるという立場から（低密度平衡理論），Nicholson and Bailey (1935) の寄主—捕食寄生者系モデルを一般化して理論を構築した．

世代 t における寄主および捕食寄生者雌成虫の密度をそれぞれ N_t および P_t とすると，寄主および捕食寄生者の世代間密度変動は

$$N_{t+1} = \lambda N_t f\ (N_t, P_t)$$

$$P_{t+1} = cN_t\ [1 - f(N_t, P_t)]$$

で表される．λ は寄主の世代間増殖率，c は1頭の寄主から生じる捕食寄生者雌成虫の平均個体数を示している．$f\ (N_t, P_t)$ は寄生を免れた寄主の比率である．このモデルの寄主および捕食寄生者の平衡密度を N^* および P^* とすると，

$$N^* = \frac{\lambda P^*}{c(\lambda - 1)}$$

$$f\ (N_t, P_t)\ = \lambda^{-1}$$

となる．寄主密度は増殖の影響が捕食寄生者の寄生の影響で相殺され一定密度に保たれる．$1 - f\ (N_t, P_t)$ の値は，1世代間の機能の反応による死亡率と考えられ，$f(N_t,\ P_t)$ の式として様々な式が提案されている．最も基本的な式は捕食寄生者のランダムな寄生を仮定した式で，

$$f\ (N_t, P_t)\ = \exp\ (-aP_t)$$

で表される．ここでは寄主当たりの捕食寄生者の攻撃がポアッソン分布に従い，右辺の値はそのゼロ項つまり，攻撃を受けない寄主の比率になっている．a は捕食寄生者1頭当たりの探索効率である．さらに $c = 1$ と仮定すると，寄主，捕食寄

生者の平衡密度は

$$N^* = \frac{\lambda 1n\lambda}{a(\lambda-1)}$$

$$P^* = \frac{1n\lambda}{a}$$

となり，寄主，捕食寄生者の平衡密度は，λ が小さくなるか *a* が大きくなるほど低下することがわかる．この平衡密度は安定ではなく，この密度からはずれると寄主，捕食寄生者の密度は振動しながら絶滅に至る．寄主当たりの捕食寄生者の攻撃がランダムではなく集中的であった場合，負の 2 項分布で近似すると，

$$f\ (N_t\ , P_t)\ = \left(1+\frac{aP_t}{k}\right)^{-k}$$

となる．*k* は負の 2 項分布の集中度のパラメータである．平衡密度は $k<1$ という条件下で常に安定であり，時間を経るにつれ，寄主，捕食寄生者密度は平衡密度に近づいていく．

（5） 永続的利用と群集生態学

a. 天敵間相互作用

導入天敵は放飼されてから，同じ栄養段階の土着天敵との競争や，一つ上の栄養段階の天敵による捕食，寄生の影響を受ける．これは導入天敵の定着や対象害虫への防除効果にかなり影響する可能性がある．また複数種の天敵を導入する場合にも，天敵間の競争の影響は問題である．競争が無ければ複数種導入は相乗的防除効果をもたらすが，種間競争が厳しければ 1 種だけ導入するより効果が低下する可能性もある．

Waage (1990) は，導入する天敵種の選択に当たって，対象害虫に対する他の死亡要因との関わりを重視するアプローチを全体論的アプローチと呼んだ．言うまでもなく具体的には，対象害虫をめぐる他の天敵との相互作用が極めて重要である．したがって導入天敵の永続的利用における昆虫群集を扱う上では，対象害虫をめぐるギルドについて考えるのが適当である．このような視点を天敵導入に生かすには，自然生態系における害虫の天敵ギルドの構成原理を知る必要がある．Zwölfer (1971) は共通の寄主をめぐる捕食寄生者間の競争を説明するため，内的および外的競争の概念を提案した．内的

表 5.5　チョウ目森林害虫の捕食寄生者間の均衡競争
(counter-balanced competition) (Zwölfer, 1971)

競争のレベル	競争の具体例	優勢な捕食寄生者	劣勢な捕食寄生者
内的競争 (直接干渉による競争で相手を殲滅する効率)	1齢幼虫の縄張り行動, 二次寄生, 速やかな発育による競争相手の殲滅	*Temelucha interruptor* *Itoplectis maculator* *Aptesis abdominator*	*Origilus obscurator* *Cephaloglypta murinanae* *Cyzenis albicans*
外的競争 (寄主集団の利用のための寄生効率)	寄主探索効率の差異 寄主との同調性の差異 増殖能力の差異	*O. obscurator* *C. murinanae* *C. albicans*	*T. interruptor* *I. maculator* *A. abdominator*

競争はギルド内捕食や二次寄生性など直接の種間干渉による競争であり，外的競争は寄主探索能力，増殖能力などを通じた競争である．Zwölfer は，森林害虫のギルド内の天敵間の競争の過程を内的競争と外的競争に分け，内的競争で優勢な種は外的競争で劣勢であり，その逆も成り立っていることを指摘し，この内的および外的競争特性の釣り合いを均衡競争（counter-balanced competition）と呼んだ（表 5.5）．そして導入天敵として有効な種は，寄主とよく同調し高い増殖能力や探索能力を持つ外的競争能力の優れた種であり，内的競争では劣勢であるため，内的競争の優勢種が存在しない条件で効果を発揮すると主張した．この仮説は複数種の天敵導入や，導入天敵に対する土着天敵の影響を考える上で有用である．この考え方に沿えば外的競争能力の優れた種を利用することが重要で，複数種導入には慎重にならざるを得ない．

最近になって Rosenheim *et al.* (1995) は，Polis *et al.* (1989) の指摘したギルド内捕食 (intraguild predation，略して IGP) と生物的防除の関係を考察した．IGP は一方の種が一方的に捕食される場合と互いに捕食される場合がある．IGP には純粋の二次捕食寄生者や二次捕食者の効果は含まれない．IGP は天敵間の競争と捕食という両面の機能を併せ持っている．永続的利用に用いられる昆虫天敵間の IGP としては，随意的二次捕食寄生者と一次捕食寄生者間，捕食者と捕食寄生者間，捕食者間において普通に観察される．May and Hassell (1981) は，随意的二次捕食寄生者は競争で絶対的に優勢な天敵種と機能的には同じであると考え，数理モデルの解析により，随意的二次捕食寄生者の影響は系を安定化させるが，寄主の密度を減少させることも増加させることもあると指摘した．随意的二次捕食寄生者の中で自種や他種の一次捕食寄生者に二次寄生した場合，雄が生じる種（facultative autoparasitoid）がよく知られている．Mills and Gutierrez (1996) は，タバココナジラミとその一次，二次捕食寄生者のデータに基づくモデルを用いて，このタイプの捕食寄生者は一次捕食寄生者による生物的防除の効果を阻害すると予測した．しかしコナジラミやタマバエの一次捕食寄生者とこのタイプの二次捕食寄生者の関係は必ずしもこの予測には合致せず，二次捕食寄生者を加えることにより天敵による害虫の抑圧効果が高まる場合もあった．

捕食者の捕食寄生者に対する IGP は，寄主昆虫の天敵として捕食寄生者と捕食者の両方が存在する場合に起こりうる．捕食者が捕食寄生者の成虫や外部捕食寄生者の幼虫を直接攻撃する場合と，寄生された寄主を捕食する場合とがある．後者がより一般的であるが，捕食者が寄生された寄主と健全な寄主を同じように捕食するとは限らない．例えば寄生された寄主は，行動が鈍くなったり発育期間が延びるため捕食にさらされる期間が長くなる結果，捕食率が高くなることもある．一方，寄主の体内に発育の進んだ捕食寄生者の幼虫や蛹が存在していると捕食者が捕食を避けることもあるし，捕食寄生者が寄主幼虫の行動を制御して捕食を避けるような行動をさせることもある．

害虫と捕食寄生者の系に IGP を行う捕食者を加えた場合，害虫の密度が減少するか増加するかについては，それほど研究の蓄積は無いが，トビバッタと寄生性および捕食性のハエの系，ノシメマダラメイガとコマユバチおよびハナカメムシの系では，捕食者の影響により捕食寄生者による害虫の密度抑制効果は阻害された．キャッサバコナカイガラに対するトビコバチの永続的利用の効果に対して，土着のテントウムシはプラスにもマイナスにも影響することがモデルにより予測された．

捕食者間の IGP は，ほとんどの理論モデル（Polis *et al.*, 1989; Polis and Holt, 1992）や経験的データに基づくシミュレーションモデルの研究で，生物的防除に悪影響をもたらすと予測されている．例えばリンゴのハダニやフシダニの防除に利用されるカブリダニ間のIGPは，生物的防除に負の影響を与える．捕食者間のIGPは，捕食者が他の餌を利用できる場合は緩和される．捕食者間のIGPは，害虫を死亡させずにIGPの対象となる天敵のみを死亡させるため，IGPの頻度が害虫に対する捕食より多くなると，IGPを行う捕食者の効果は二次捕食者と差は無くなる．純粋の二次捕食者や二次捕食寄生者が一次天敵による生物的防除の効果を阻害することはほぼ間違いない．その意味から，捕食者や随意的二次捕食寄生者が害虫より一次天敵を好んで攻撃する場合は，IGPによる生物的防除の阻害効果は大きい．

b. 1種導入と多種導入

伝統的生物的防除における複数種放飼については，天敵の種間相互干渉の結果，1種のみを放飼する場合よりも効果が劣るため，実施するべきではないとする説（例えば Turnbull and Chant, 1961；Watt, 1965）と，複数種放飼は相乗効果で著しく害虫抑圧効果が高まり，また最もすぐれた種を確認するための効率的手段であるので実施するべきであるとする説（例えば Huffaker *et al.*, 1971；Waage and Hassell, 1982）がある．

May and Hassell (1981) および Kakehashi *et al.* (1984) は，類似した連立差分方程式モデルを用いて理論的解析を試みた．ともに1種の寄主が2種の一次捕食寄生者に攻撃されるという想定である．May and Hassell (1981) のモデルにおいては2種の捕食寄生者はお互いに影響されることなく，独立して寄主分布に対して反応するものとされ，寄主分布に対する集合反応の記述に負の2項分布が利用された．モデルから，2種放飼の方が1種放飼より寄主の密度をより低下させると予測された．Kakehashi *et al.* (1984) は，寄主分布に対する2種の捕食寄生者の攻撃が負の2項分布で近似されるという仮定を負の多項分布で置き換え，前者が後者の特殊な場合であること，負の多項分布の仮定では，1種放飼の方が2種放飼よりも効果が高いことを示した．このようなモデルを利用した理論的解析の結果はモデルの仮定にかなり影響されるが，天敵間の直接の相互干渉（競争）の強さに対するモデル化の違いから，このような結論の違いがもたらされたと思われる．

わが国で害虫の生物的防除に複数種の寄生蜂を放飼した例としては，ヤノネカイガラムシに対する2種の寄生蜂ヤノネツヤコバチとヤノネキイロコバチの放飼の例がよく知られている (Takagi and Hirose, 1994). 2種が共寄生した場合は，必ずヤノネキイロコバチが勝ち，増殖能力や移動分散能力もヤノネキイロコバチの方が高い．このような状況ではヤノネキイロコバチのみが生き残りヤノネツヤコバチが駆逐されそうに思われるが，実際には野外で両種は共存している．ヤノネツヤコバチの方が，攻撃できる寄主のステージの幅が広く，成虫も長命で産卵数も多い．ヤノネキイロコバチは高密度のカイガラムシを効率的に利用できるが，低密度では利用できる寄主の資源量が限定されており，むしろ移動して他の寄主を利用している可能性がある．一方，ヤノネツヤコバチは寄主が低密度の時により安定した資源利用が可能である．

このように野外における実例を見れば，複数種の天敵を放飼した場合の個体群動態は，天敵間の直接競争の程度だけではなく，天敵の寄主発見能力，増殖能力，寄主の利用様式の違い，寄主範囲など種々の要因に影響されていると思われる．1種導入と複数種導入のどちらがよいかについても，ケースバイケースで状況が異なっており，いちがいには結論できないと思われる．

(6) 新結合 (new association) 理論と系の共進化

土着有害生物の防除に導入天敵を放飼して高い防除効果が得られることがある．Pimentel (1963) は，これを説明するために，有害生物と天敵系の共進化の結果，有害生物が天敵に対する抵抗性を強め天敵の効果が低下するとし，効果の高い天敵は対象有害生物と進化的な相互関係を持っていない天敵であると考えた．Hokkanen and Pimentel (1984) は，病原生物，昆虫，貝類，脊椎動物を含む大規模な天敵利用のデータベースを利用して，このアイデアを検証した．彼らは寄主と長い進化的相互関係を持つ天敵との組み合わせを旧結合 (old association)，相互関係を持たない天敵との組み合わせを新結合 (new association) と呼んだ．つまり新結合の天敵が旧結合の天敵より，生物的防除において効果が期待できることになる．286例の生物的防除の成功例が新旧どちらの結合に属するかが分析され，新結合が旧結合より成功率が高

表 5.6　永続的利用における生物的防除の成功の程度による新結合理論の検証 (Hokkanen and Pimentel, 1984)

生物的防除の成功の程度	事例数	
	新結合	旧結合
完全な成功	26 (22)	82 (86)
中程度の成功 *	33 (22)	71 (82)
部分的成功 *	30 (15)	44 (59)
合計 *	89 (59)	197 (227)

(注) 括弧内の数字は新結合と旧結合で生物的防除の成功率に差が無かったと仮定した場合に期待される事例数. * は新結合と旧結合で成功の程度に統計的有意差があることを示す.

いと結論された (表 5.6). しかしこの分析は余りに広範な分類群に属する有害生物と天敵の組み合わせについて行われている. 有害生物と天敵の組み合わせによって共進化の速度や程度は異なると思われるので, かなり無理のある分析であると言える.

これに対し, イギリスの CIBC では, 生物的防除のデータベース BIOCAT を利用して, 節足動物天敵による節足動物害虫の防除に絞って分析した (Waage and Greathead, 1988 ; Waage, 1990). また生物的防除の成功例だけではなく, 天敵が定着した事例も含められた. その結果, 天敵の定着率は旧結合の方が新結合より有意に高く, 定着した天敵のうち, 何らかの効果が認められた天敵の比率も旧結合の方が高かった (表 5.7). 新結合における天敵が寄主にうまく適合できなかったためであると考察されている. この解析は, Hokkanen and Pimentel (1984) の研究と全く異なる結論を導いているが, 用いたデータ, 新結合の解釈, 分析方法が異なるためであると思われる.

しかし新結合の概念は生物的防除による寄主と天敵の共進化の問題を扱うには重要である. 新結合における共進化による天敵の効果の低下は, オーストラリアのウサギの防除に導入されたミクソーマウイルスの病毒性の低下に見られるように, 実際起こりうる現象である. 一方, 害虫と昆虫天敵の組み合わせでは, むしろ新結合における天敵の寄主との同調や防御反応に対する適応などがうまくいかず, 天敵が効果を発揮できない可能性も高いと思われ

表 5.7 昆虫天敵利用による生物的防除プログラムの事例による新結合理論の検証 (Waage, 1990)

a 定着率の比較

結合	定着失敗事例数	定着成功事例数	定着率 (%)
新結合	662	218	24.8
旧結合	667	642	49.0

定着率は新結合と旧結合に統計的有意差がある ($p < 0.01$).

b 防除成功率の比較

結合	定着事例数	成功事例数	成功率 (%)
新結合	144	74	33.9
旧結合	320	322	50.2

(注) 成功事例数は完全な成功，実質的成功および部分的成功事例数の合計．成功率は新結合と旧結合に統計的有意差がある ($p < 0.01$).

る．共進化の問題は，天敵導入後の寄主範囲の拡張や変化にも関係する問題であり，最近では導入天敵の生態系への影響評価において問題視されている．

(7) 三者系の観点から

放飼増強法による天敵利用でも指摘したが，導入天敵の永続的利用においても，導入天敵と対象害虫の二者系だけではなく，害虫の寄主植物も含めた三者系を考慮しなければならない．寄主植物は対象害虫の増殖の場であると同時に天敵の寄主探索の場でもある．永続的利用では永年性作物害虫に実例が多いが，寄主植物の害虫の増殖に対する影響は，栽培条件や季節変動による栄養状態の変化を通じて影響すると考えられる．栄養状態が良く害虫の増殖に好適であると，天敵の効果にマイナスの影響を与える．天敵が害虫の寄主植物に対する食害により植物から放出される揮発性の化学物質 (HIPV) に反応する場合も，寄主植物の栄養条件が影響する可能性がある．天敵の寄主探索の場としての寄主植物は，表面構造や植物の立体構造が天敵の行動に影響する．

三者系は食物連鎖の垂直方向のつながりであり，害虫を寄主植物の捕食者とみなせば，2段階の被食者と捕食者の組み合わせと見なせる．また防除の目標を害虫の密度抑制ではなく，減収など害虫による作物の被害であると考えれば，作物の物質生産に対する害虫の加害の影響を予測しなければならない．Mills and Gutierrez (1996, 1999) は，このような考え方から三者系の動態を個体数だけではなく，バイオマスでも表現し予測するモデルを構築した．例えばワタとコナジラミと寄生蜂の系は概念的には次式で表される．

$$dC/dt = h_c\,[f_c\,(R,C)\,C] - f_w\,(C,W)\,W$$

$$dW/dt = h_w\,[f_w\,(C,W)\,W] - f_a\,(W,A)\,A$$

$$dA/dt = h_a\,[f_a\,(W,A)\,A] - \mu A$$

ここで C，W および A はそれぞれワタのバイオマス，コナジラミのバイオマスまたは個体数，および寄生蜂の個体数である．$f_i(\cdot)$ は1個体当たりの機能の反応，$h_i(\cdot)$ は $i-1$ レベルの栄養段階の1個体から i レベルの栄養段階の1個体への変換のための関数である．R は日射量の関数，μ は捕食寄生者個体群の死亡率である．ワタの物質生産を予測する1番目の式は，実際には，日射量，水分，窒素の吸収，光合成を含む複雑な式になる．2番目と3番目の式は通常よく用いられる連立微分方程式型の寄主—捕食寄生者系モデルである．

引用文献

Beddington, J.R., C.A. Free and J.H. Lawton (1978) Characteristics of successful natural enemies in models of biological control of insect pests. Nature 273, 513-519.

Calusen, C.P. ed. (1978) Introduced Parasites and Predators of Arthropod Pests and Weeds : A World Review. Agricultural Handbook No. 480 U.S. Department of Agriculture, Washington D.C., U.S.A., 545pp.

Coppel, H.C. and J.W. Mertins (1977) Biological Insect Pest Suppression. Springer-Verlag, Berlin, 314 pp.

Debach, P. ed. (1964) Biological Control of Insect Pests and Weeds. Chapman and Hall, London, 844 pp.

Debach, P. and D. Rosen (1991) Biological Control by Natural Enemies (2nd ed.).

Cambridge Univ. Press, Cambridge, U.K.

Furuhashi, K. and M. Nishino (1983) Biological control of arrowhead scale, *Unaspis yanonensis*, by parasitic wasps introduced from the People's Republic of China. Entomophaga 28, 277-286.

古橋嘉一・西野操 (1984) ヤノネカイガラムシの導入天敵とその防除効果. 植物防疫 38, 258-262.

Geathead, D.J. and A.H. Greathead (1992) Biological control of insect pests by insect parasitoids and predators:the BIOCAT database. Biocontrol News and Information 13 (4), 61N-68N.

Gould, J.R., T.S. Bellows and T.D. Paine (1992) Evaluation of biological control of *Siphoninus phillyreae* (Haliday) by the parasitoid *Encarsia partenopea* (Walker), using life-table analysis. Biol. Control 2, 257-265.

Hall, R.W. and L.E. Ehler (1979) Rate of establishment of natural enemies in classical biological control. Bull. Ent. Soc. Am. 25, 280-282.

Hall, R.W., L.E. Ehler and B. Bisabri-Erschadi (1980) Rate of success in classical biological control of arthropods. Bull. Ent. Soc. Am. 26, 111-114.

橋元祥一・宮路克彦・行徳裕・渡辺豊・甲斐一平・田村逸美・氏家武・柏尾具俊 (1988) ヤノネカイガラムシの2種寄生蜂の九州における分散 (1987年) II.南部九州. 九病虫研会報 34, 169-175.

Hassell, M.P. (1978) The Dynamics of Arthropod Predator-Prey Systems. Princeton Univ. Press, Princeton, New Jersey, USA., 237pp.

Hassell, M.P. and S.W. Pacala (1990) Heterogeneity and the dynamics of host-parasitoid interactions. Phil. Trans. R. Soc. Lond. B 330, 203-220.

Herren, H.R., P. Neuenschwander, R.D. Hennessey and W.N.O. Hammond (1987) Introduction and dispersal of *Epidinocarsis lopezi* (Hym., Encyrtidae), an exotic parasitoid of the cassava mealybug, *Phenacoccus manihoti* (Hom., Pseudococcidae), in Africa. Agric. Ecosystems Envir. 19., 131-144

広瀬義躬 (1987) 第2章天敵昆虫の利用, 第2節導入天敵の永続的利用技術. 岡田斉夫・坂斉・玉木佳男・本吉總男編, バイオ農薬・生育調節剤開発利用マニュアル. エルアイシー, 東京, 130-142.

Hokkanen, H. and D. Pimentel (1984) New approach for selecting biological control agents. Can. Entomol. 116, 1109-1121.

Huffaker, C.B., P.S. Messenger and P. DeBach (1971) The natural enemy component in natural control and the theory of biological control. Huffaker, C.B. ed., Biological Control. Plenum, New York, 16-67.

Huffaker, C.B., F.J. Simmonds and J.E. Laing (1976) The theoretical and empirical basis of biological control. Huffaker, C.B. and P.S. Messenger eds., Theory and Practice of Biological Control. Academic Press, New York, 41-78.

Itioka, T., T. Inoue. T. Matsumoto and N. Ishida (1997) Biological control by two exotic parasitoids: eight-year population dynamics and life tables of the arrowhead scale. Entomol. Exp. Appl. 85, 65-74.

伊澤宏毅・刑部正博・守屋成一 (1992) アイソザイム分析によるクリタマバチの輸入天敵チュウゴクオナガコバチと土着天敵クリマモリオナガコバチの判別法. 応動昆 36, 58-60.

Kakehashi, N., Y. Suzuki and Y. Iwasa (1984) Niche overlap of parasitoids in host-parasitoid systems : its consequence to single versus multiple introduction controversy in biological control. J. Appl. Ecol. 21, 115-131.

Kraaijeveld, A.R. and J.J.M. van Alphen (1986) Host-stage selection and sex allocation by *Epidinocarsis lopezi* (Hymenoptera ; Encyrtidae), a parasitoid of the cassava mealybug, *Phenacoccus manihoti* (Homoptera ; Pseudococcidae). Med. Fac. Landbouww. Rijksuniv. Gent 51, 1067-1078.

Langenbach, G.E.J. and J.J.M. van Alphen (1986) Searching behaviour of *Epidinocarsis lopezi* (Hymenoptera ; Encyrtidae) on cassava: effect of leaf topography and a kairomone produced by its host, the cassava mealybug (*Phenacoccus manihoti*). Med. Fac. Landbouww. Rijksuniv. Gent 51, 1057-1065.

Lema, K.M. and H.R. Herren (1985) Release and establishment in Nigeria of *Epidinocarsis lopezi* a parasitoid of the cassava mealybug, *Phenacoccus manihoti*. Entomol. Exp. Appl. 38, 171-175.

May, R.M. and M.P. Hassell (1981) The dynamics of multiparasitoid-host interactions. Am. Nat. 117, 234-261.

Mills, N.J. and A.P. Gutierrez (1996) Prospective modeling in biological control : analysis of the dynamics of heteronomous hyperparasitism in a cotton-whitefly-parasitoid system. J. Appl. Ecol. 33, 1379-1394.

Mills, N.J. and A.P. Gutierrez (1999) Biological control of insect pests:a tritrophic perspective. Hawkins, B.A. and H.V. Cornell eds., Theoretical Approaches to

Biological Control. Cambridge University Press, Cambridge, UK, 89-102.

Moriya, S., K. Inoue, A. Ôtake, M. Shiga and M. Mabuchi (1989) Decline of the chestnut gall wasp population, *Dryocosmus kuriphilus* Yasumatsu (Hymenoptera : Cynipidae) after the establishment of *Torymus sinensis* Kamijo (Hymenoptera : Torymidae). Appl. Entomol. Zool. 24, 231-233.

Moriya, S., K. Inoue and M. Mabuchi (1990) The use of *Torymus sinensis* to control chestnut gall wasp, *Dryocosmus kuriphilus*, in Japan. Bay-Petersen, J. ed. The Use of Natural Enemies to Control Agricultural Pests. FFTC Book Series No. 40, 94-105

村上陽三 (1997) クリタマバチの天敵—生物的防除へのアプローチ. 九州大学出版会, 福岡, 308 pp.

村上陽三・平松高明・前田正孝 (1994) チュウゴクオナガコバチ未分布地におけるクリタマバチの捕食寄生者複合体と放飼効果の予測. 応動昆 38, 29-41.

Nadel, H. and J.J.M. van Alphen (1986) The role of host- and host-plant odours in the attraction of a parasitoid, *Epidinocarsis lopezi* (Hymenoptera : Encyrtidae), to its host, the cassava mealybug, *Phenacoccus manihoti* (Homoptera : Pseudococcidae). Med. Fac. Landbouww. Rijksuniv. Gent 51, 1079-1086.

Neuenschwander, P. and H.R. Herren (1988) Biological control of the cassava mealybug, *Phenacoccus manihoti*, by the exotic parasitoid *Epidinocarsis lopezi* in Africa. Phil. Trans. R. Soc. Lond. B 318, 319-333.

Neuenschwander, P., F. Schulthess and E. Madojemu (1986) Experimental evaluation of the efficiency of *Epidinocarsis lopezi*, a parasitoid introduced into Africa against the cassava mealybug *Phenacoccus manihoti*. Ento nol. Exp. Appl. 42, 133-138.

Nicholson, A.J. and V.A. Bailey (1935) The balance of animal populations. Part I. Proc. Zool. Soc. London, 1935, 551-598.

緒方健 (1987) ヤノネカイガラムシの導入寄生蜂ヤノネツヤコバチの発育に及ぼす温度の影響. 応動昆 31, 168-169.

大久保宣雄・只木文孝・堤隆文・行徳裕・氏家武・柏尾具俊 (1988) ヤノネカイガラムシの2種寄生蜂の九州における分散 (1987年) I.北部九州. 九病虫研会報 34, 161-168.

Ôtake, A. (1987) Comparison of some morphological characters among two strains of *Torymus beneficus* Yasumatsu et Kamijo and *T. sinensis* Kamijo (Hymenoptera

: Torymidae). Appl. Entomol. Zool. 22, 600-609.

朴春樹・守屋成一 (1992 a) チュウゴクオナガコバチとクリマモリオナガコバチ成虫の生存期間と産卵数. 応動昆 36, 113-118.

朴春樹・守屋成一 (1992 b) チュウゴクオナガコバチの卵巣発育と卵の発育速度及びクリマモリオナガコバチ2系統の卵巣発育. 果樹試報 22, 79-89.

Pimentel, D. (1963) Introducing parasites and predators to control native pests. Can. Entomol. 95, 785-792.

Polis, G.A. and R.D. Holt (1992) Intraguild predation: The dynamics of complex trophic interactions. Trends Ecol. Evol. 7, 151-154.

Polis, G.A., C.A. Myers and R.D. Holt (1989) The ecology and evolution of intraguild predation:Potential competitors that eat each other. Annu. Rev. Ecol. Syst. 20, 297-330.

Rosenheim, J.A., H.K. Kaya, L.E. Ehler, J.J. Marois and D.A. Jaffee (1995) Intraguild predation among biological-control agents: theory and evidence. Biol. Control 5, 303-335.

杉浦直幸・高木正見 (1992) ヤノネカイガラムシ野外個体群におけるヤノネキイロコバチとヤノネツヤコバチの共寄生. 九病虫研会報 38, 163-165.

杉浦直幸・高木正見 (1996) ヤノネカイガラムシの導入寄生蜂ヤノネキイロコバチとヤノネツヤコバチの共寄生時の種間競争. 応動昆 40, 299-302.

高木一夫 (1983) ヤノネカイガラムシ (*Unaspis yanonensis* (Kuwana)) に対する導入寄生蜂ヤノネキイロコバチ (*Aphytis* sp.) とヤノネツヤコバチ (*Coccobius fulvus* Compere et Annecke) の日本における定着. 果樹試報 D5, 93-110.

高木一夫・氏家武 (1986) ヤノネカイガラムシ (*Unaspis yanonensis* (Kuwana)) に対する導入寄生蜂ヤノネキイロコバチ (*Aphytis yanonensis* Debach et Rosen) とヤノネツヤコバチ (*Coccobius fulvus* (Compere et Annecke)) の防除効果. 果樹試報 D8, 53-64.

Takagi, M. (1991) Host stage selection in *Aphytis yanonensis* DeBach et Rosen and *Coccobius fulvus* (Compere et Annecke) (Hymenoptera : Aphelinidae), introduced parasitoids of *Unaspis yanonensis* (Kuwana) (Homoptera : Diaspididae). Appl. Entomol. Zool. 26, 505-513.

Takagi, M. and Y. Hirose (1994) Building parasitoid communities:the complementary role of two introduced parasitoid species in a case of successful biological control. Hawkins, B.A. and W. Sheehan eds., Parasitoid Community

Ecology, Oxford University Press, Oxford, 437-448.

Takagi, M. and T. Ogata (1990) Reproductive potential of *Aphytis yanonensis* DeBach et Rosen and *Coccobius fulvus* (Compere et Annecke) (Hymenoptera : Aphelinidae), parasitoids of *Unaspis yanonensis* (Kuwana) (Homoptera : Diaspididae). Appl. Entomol. Zool. 25, 407-408.

Turnbull, A.L. and D.A. Chant (1961) The practice and theory of biological control of insects in Canada. Can. J. Zool. 39, 697-753.

Van Driesche, R.G. and T.S. Bellows, Jr (1996) Biological Control. Chapman and Hall, New York, 539 pp.

Waage, J.K. (1990) Ecological theory and the selection of biological control agents. Mackauer, M., L.E. Ehler and J. Roland eds., Critical Issues in Biological Control. Intercept, Andover, Hants, UK, 135-157.

Waage, J.K. and D.J. Greathead (1988) Biological control : challenges and opportunities. Phil. Trans. R. Soc. Lond. B 318, 111-128.

Waage, J.K. and M.P. Hassell (1982) Parasitoids as biological control agents - a fundamental approach. Parasitology 84, 241-268.

Watt, K.E.F. (1965) Community stability and the strategy of biological control. Can. Entomol. 97, 887-895.

Zwölfer, H. (1971) The structure and effect of parasite complexes attacking phytophagous host insects. Proc. Adv. Study Inst. Dynamics Numbers Popul. (Oosterbeek, 1970), Center for Agricultural Publishing and Documentation, Wageningen, The Netherlands, 405-418.

第6章　土着天敵の保護利用

1．土着天敵の保護利用とIPM

害虫に対する天敵の自然制御を利用したIPMにおいては，土着天敵の保護利用は基幹的技術となる．ただしIPMシステム開発のためには，土着天敵の評価と土着天敵の保護利用技術の導入が必要となる．生態系内の土着天敵の効果を最大限活用するためには，その害虫抑圧効果を客観的に評価した上で，その効果を増強するような方策を取らねばならない．土着天敵の効果の増強については植生管理が重要な技術となる．これは天敵保護利用技術に普遍性を持たせるためにも重要である．天敵の効果の実験的評価についてはいくつかの総説がある (Luck *et al*., 1988, 1999 ; Sunderland, 1988)．特に免疫学的方法による天敵種の確認については詳しい総説が出されている (Greenstone, 1996)．土着天敵の保護技術については，最近出版された Barbosa (1998) および Pickett and Bugg (1998) の2冊の本の他，Wratten and van Emden (1995)，Letourneau and Altieri (1999) および Johnson and Tabashnik (1999) の総説がある．

2．土着天敵の評価

(1) 実験的評価法

a.実験的評価の目的

土着天敵の評価の目的としては，害虫に対する土着天敵の抑圧効果の把握と，存在する土着天敵の種構成の把握の二つが考えられる．前者についてはケージ利用，殺虫剤散布，人為的捕殺による天敵除去 (exclusion)，天敵のケージ内放飼 (inclusion)，害虫の卵，蛹など動かない発育ステージを鉢植え植物等に接種して野外設置する方法などがある (prey enrichment)．この中ではケージや殺虫剤散布による除去法がよく用いられるが，害虫と天敵の野

表 6.1　天敵の評価の目的と利用する手法 (Luck, *et al.*, 1988)

評価の目的	ケージ試験	除去法		野外設置	直接観察	捕食の証拠の利用	
		薬剤利用	物理的除去			免疫学的手法	マーカー利用
天敵による害虫密度の変化の証明	○	○	○				
天敵密度の変化の証明	○	○		○			
天敵群集への影響の定量化	○	○	○	○			
天敵群集への影響の確認	○	○	○	○		○	○
特定の天敵の影響の定量化	○		○	○			
天敵の回復率の評価	○	○	○	○			
天敵と害虫の相互作用の証明	○	○	○	○		○	○
天敵行動の観察	○				○		
天敵の分散の証明				○	○	○	○

外動態調査および生命表による評価と組み合わせれば，より正確に天敵の評価が行える．天敵の種構成の把握は，捕食寄生者であれば，採集して飼育し羽化する捕食寄生者の成虫から知ることができる．一方，捕食者の野外における捕食実態を確認するのは容易ではない．そのため免疫学的手法や蛋白の電気泳動を利用して，捕食者の体内の餌種を検出する手法が開発された．これらの方法は，野外における捕食率の推定にも一部利用されている (Sopp *et al.*, 1992；Sunderland, 1996)．表 6.1 に土着天敵の実験的評価の目的とそのための手法を示した (Luck *et al.*, 1988)．

b. 土着天敵の害虫抑圧効果の評価

ケージを利用した除去法では，網張りのケージを植物にかぶせて天敵を排除し，網を張らないケージを対照区として天敵の評価を行う．網のメッシュサイズを変えれば体サイズに応じて天敵を排除できる．ケージによる除去法は，米国で Smith and DeBach (1942) が，オリーブカタカイガラムシ *Saissetia oleaea* に対する導入寄生蜂 *Metaphycus helvolus* の影響を，スリーブ (虫が逃亡することなくケージ内の虫の出し入れができるように，ケージに取り付けるそで (スリーブ) 状のもの) 付きのケージで評価したのが最初である．以来ケージによる除去法が天敵の実験的評価法として広く採用されている．最近でもアフリカの IITA では，マンゴコナカイガラに対する導入寄

生蜂 *Gyranusoidea tebygi* の影響がスリーブを閉じたケージ，スリーブを開放したケージおよびスリーブ無しのケージを利用して比較された．スリーブを閉じたケージでは開放したケージの 2.7 倍，スリーブ無しのケージの 6.2 倍，コナカイガラの密度が高くなった (Boavida *et al.*, 1995).

植物を丸ごと収納するような大型の野外ケージによる天敵除去と，野外における密度調査を平行させることによっても天敵の評価が可能である．冬小麦の畑でアブラムシ類が飛来してからケージを設置して天敵を除去し，野外調査を平行して行った例では，アブラムシ類に特異的な捕食者であるナナホシテントウ，ヒラタアブ類，クサカゲロウ類は，アブラムシのピーク密度の変動をもたらしていることが，ケージ内および野外における密度調査と捕食量の推定値から明らかとなった (Chambers et al., 1983).

ケージを利用した除去法の欠点としては，害虫や天敵の行動の阻害，微気象を変化させることによる植物および害虫への影響，害虫の飛び込み阻害などが指摘されており，データの解釈は慎重に行わなければならない．また天敵の種構成はこの方法では直接には明らかにできない．

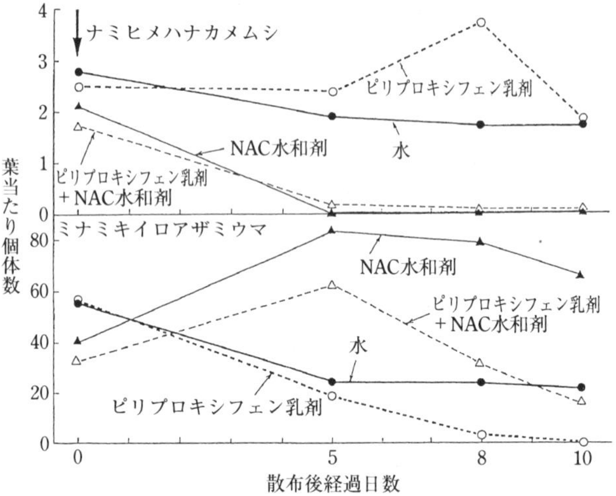

図 6.1　ピリプロキシフェン乳剤と NAC 水和剤がナミヒメハナカメムシとミナミキイロアザミウマの密度に及ぼす影響 (Nagai, 1990 を一部改変)
矢印は殺虫剤の散布日を示す

殺虫剤による除去法では，天敵を殺し害虫には影響の少ない殺虫剤が利用される．この方法は最初 DeBach (1946) により，コナカイガラの1種 *Pseudococcus longispinus* に対する天敵の影響の評価に利用された．土着天敵ではないが，西アフリカにおけるキャッサバコナカイガラの生物的防除事業では，有力導入天敵の効果が，NAC（カルバリル）散布による天敵除去と，ケージを利用した天敵除去により証明された（Neuenschwander *et al*., 1986)．わが国においても，ミナミキイロアザミウマに対するナミヒメハナカメムシの効果が，PAP（フェンチオン）や NAC による天敵除去により評価された（永井，1993）（図 6.1)．殺虫剤による天敵除去の問題点としては，殺虫剤による害虫の増殖の促進，雌雄による感受性の差に起因する害虫の性比の偏り，殺虫剤による作物の生理的変化などがある．具体的にはチョウ目害虫の産卵選択性の高まりやアブラムシ類の増殖能力の変化などが知られている（Luck *et al*., 1999).

c. 免疫学的手法や蛋白の電気泳動等を利用した天敵相の把握

ある害虫の天敵相，特に捕食者の確認には，免疫学的手法や電気泳動などの手法が有効である．免疫学的手法は抗原抗体反応の沈降検定を利用する方法である．害虫から体液を抽出し，それをウサギなど脊椎動物の宿主に注射する．すると害虫体液抽出物に含まれる蛋白質等の大きな分子が抗原となり，免疫反応により宿主の体内に抗体が生産される．次に採血後の血を凝固させ抗体を含む血清を分離する．血清内の抗体は捕食された当該害虫種を検出するのに利用される．捕食者が害虫を捕食した直後は，捕食者の消化管内の害虫の抗原は抗体と反応して，肉眼で判定できる沈殿物を作る．沈降検定は当初，蚊の幼虫の捕食者の検出に用いられたが，その後陸上の捕食者被食者系に適用されるようになった．

この方法から捕食率の推定も可能である．これは Dempster (1960) により初めて試みられた．エニシダを食害するハムシの1種 *Gonioctena olivacea* の潜在的捕食者として，カスミカメムシ類，ハナカメムシ類，サシガメ類，ハサミムシ類等がこの方法で調べられ，カスミカメムシ類とハナカメムシ類が *G. olivacea* の若いステージを捕食していることがわかった．捕食率

の推定には *G. olivacea* の密度が低く，その抗体に対して正の反応が出た場合，1回のみの捕食を示すとの仮定が置かれている．1頭の捕食者に捕食される *G. olivacea* の個体数は次の式で推定される．

$$P_a = (N_{pi}F_{pi}T_{pi}) / R_{pi}$$

ここで P_a は捕食された餌個体数，N_{pi} は捕食者種 i の密度，F_{pi} は捕食者のサンプル内の捕食者種 i の正の反応の割合，T_{pi} は野外で餌種と捕食者が同時に存在する日数，そして R_{pi} は捕食者種 i による餌種1個体の捕食が，検定により検出可能な日数である．この式に基づく *G. olivacea* の卵・幼虫期の捕食率は，独立に推定した不明な死亡率とよく合致した．わが国でも，Nakamura and Nakamura (1977) が，クリタマバチ成虫を捕食するクモ類の種を沈降反応で明らかにし (表6.2)，捕食率を上式と同様の式で推定した．

最近では沈降反応を酵素による発色反応と結びつけた，感度の高いELISA法 (enzyme-linked immunosorbent assay) がよく利用される．また免疫反応に利用する抗体も，特異性の低いポリクローナール抗体より，特異的で感度の

表6.2　クリタマバチの抗原に沈降反応で反応を示したクモ類
(Nakamura and Nakamura, 1977)

科名	試験個体数	反応個体数	反応した個体比率
ハグモ	13	2	0.154
ヒメグモ	57	18	0.316
サラグモ	40	20	0.500
コサラグモ	21	8	0.381
センショウグモ	4	1	0.250
コガネグモ	176	71	0.403
アシナガグモ	39	15	0.384
キシダグモ	7	1	0.143
コモリグモ	58	12	0.207
ハタケグモ	13	2	0.154
ササグモ	7	4	0.571
タナグモ	166	59	0.355
カニグモ	238	75	0.315
ハエトリグモ	125	55	0.430
フクログモ	67	18	0.269
シボグモ	4	1	0.250
イズツグモ	2	0	0.000
未同定	26	4	0.154

高いモノクロナール抗体（MAb）が利用できるようになった．MAbは技術的に難しく時間もかかるが，一度作成すると均質な抗体を無限に増やすことができる．MAbを利用したELISA法は非常に鋭敏で，餌の発育ステージの差まで検出することができる（Luck *et al.*, 1999）．

電気泳動法はアイソザイムを電荷や分子量の違いで検出する方法である．もし捕食者と餌種が異なるアイソザイムを持っていたとすれば，捕食者体内の餌種を電気泳動でアイソザイムを調べることにより検出できる．電気泳動法でハダニ類の捕食者や，アブラムシ類やコナジラミ類の体内の内部捕食寄生者の種が確認されている．通常の電気泳動法より検出力の高い等電点電気泳動で，ナミヒメハナカメムシ幼虫に捕食されたミナミキイロアザミウマも検出された（Honda *et al.*, 1999）．餌種を半永久的に検出可能な放射性同位元素や希元素でマーキングすれば捕食されてからも検出できる．わが国ではItô *et al*.（1972）がEuropium-151を利用してハスモンヨトウの捕食者相を調べた（表6.3）．希元素としてはルビジウムやストロンチウムなどが利用できるが，検出に高価な装置が必要であるのが難点である．

野外の直接観察も場合によっては捕食者の餌種を調べるのに有効である．

表6.3　アクチバブルトレーサーEuropium-151によるハスモンヨトウの捕食者の検出（Itô *et al.*, 1972）

調査プロット	捕食者	調査個体数	Europiumの検出された個体の比率（%）
プロットA	オサムシ類	26	11.5
	ハサミムシ類	4	50
	コオロギ類	4	75
	クモ類	7	0
	アマガエル	4	50
プロットB	オサムシ類	18	50
	ハサミムシ類	6	66.7
	コオロギ類	3	66.7
	クモ類	3	66.7
	アマガエル	2	0

（注）Europiumを混ぜた餌を食べさせたハスモンヨトウを各プロットに放飼後，捕食者を回収してその体内のEuropiumを放射化分析で検出し，放飼したハスモンヨトウ幼虫を食べた捕食者個体を確認した．

しかし捕食率の推定は捕食時間に基づくことになり，信頼のできる推定は困難である（Kiritani *et al.*, 1972）.

(2) 生命表の利用

実験的評価法では天敵の効果の有無について評価できるが，定量的な評価法としては不十分である．また対象害虫の他の死亡要因の把握はできない．天敵の定量的，客観的評価法としては生命表の利用が有用である．土着天敵の評価だけではなく，天敵を人為的に放飼した場合の天敵の効果の有無の判定にも使える．

生命表は通常，捕食寄生者の評価に使われる．捕食者の場合は，捕食された対象害虫がどのような捕食者に攻撃されたかを判定することは，多くの場合困難である．捕食寄生者は寄主に対して，寄生だけではなく，表6.4に示すようにそれ以外の直接的，間接的要因で，寄主の死亡や産卵の減少をもたらしている．しかし寄生以外の要因による死亡は把握が困難である（Bellows and Van Driesche, 1999）.

普通に作成される齢別生命表（表6.5参照）には，いくつかのパラメーターの推定が必要である．このタイプの生命表には，まとまって産まれた卵の集団から始まって，発育ステージ別の個体数と死亡要因が記録される．各発育段階 x に加入した個体数が l_x，発育段階 x 内の死亡個体数が d_x，および見かけの死亡率（apparent mortality）q_x（$= d_x / l_x$）が生命表の記述に利用される重要なパラメーターである．寄生による死亡の評価の場合，特に問題となるのは他の死亡要因が同時に働いた場合，寄生の効果が過小評価されることで

表6.4　捕食寄生者による寄主の死亡のタイプ
(Bellows and Van Driesche, 1999)

要因	寄主への影響
寄生	寄主を栄養源にして寄生者が発育し，最終的に寄主を殺す
寄主体液摂取	寄生者が寄主を摂食して殺す
産卵管挿入と毒液注入	寄主が機械的障害や毒液で死亡する
他の死亡要因への感受性上昇	被寄生寄主の捕食や病気による死亡率の上昇
産卵数の減少	寄生による死亡以前の成虫の産卵数の減少

表 6.5 生命表における連続的または同時に起こる死亡要因の影響（Bellows *et al.*, 1992）

発育段階	死亡要因	発育段階 l_x	発育段階 d_x	死亡要因 d_x	周辺死亡率	見かけの死亡率 $g_x = d_x / l_x$ 発育段階	見かけの死亡率 死亡要因	真の死亡率 d_x / l_0 発育段階	真の死亡率 死亡要因	k 値 発育段階
a 発育段階 1, 2 に連続的に死亡要因 A, B が働く場合										
発育段階 1		100	50			0.5		0.5		0.301
	A			50	0.5		0.5		0.5	
発育段階 2		50	25			0.5		0.25		0.301
	B			25	0.5		0.5		0.25	
成虫		25								
b 発育段階 1 に同時に死亡要因 A, B が働く場合										
発育段階 1		100	75			0.75		0.75		0.602
	A			37.5	0.5		0.375		0.25	
	B			37.5	0.5		0.375		0.25	
成虫		25								

ある．例えば共寄生や寄生された寄主が捕食された場合がこれに当たる．そこで同時に働く他の死亡要因の影響を除いた，ある死亡要因の死亡率の推定が必要となり，周辺死亡率（marginal death rate）と呼ばれる（Royama, 1981；Bellows *et al.*, 1992）．また最初の発育ステージの初期個体数 l_0 に対する，ある発育段階 x の死亡率 d_x / l_0 を真の死亡率と呼ぶ．周辺死亡率を m_x として $-\log(1-m_x)$ を k 値（$k-$ values）と呼ぶ．表 6.5 では発育段階 1，2 に別々にそれぞれ 50 % の死亡率をもたらす死亡要因 A と B が働く場合と，発育段階 1 に同時に A，B が働く場合が比較されている．A，B による見かけの死亡率が異なっているのに対し，周辺死亡率は同じである（Bellows *et al.*, 1992）．

例えば，寄主のある発育ステージ x に対して，被寄生寄主を健全寄主と識別せずに 2 種の捕食寄生者 A，B が攻撃し，それによる見かけの死亡率を d_A，d_B，周辺死亡率を m_A，m_B とすると，

$$d_A = m_A - (1-c)\, m_A m_B$$

$$d_B = m_B - c m_A m_B$$

表 6.6 *Encarsia inaron* 放飼区と無放飼区におけるトネリココナジラミの生命表（Gould et al., 1992）

発育段階	死亡要因	放飼区 l_x	放飼区 d_x	放飼区 見かけの死亡率 q_x	放飼区 周辺死亡率	無放飼区 l_x	無放飼区 d_x	無放飼区 見かけの死亡率 q_x	無放飼区 周辺死亡率
卵		855	212	0.245	0.245	759	186	0.245	0.245
1齢幼虫徘徊期		653	177	0.271	0.271	573	155	0.271	0.271
1齢幼虫定着後	不明死亡	476	179	0.376	0.385	418	29	0.069	0.071
	消失		11	0.023	0.023		8	0.019	0.019
2-4齢幼虫	寄生	286	45	0.157	0.881	381	0	0	0.018
	不明死亡		163	0.570	0.541		132	0.346	0.404
	消失		66	0.231	0.231		63	0.165	0.165
成虫		12				186			
雌成虫		7				93			
定着雌成虫		6.7				89.3			
卵/定着雌成虫		50.9				50.9			
次世代産卵数		342.0				4544.4			
純増殖率 R_0		0.4				6.0			

となり，c は両方の捕食寄生者に共寄生される寄主の比率である（Royama, 1981；Elkinton *et al.*, 1992）.

表 6.6 は *Encarsia inaron* を放飼した区と放飼しない区において作成されたトネリココナジラミの生命表である．放飼区において寄生による幼虫の見かけの死亡率と周辺死亡率は大きく異なっている．この場合，生命表からコナジラミの純増殖率 R_0 が推定され，放飼区では 0.4，無放飼区では 6.0 となり，*E. inaron* の防除効果が証明された（Gould *et al.*, 1992）.

生命表が複数の地点について，あるいは 1 地点で何世代にわたって，複数枚作成されれば，個体群動態の調節機構の解析が可能である．変動主要因（key - factor）の分析には Varley and Gradwell（1960）の方法がある．密度調節要因の解析には Morris（1959）をはじめ，最近では Pollard *et al.*（1987）や Reddinguis and Den Boer（1989）がある．天敵の効果に密度調節機能があるかどうかを解析するには必要であるが，信頼できる結果を得るには統計的な精度の関係で，かなりの多くの生命表データが必要であろう．

3. 土着天敵保護のための技術

(1) 植生管理

植生管理は土着天敵保護の根幹をなす技術であり，天敵の餌，代替寄主，生息場所の供給に関連している．天敵を含む農業生態系の多様性は作物の種類や栽培法により異なる．一年生作物より果樹の生態系の方が，単作より輪作，混作の方が，温帯より熱帯の生態系の方が生物多様度が高く，害虫が多発しにくい (Altieri, 1991)．混作においては単食性昆虫の方が多食性昆虫より密度が低下するが，この傾向は一年生作物より永年性作物において顕著である (Andow, 1991) (表 6.7)．

植生管理による土着天敵保護増強の機構としては，寄主以外の餌 (花粉，蜜源等) の提供 (表 6.8)，代替餌または寄主の提供 (表 6.9)，天敵のためのシェルター (生息場所) の提供が考えられる (Wratten and van Emden, 1995)．天敵の生息場所としては，作付け時の生息場所と越冬時の生息場所がある．

多くの捕食寄生者は糖の摂取により寿命が延び，産卵数が増え，寄生率が上昇することが知られている．野外における糖の供給源としては，花蜜とアブラムシ類やカイガラムシ類の排泄する甘露が利用されていると思われる．作物からの花蜜の供給は，花外蜜腺をもつワタ，マメ類および虫媒花に限ら

表 6.7 単作と混作における節足動物の個体群密度の比較 (Andow, 1991)

節足動物の種類	混作における密度が単作の場合と比べ			
	変動大	高い	同じ	低い
植食性節足動物	58	44	36	149
単食性	42	17	31	130
多食性	16	27	5	19
節足動物天敵	33	68	17	12
捕食者	27	38	14	11
寄生者	6	30	3	1

数字は事例数を示す．

表 6.8　寄主以外の成虫の餌の存在による寄生率の向上 (Powell, 1986)

寄生者	害虫	作物	餌源
マメコガネツチバチ (*Tiphia popilliavora*)	*Phyllophaga* の1種 コガネムシ類 (*Lachnosterna* spp.)	種々の作物	雑草からの花蜜，カイガラムシの甘露
ワタムシヤドリコバチ (*Aphelinus mali*)	アブラムシ類	リンゴ	蜜源植物 *Phacelia* (ハゼリソウ科) および *Eryngium* (セリ科) の花蜜
コマユバチの1種 (*Apanteles medicaginis*)	モンキチョウ近縁種 (*Colias philodice*)	アルファルファ	雑草からの花蜜，アブラムシからの甘露
ツヤコバチの1種 (*Aphytis proclia*)	サンノーゼカイガラムシ (*Quadraspidiotus perniciosus*)	果樹園	蜜源植物 *Phacelia tanacetifolia* (ハゼリソウ科) からの花蜜
多くの種	オビカレハの近縁種 (*Malacosama americanum*) コドリンガ (*Cydia pomonella*)	リンゴ	雑草からの花蜜
ヤドリバエの1種 (*Lixophaga sphenophori*)	ゾウムシの1種 (*Rhabdoscelus obscurus*)	サトウキビ	雑草 (トウダイグサ科) からの花蜜

表 6.9　代替寄主の存在による寄生率の向上 (Powell, 1986)

寄生者	寄主	作物	代替寄主
コマユバチの1種 (*Macrocentrus* spp.)	ナシヒメシンクイ	モモ	雑草上のチョウ目昆虫
ヤドリバエの1種 (*Archytas* spp.)	ヤガ類 (*Heliothis virescens*)	ワタ	アマのヨトウ類
クロタマゴバチ類	*Eurygaster integriceps*	穀類	自然環境のカメムシ類
ヤドリバエの1種 (*Lydella grisescens*)	ヨーロッパアワノメイガ (*Ostrinia nubilalis*)	トウモロコシ	giant ragweed (雑草) 上の *Papaipema nebris*
ホソハネコバチの1種 (*Anagrus epos*)	ヒメヨコバイの1種 (*Erythroneura elegantula*)	ブドウ	ブラックベリー上の *Dikrella cruentata*
アブラバチの1種 (*Lusiphlebus testaceipus*)	ムギミドリアブラムシ	ソルガム	ヒマワリ上のアブラムシの1種 *Aphis helianthi*
ヒメコバチの1種 (*Emersonella niveipes*)	コガネムシの1種 (*Chelymorpha cassidea*)	サツマイモ	ヒルガオ上のコガネムシの1種
コマユバチ類	ミバエの1種 (*Rhagoletis pomonella*)	リンゴ	*Stolas* sp.

れている．虫媒花の場合花蜜の供給は開花中のみである．これらのことから，天敵に積極的に花蜜を提供するために作物以外の植物を利用する必要性が出てくる．実際に野外において，捕食寄生者の寄生率が花蜜の供給により上昇した場合の供給源は，圃場内部および周囲の雑草である．特にハゼリソウ科やセリ科の雑草は花蜜の生産の多い植物である (Powell, 1986)．花粉も多くの天敵の栄養源となっており，ヒラタアブ類の卵成熟に重要であると言われている．ハゼリソウ科の *Phacelia tanacetifolia* は花蜜，花粉の生産の多い植物であるが，麦畑の境界に植えたところ，ヒラタアブ類の密度が高まり圃場内のアブラムシ類の密度が低下した (Hickman and Wratten, 1997)．

このような給餌植物 (food plant) を利用する場合，いくつか注意しなければならない点がある．花蜜は天敵だけではなく害虫の成虫も餌として利用する場合が多い．花の構造的特徴から，花蜜が存在しても天敵が利用できないかもしれない．開花期と天敵の活動時期がずれていると天敵は利用できない．他の雑草との競争能力もある程度必要である．環境へのリスクとしては，雑草化する可能性，家畜への影響，作物の病原微生物の寄主となる可能性が考えられる．実用的な問題として，栽培が容易かどうかという問題がある (Gurr *et al.*, 1998)．給餌植物を利用する場合，このような種々の観点から候補となる植物を点数で評価する試みもなされている (表 6.10)．天敵に提供した給餌植物が害虫に利用される問題を解決するため，天敵が利用でき，害虫が利用できない選択性の給餌植物を利用する方法がある．ジャガイモガとその天敵であるジャガイモガトビコバチ *Copidosoma koeleri* に対して，蜜源植物コエンドロとルリジサを与えると，前者ではともに成虫寿命が延びたが，後者ではジャガイモガトビコバチだけ寿命が延び，ジャガイモガはそうならなかった (Baggen and Gurr, 1998)．ルリジサの選択性は，花序の構造の影響であろうと推測されている (表 6.11)．花外蜜腺もヒメバチ類など天敵が利用し易く，チョウ目害虫の成虫が利用しづらい構造である．花蜜に含まれる糖の種類で誘引される昆虫の種類が異なる．チョウ目成虫は，キク科の花蜜成分であるヘキソースにはショ糖に比べ誘引されない (Rogers, 1985)．

表6.10　アルファルファの植生管理に蜜源植物*Phacelia tanacetifolia*を利用するための点数評価方式（Gurr *et al.*, 1998）

評価基準	重み付け	ランク付け 1	2	3	4	5	スコア
ハザード							
雑草性	3			*			9
作物病害の寄主の可能性	3				*		12
家畜に対する毒性	5					*	25
生産物への混雑の可能性	4					*	20
経済的要素							
2作の可能性	2			*			6
種子価格	2	*					2
定着コスト	2			*			6
生物学的要素							
花粉生産性	4				*		16
花蜜生産性	4			*			12
作物との調和	5				*		20
雑草との競争能力	3			*			9
永年性	1		*				2
				合計			139

（注）ランクは数字が大きいほど好ましい程度が高いことを示す.

表6.11　ジャガイモガとその寄生蜂ジャガイモガトビコバチ*Capidosoma koehleri*に対して選択性の無い蜜源植物コエンドロと寄生蜂に対して選択性のある蜜源植物ルリジサの成虫寿命への影響（Gurr *et al.*, 1998）

処理	成虫寿命（日） ジャガイモガ	ジャガイモガトビコバチ
コエンドロ（セリ科）	13.43a	9.84b
ルリジサ（ムラサキ科）	8.76b	11.96a
給水のみ	7.76b	3.80c

（注）同じ列の記号の違いは統計的有意差があることを示す（$p = 0.05$）.

代替寄主や餌が圃場周辺の雑草や自然植生に存在すると，そこからの天敵の侵入のため，圃場内の天敵の寄生率や捕食率が上がることもある．Powell (1986) は，天敵が圃場周辺の代替寄主を利用して，圃場における天敵の寄生率が上がった例として8例を上げている．Starý (1983) は，麦を加害するアブラムシ類の重要天敵であるエルビアブラバチ *Aphidius ervi* の保存場所として，イラクサの1種 *Urtica dioica* が利用されていることを報告している．このような代替寄主の利用による天敵の保護で問題となるのは，代替寄主で繁殖した天敵が対象とする害虫を攻撃しなくなる可能性である．特に寄主特異性の高い捕食寄生者でその可能性がある．

生息場所の提供も土着天敵の保護に重要な技術である．ヨーロッパでは圃場周辺の雑草や生垣が天敵の生息場所となっている．イギリスでは麦畑周辺のサンザシの生垣の下草を取り除くと，そこに生息するハナカメムシ類，クモ類，オサムシ類が減少した．特にオサムシの1種 *Agonum dorsale* は生垣を越冬場所としており，そこから圃場内に移動していることが示された (Pollard, 1968 a, b)．圃場周辺のイネ科雑草や生垣からは，オサムシ類やハネカクシ類が圃場内に移動したが，歩行性のオサムシ類は圃場周縁部に局在し，飛翔性のハネカクシ類は圃場内部にまで移動した (Coombes and Sotherton, 1986)．チェコでは，テントウムシ類の越冬場所の岩の割れ目を模した人工の越冬場所を提供することにより，生存率を改善することができた (Hodek, 1973)．

具体的な植生管理の方法としては，圃場内で作物と天敵保護のための植生を混作する方法と，圃場の周辺でそのような植生を保護するか，あるいは積極的に栽培する方法がある (表6.12)．果樹の下草の雑草を保護することにより，代替寄主や花蜜が寄生性天敵に供給され寄生率が上がることがある．カナダではリンゴ園の下草の保護により，テンマクケムシに対する寄生率が18倍も上昇した (Leius, 1967)．カリフォルニアではリンゴ園で被覆作物 (covering crop または living mulch) にソラマメの1種を利用することにより，捕食者の密度が高まりコドリンガの被害が減少した (Altieri and Schmidt, 1985)．ニュージャージーのモモ園では，ナシヒメシンクイの天敵であるコマユバチの1種の代替寄主を供給するタデ，オグルマ等の雑草を保護して，その防除に成功した (Bobb, 1939)．一年生作物では混作により天敵の効果が高まることがある．米国ではトウモロコシにマメ科とイネ科の植物を被覆作物とした場合，トウモロコシ単作に比べ，アワヨトウ，ヨーロッ

表6.12　植生管理による土着天敵の効果の強化の事例
（Letourneau and Altieri, 1999より抜粋）

作物	雑草または混作作物	害虫	天敵強化の機構
リンゴ	ハゼリソウ類*Phacelia* sp.とヒゴタイサイコ類*Eryngium* sp.	サンノーゼカイガラムシとアブラムシ類	寄生蜂の増加と活動強化
リンゴ	自生雑草	アブラムシ類	アブラムシ類の捕食者の増加
リンゴ	自生雑草	テンマクケムシとコドリンガ	寄生蜂の増加と活動強化
メキャベツ	自生雑草	モンシロチョウとダイコンアブラムシ	作物の背景の変化と捕食者定着の増加
メキャベツ	アブラナ類*Brassica kaber*	ダイコンアブラムシ	ヒラタアブ類の誘引
キャベツ	サンザシ類*Crataegus* sp.	コナガ	寄生蜂*Horogenes* sp.への代替寄主の提供
キャベツ	白クローバ，赤クローバ	ダイコンアブラムシ，モンシロチョウ	定着阻害とオサムシ類の増加
トウモロコシ	マメ	ヨコバイ類，ハムシ類，ヤガ類	害虫の定着阻害と天敵の増加
トウモロコシ	サツマイモ	ハムシ類とヨコバイ類	寄生蜂の増加
ゴマ	ワタ	ヤガ類	天敵の増加とトラップ植物ワタへの誘引
カボチャ	トウモロコシ	メイガ類	タマゴコバチ類や他の寄生者の生息場所としての改良
ダイズ	カワラケツメイ類*Cassia obtusifolia*	ミナミアオカメムシとヤガ類	捕食者の増加
コムギ	牧草	アブラムシ類	アブラバチ類の供給源

パアワノメイガ等のチョウ目害虫に対する被害が大幅に減少したが，オサムシ類の密度が高まったためと推測されている（Brust *et al.*, 1986）．イギリスではキャベツ畑におけるダイコンバエの近縁種の産卵数が，クローバを間作した区では無処理区に比べ減少した．地上徘徊性の捕食者の影響が一因であることがわかった（Ryan *et al.*, 1980）．ジャガイモのモモアカアブラムシとチューリップヒゲナガアブラムシは，圃場でイネ科牧草を被覆作物として利用すると顕著に減少した．飛び込みに対する影響は認められなかったので，天敵による死亡と考えられている（McKinlay, 1985）．

天敵の保護には天敵の寄主，餌，生息場所の提供などの要求を満たさなければならないため，圃場周辺の自然植生の保護が必ずしも天敵保護に有効であるとは限らない．そこで積極的に種々の種類の雑草や作物を混播して，圃

表 6.13　播種雑草ベルトのための種子の混合物の組成（Nentwig *et al.*, 1998）

植物		g/ha	%
和名	種名		
ソバ	*Fagopyrum esculentum**	15730	78.65
イガマメ	*Onobrychis viciifolia**	1000	5.0
ムギセンノウ	*Agrostemma githago*	500	2.5
ヤグルマギク	*Centaurea cyanus*	500	2.5
シャゼンムラサキの1種	*Echium vulgare*	300	1.5
ルリジサ	*Borago officinalis**	200	1.0
ヤグルマギクの近縁種	*Centaurea jacea*	200	1.0
ウイキョウ	*Foeniculum vulgare**	200	1.0
アメリカボウフウ	*Pastinaca sativa*	200	1.0
ニンジン	*Daucus carota**	150	0.75
チコリー	*Cichorium intybus**	120	0.6
コメツブウマゴヤシ	*Medicago lupulina**	120	0.6
	その他17種	780	3.9
計		20000	100.00

（注）* は栽培種を示す.

場の周辺に天敵保護のための播種雑草ベルト（sown weed strips）を作り出す試みが，スイスで行われている（Nentwig *et al.*, 1998）．最初に 100 種にものぼる雑草や作物が栽培され，天敵相，密度，開花期間，農地における定着性，複雑な植生における存続性などの評価項目に基づいて，利用できる種が選抜された．その結果，29 種の野草や栽培作物を混合したものが，播種雑草ベルト作成のため開発された（表 6.13）．これには背の高い植物から低い植物，開花期も早い植物や遅い植物が含まれている．また一年生から多年生のものまであり多様性に富んでいる．播種雑草ベルトは小規模圃場の周囲や大規模圃場の仕切りに 3～8 m の幅で設けられ，各ベルトの間隔は 50～100 m 以内とされる．一度播種すると 3 年間は多様性が保たれるが，以後植生は単純化する．それを遅らせるため 1 年置きに半分を刈り取る方法が薦められている．クモ類やオサムシ類は圃場における害虫の発生を抑圧する働きがあると考えられているが（Nyffeler and Benz, 1987 ; Riechert and Bishop, 1990），ベルト内はクモ類やオサムシ類等の地上徘徊性甲虫のよい生息場所であり，種数も多く密度も高い．ベルト内にのみ生息する種もあるが，ベルトから圃場内に分散していく種も多い．

天敵保護のための植生の配置は，天敵の移動分散能力との関係で適正に行わなければならない．また天敵は野外では寄主の存在する場所と寄主以外の餌の存在する場所を往来していると考えられる．植生管理による天敵保護の効果を上げるためには，かなり大きな空間スケールを対象とする方がよい (Gurr *et al.*, 1998)．

(2) 機械的作物管理

機械的な作物管理としては，耕起，刈り取り，除草などがある．耕起による土壌流亡を抑え，作物の生育を促進しエネルギーの有効利用を図るため，不耕起や表面耕起などの方法が取られることがある．このようなやり方は，害虫およびその天敵の保護や増強に影響をもたらす．当然のことながら，土壌中の害虫や天敵は大きな影響を受ける．オサムシ類はこのような視点からよく研究されているが，多くの場合，不耕起はオサムシ類の密度を高め種数を増大させる効果をもたらした (Letourneau and Altieri, 1999) (表6.14)．オサムシ類の密度が高まった結果，タマナヤガ幼虫の被害が慣行区に比べ著しく減少した例が報告されている (Brust *et al.*, 1985)．天敵の密度が変化しなくても，天敵に餌を供給してその活動を高めることもある．トウモロコシ畑における耕起の制限により，タマナヤガの有力天敵であるコマユバチの1種 ***Meteorus rubens*** 成虫の蜜源となる雑草が繁茂して，その生存や産卵を促進した (Foster and Ruesink, 1984)．耕起は直接害虫を殺す効果があるが，天敵も殺すためその効果を阻害する．ビートを加害するゾウムシの1種の卵は，深耕により90 %以上殺されるが，表面耕起によりその卵寄生蜂を保護すると，深耕より高い防除効果が得られた (Telenga and Zhigaev, 1959)．

刈り取りや除草は一般に昆虫の移動を引き起こす．これを利用して天敵の移動を誘起できる．著名な例は，米国におけるアルファルファの条刈りによる天敵の保護である．条刈りで半分のアルファルファを残すことにより，刈り取られた部分に生息していた捕食性カメムシ類，クサカゲロウ類，テントウムシ類などの移動性の捕食性天敵が保護された (van den Bosch and Stern,

表 6.14　耕起の方法や被覆作物がオサムシに及ぼす影響
(Letourneau and Altieri, 1999)

耕起・被覆作物	作物	オサムシの種類	反応
不耕起	トウモロコシ	*Amara* spp., *Pterostichus* sp. *Amphasia* spp.	密度の上昇
被覆作物	トウモロコシ	*Pterostichus* spp., *Scarites* spp.	個体数の増加
不耕起	アルファルファ	オサムシ類各種	個体数，種数とも変化無し
撹乱の少ない耕起	ダイズ	オサムシ類各種	個体数，種数とも増加
不耕起	ダイズ	オサムシ類 (9属)	個体数，バイオマス，種数とも増加
不耕起	コムギ，ダイズ，トウモロコシ	*Harpalus* spp., *Amara* spp.	個体数増加
不耕起	リンゴ	*Anisodactylus senctaecrucis, Stenopophus comma, Harpalus aeneus, Amara* spp., *Bradycellus supestris*	自然植生における個体数増加，多様度変化無し
種々の方法	春コムギ	オサムシ類40種	栽培方法や耕起の方法は群集の組成を変化させた
不耕起	リンゴ	*Harpalus* sp. を優占種とするオサムシ類	不耕起区における個体数増加
被覆作物 (イネ科牧草，bell bean 混合)	リンゴ	*Pterostichus* spp., *Amara* spp., *Agonum* spp., *Platynus* spp., *Microlestes* spp.	被覆作物区における個体数減少

1969).

(3) 施　肥

施肥は作物の栄養状態や発育を通じて，害虫と天敵の系へ影響を与える (Letourneau and Altieri, 1999). 多くの植食性昆虫は，窒素の豊富な寄主植物上では集団としての増殖が早くなる. このような状況では天敵が害虫を抑圧できるかどうかが懸念されるが，リンゴハダニに対するカブリダニの 1 種 *Amblyseius potentillae* の効果は，窒素施肥量の違いに影響されなかった (Huffaker *et al*., 1970). 一方，十分に施肥されたワタ畑におけるヤガの 1 種 *Heliothis zea* の密度は，高密度のテントウムシ等の天敵が存在していたのにもかかわらず，施肥されていない対照区に比べ高密度に達した (Adkisson, 1958). 天敵の効果が直接施肥により影響されず，害虫のみ増殖能力が高まるのであれば，当然天敵の害虫抑圧効果は低下すると考えられるが，野外では害虫，天敵の両方に他の要因も影響しており，いちがいにはそうならない可能性も高い．害虫や天敵が利用している植物由来の化学交信物質の生産に対する施肥の影響も指摘されている．

施肥が十分でないと，寄主植物の栄養的な価値が低下して害虫の発育が遅れる．そのため天敵が攻撃できる期間が長くなり，天敵の効果が高まることもある．米国ではインゲンテントウに対する捕食性カメムシの効果（Price, 1986）や，モンシロチョウに対するアオムシコマユバチの効果（Benrey and Denno, 1997）に対して，そのような施肥の影響が報告されている．施肥の効果が害虫の体長や栄養的価値に影響し，それが天敵の産卵，生存，性比に影響することもある．無翅のモモアカアブラムシ体内の高い窒素含量が，テントウムシの1種 *Hippodamia convergens* の産卵能力を高めたが（Wipperfürth *et al*., 1987），当然寄主植物に対する施肥の影響が反映されたと思われる．コナガに寄生するヒメバチの1種 *Diadegma insulare* の性比は，作物に対する窒素投下量が高い区では強く雌に偏った（Fox *et al*., 1990）．施肥による過繁茂は，探索面積を拡大するだけでなく陰の多い状態をつくるため，探索行動に影響を与えることもある（Sato and Ohsaki, 1987）．施肥による土壌への栄養供給により圃場における雑草の種構成が変わることがあり，間接的に天敵へ影響する可能性が考えられる．リン，カリウム含量，土壌 pH などが雑草の種構成に影響するとの報告がある．

（4）殺虫剤と土着天敵保護

農耕地における土着天敵の効果と殺虫剤の施用の必要性は反比例の関係にある．全く土着天敵の効果が無い場合は，殺虫剤が防除の主体となる．逆に，土着天敵相の効果が強力で，殺虫剤施用が全く必要無い場合もある．土着天敵の保護利用による IPM はこの中間の場合に相当し，殺虫剤との併用が必要となる（Waage, 1989）．殺虫剤は天敵に対し死亡をもたらすだけではなく，死亡しない程度の低濃度で天敵の発育，産卵，寄主探索行動，次世代の性比や寿命などに長期間影響する可能性がある．例えばアカマルカイガラムシの寄生蜂*Aphytis melinus*は，有機リン剤の影響により産卵数が減少し（Rosenheim and Hoy, 1986），オンシツツヤコバチ，アブラバチ類，ナナホシテントウは，合成ピレスロイド剤の影響により寄主探索効率が低下する（Perera, 1982 ; Longley and Jepson, 1996 ; Wiles and Jepson, 1994）．したがって，殺虫剤と土着天敵の効果の併用に当たっては，このような殺虫剤の影響も考慮しなければならない．

土着天敵に及ぼす殺虫剤の影響を抑えて土着天敵の効果を活用するには，いくつかの方法がある．施設園芸における天敵利用のような天敵の放飼増強法との大きな違いは，土着天敵の生物相，発生量や発生時期などの把握が困難であることである．もし害虫と天敵の両方の密度調査が可能であれば，その情報を元にして殺虫剤散布を調節できる．米国ではリンゴハダニに対する殺ダニ剤施用について，リンゴハダニと捕食者のファラシスカブリダニ*Amblyseius fallacis*の密度比を参考にした決定方法が提案されている．当然カブリダニの比が高ければ殺ダニ剤は施用されない（Croft, 1977）．

ある害虫に対する殺虫剤がその害虫の天敵に対しては影響が少ない場合，生理学的選択性（physiological selectivity）と呼ばれる．殺虫剤は従来殺虫スペクトラムの広い非選択性のものが主体であったが，最近はIGR系の薬剤をはじめとする特定の害虫にのみ効果があり，しかも天敵に影響の少ない薬剤が増えてきた．しかし農薬メーカーにとっても，殺虫スペクトラムの狭い薬剤はマーケットが限られ，農家にとっても殺虫スペクトラムの広い単一薬剤の代わりに複数の選択性薬剤を利用するのは，薬剤施用が複雑になる等の問題がある．このような事情は選択性殺虫剤の普及を遅らせる要因かもしれないが，一方で天敵と併用できる選択性殺虫剤が増えてきたことはIPMの普及につながるものと期待できる．

国際生物的防除機構（IOBC）には，殺虫剤と天敵のワーキンググループがあり選択性農薬の選抜を行っている．農薬の選抜は室内試験，半野外試験，野外試験という順で進められ，早い段階で選択性があることが明らかとなった薬剤については，その段階で試験が打ち切られる．ワーキンググループでは，これまで種々の薬剤について天敵に対する影響を評価し，標準的試験法

を確立してきた (Hassan, 1992). 選択性殺虫剤と土着天敵で主要害虫の発生を抑えようとする場合, あまり殺虫剤の対象害虫に対する効果が高いと, 天敵が利用する害虫がいなくなり天敵の効果は発揮されない可能性がある. 二次害虫の多発を抑えることが目的で, 主要害虫に有力な天敵がいない場合, 主要害虫に選択性殺虫剤を使用すれば二次害虫の天敵は保護され, 二次害虫は土着天敵で防除できる (Johnson and Tabashnik, 1999).

殺虫スペクトラムの広い殺虫剤を利用するが, 害虫のみが影響され土着天敵が影響されないように工夫することを生態学的選択性 (ecological selectivity) と呼ぶ. 簡単な方法として薬剤の施用量を下げる方法がある. 害虫に対する効果は低下するが土着天敵の保護も可能となる. しかし害虫の感受性が高いステージに施用するなどの工夫が必要である. この方法は薬剤感受性の高い天敵には適用できない. 殺虫スペクトラムの広い殺虫剤を選択性殺虫剤や協力剤 (synergist) と混用すると, 選択性が高まることもある. 残効性の短い殺虫剤の利用も有効である. オンシツツヤコバチに対してはアミトラズ, テトラジホンおよびキノメチオネート (キノキサリン系) は5日間で影響が無くなり, ピリミカーブ粒剤はタマゴコバチ類に対して散布5日後で無害となる.

殺虫剤の施用法を工夫して天敵に対する影響を軽減する主要な方法としては, 時間的な隔離と空間的な隔離とがあり, どちらも天敵と害虫の隔離により天敵に影響を与えずに害虫に殺虫剤を施用することをねらいとしている (表6.15). 時間的隔離としては, 土着天敵が野外で余りまだ活動していない春季に, 害虫に殺虫剤を施用するのがひとつの方法である. しかし時間的隔離は, 一般に害虫とその天敵の生活史や発生時期の把握が必要で, 余り実用的ではない (Ruberson *et al.*, 1998). 空間的隔離としては, 害虫が多発しているスポットに局所施用したり, 害虫が上位葉に存在し天敵が下位葉に存在する場合, 上位葉のみに散布するなどの方法がある. 吸汁性害虫の防除のための浸透性殺虫剤の土壌施用も, 直接天敵に施用されないため, その保護につながる. 害虫を誘引剤, 餌, おとり植物 (trap plant) などで集めて殺虫剤を散布する方法もある. 比較的実用的な方法としては, 帯状施用 (strip treat-

表 6.15　農薬施用法の工夫による生態学的選択性 (Johnson and Tabashnik, 1999)

作物	害虫	天敵	農薬または施用法
		時間的隔離	
リンゴ	リンゴハダニ	ファラシスカブリダニ	種々の農薬
リンゴ	マイマイガ	コマユバチの1種 (*Apanteles melanoscelus*)	ジフルベンズロン
ブドウ	チマダラヒメヨコバイ近縁種 (*Erythroneura elegantula*)	ホソハネコバチの1種 (*Anagrus epos*)	種々の農薬
ナシ	キジラミの1種 (*Psylla pyricola*)	ハナカメムシの1種 (*Anthocoris nemoralis*)	ピレスロイド剤
野菜	オオモンシロチョウ	アオムシサムライコマユバチ	種々の農薬
コムギ	アブラムシの1種 (*Sitobion avenae*)	種々の捕食者	ベノミル
		空間的隔離	
リンゴ	ハダニの1種 (*Tetranychus mcdanieli*)	カブリダニの1種 (*Typhlodromus occidentalis*)	樹木周縁部への施用
リンゴ	リンゴハダニ	ファラシスカブリダニ	樹木周縁部への施用
ホップ	ホップイボアブラムシ	ハナカメムシの1種 (*Anthocoris nemoralis*)	土壌施用
タバコ	スズメガの1種 (*Manduca sexta*)	アシナガバチの1種	植物上部への施用
トマト	オンシツコナジラミ	オンシツツヤコバチ	土壌施用
カンキツ	ミカンカキカイガラムシ	ツヤコバチの1種 (*Aphytis lepidosaphes*)	帯状施用

ment) と呼ばれる方法があり，米国でリンゴやカンキツの害虫防除に利用されている (Hull and Beers, 1985). 果樹の列のすべてに殺虫剤を施用するのではなく，例えば1列おきに施用し，次回の散布では前回散布しなかった列に散布し，前回散布した列は散布しないようにする. 天敵相の回復のため散布の間隔が十分長いことが必要で，果樹のような永年性作物に適した方法である.

4. 土着天敵の保護利用の実例

(1) アザミウマ類に対するヒメハナカメムシ類の保護利用

ヒメハナカメムシ類は生息場所が多様で，畑作物，野菜，花類，果樹，雑草にまで見られる. ナミヒメハナカメムシは，初夏から秋までナス，ジャガイモ，ピーマン，クローバやキクなどで見られるが (Nakata, 1995；永井, 1990, 1993)，冬にはリンゴのような果樹園の土中で越冬しているのが観察されている (Wang *et al.*, 1994)．わが国の主要土着種のうち，ツヤヒメハナカメムシの生息場所は水田およびイネ科雑草，ミナミヒメハナカメムシはイネ科雑草であるが，他種はナミヒメハナカメムシと混在していることが多い (Yasunaga, 1997)．

岡山県立農業試験場の永井は，ナミヒメハナカメムシが露地ナスのミナミキイロアザミウマの土着有力天敵であることを評価し，さらに選択性殺虫剤とナミヒメハナカメムシの効果を利用した総合防除体系を考案した．岡山県下で，露地ナスのミナミキイロアザミウマの捕食性天敵としては，ミチノクカブリダニ，タカラダニ，ヒメハナカメムシ類，ヒメカメノコテントウなどが発見されたが，ナミヒメハナカメムシが最も多くの捕食行動が観察された．

ナミヒメハナカメムシの効果の評価は，本種に有効でミナミキイロアザミウマに効果の少ない殺虫剤 PAP や NAC を用いて行われた．網室内のポット植えナスに，ミナミキイロアザミウマとナミヒメハナカメムシを放飼した後 PAP を散布すると，無散布区に比べミナミキイロアザミウマの密度は著しく高まった．一方，ミナミキイロアザミウマが多発しているポット植えナスを収納したケージに，ナミヒメハナカメムシを放飼すると 13 日後にアザミウマはほとんど絶滅した (永井, 1993)．露地ナスの調査では，ナミヒメハナカメムシは餌であるアザミウマ類の発生消長と同調して，7 月および 9 月に発生のピークが見られた．7 月はダイズアザミウマ，9 月においてはミナミキイロアザミウマが主要種であった．PAP を 7～16 日間隔で継続的に散布した天敵除去区では無散布区に比べ，アザミウマ成幼虫密度の 7 月のピークは見られず，9 月のピーク時は無散布区の 4 倍となった．7 月にはダイズアザミウマが優占種であったため薬剤で防除されたが，9 月はミナミキイロアザミウマに薬剤散布が有効ではなくナミヒメハナカメムシが減少したため，リサージェンスが起こったと考えられる (永井, 1990, 1993) (図 6.2)．

さらに永井は，ミナミキイロアザミウマの蛹に殺虫効果を示し，ナミヒメ

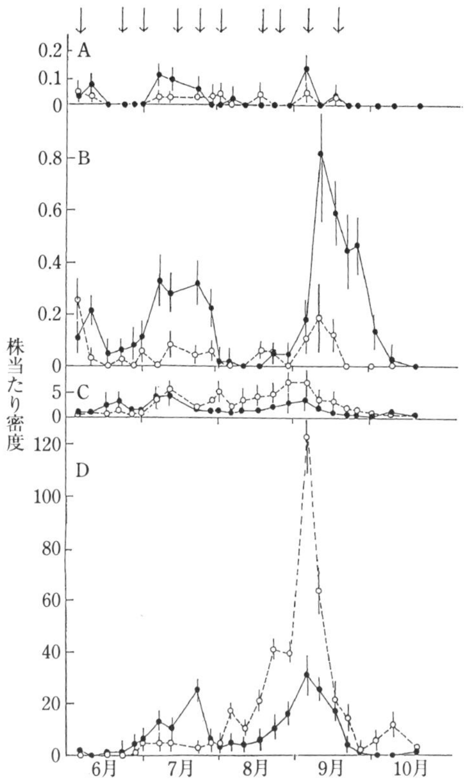

図 6.2 PAP 散布区（白丸）と無散布区（黒丸）のナス畑におけるナミヒメハナカメムシ成虫（A），幼虫（B），ミナミキイロアザミウマ成虫（C），幼虫（D）の密度変動（永井，1990）

ハナカメムシの卵，幼虫，成虫いずれの発育ステージの生存や成虫の産卵にも，ほとんど影響しない選択性殺虫剤ピリプロキシフェンを選抜した（Nagai，1990）．また小型ハウスにナスを定植し，ミナミキイロアザミウマとナミヒメハナカメムシを放飼した後，ピリプロキシフェンまたはNACを散布した区と，対照区として水を散布した区における両種の個体数変動を調査した．NACを散布した区ではアザミウマが高密度に達したのに対し，ピリプロキシフェンを散布した区ではナミヒメハナカメムシとの相乗効果で，うまくミナミキイロアザミウマの抑圧に成功した（図 6.1）．永井はナミヒメハナカメムシに対する各種薬剤の影響を評価し，ナスの主要害虫防除に利用できるナミヒメハナカメムシに影響の少ない薬剤を選抜した．これらの知見に基づいて，ミナミキイロアザミウマには土着のナミヒメハナカメムシとピリプロキシフェンを併用し，ニジュウヤホシテントウにはやはり選択性殺虫剤のブプロフェジンを散布する総合的管理区を設置した．慣行防除区と比較したところ，ミナミキイロアザミウマによる被害は同程度に抑えられた（永井， 1993）（図 6.3）．

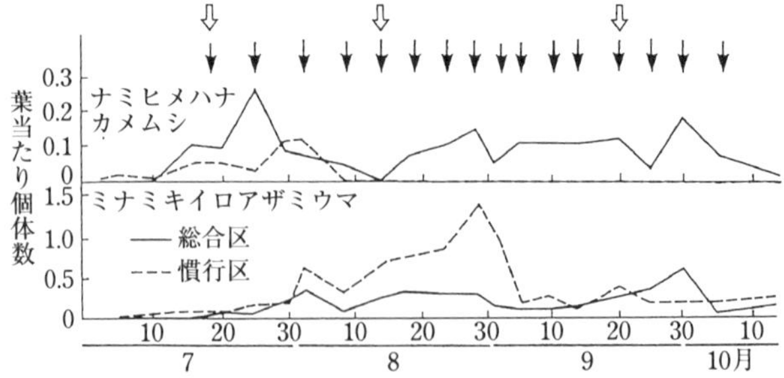

図 6.3　総合的管理区および慣行区でのナミヒメハナカメムシとミナミキイロアザミウマの密度変動（永井，1993）

白矢印は総合的管理区，黒矢印は慣行区での殺虫剤散布日を示す．

表 6.16　福岡県のナス害虫の IPM 体系におけるヒメハナカメムシ類に影響の少ない選択性殺虫剤の利用（Takemoto and Ohno, 1996）

対象害虫	選択性殺虫剤	剤型
ミナミキイロアザミウマ	ピリプロキシフェン	乳剤
ワタアブラムシ	イミダクロプリド	粒剤
	DDVP	乳剤
	オレイン酸カリウム	液剤
ハスモンヨトウ	テフルベンズロン	乳剤
ニジュウヤホシテントウ	ブプロフェジン	水和剤
カンザワハダニ	ミルベメクチン	乳剤
ナミハダニ	フエンピロキシメート	フロアブル
チャノホコリダニ	ミルベメクチン	乳剤

福岡県でも，ヒメハナカメムシ類が露地ナスのミナミキイロアザミウマの主要な天敵であることが確認され，ヒメハナカメムシ類を主体とする天敵類に影響の少ない薬剤を利用して，ミナミキイロアザミウマだけではなく，ワタアブラムシ，ハダニ類，ニジュウヤホシテントウ等すべての主要害虫を対象とする総合防除が試みられた（表 6.16）．1993 年から 1995 年にかけ，10 地点の圃場試験区のうち 8 地点で，大幅な薬剤散布回数の削減と防除に成功した（Takemoto and Ohno, 1996）．

これらの研究は，困難と思われた一年生作物害虫に対する土着天敵の保護利用の実用化の可能性を示した．技術開発においては技術の普遍化ということは重要な課題である．土着天敵の保護利用は環境中の天敵を利用するため，天敵の効果が環境に強く左右される．これらの総合防除体系も時期や場所が違えば同じように成功するわけではない．Hirose (1998) は，移動性の害虫の防除に土着天敵の保護利用を行うには，選択性殺虫剤の利用に加え天敵の生息場所の確保が重要であることを指摘した．天敵の生息場所の確保は土着天敵保護技術の普遍化の重要なステップである．そのためには，まず圃場周辺における土着天敵の発生源の確認が必要である．

福岡県農業総合試験場の大野と嶽本は，ナス畑周辺の白クローバ，水田，雑草地におけるヒメハナカメムシ類の種構成を調べた．白クローバはほとんどの調査点で90 %以上がナミヒメハナカメムシで占められ，水田やイネ科雑草ではツヤヒメハナカメムシが圧倒的な優占種であった．ナス畑ではナミヒメハナカメムシが最も多く，コヒメハナカメムシがそれに次いで多かったが，場所や時期によってはツヤヒメハナカメムシもかなり発見された (Ohno and Takemoto, 1997) (表6.17)．ナス畑へのヒメハナカメムシ類の侵入は6月始めから始まり，アザミウマ類の密度の上昇に依存していることがトラップ調査で示された (Takemoto and Ohno, 1996)．この研究は土着天敵保護

表6.17 福岡県のナス畑におけるヒメハナカメムシ類の種構成と周辺植生 (Ohno and Takemoto, 1997)

調査年月日		構成比率 (%)			雄性比	周辺植生
		O. sauteri	*O. minutus*	*O. nagaii*		
1993年	7月23日	50.0	25.0	25.0	0.258	水田
	8月19日	76.0	24.0	0.0	0.524	水田
1994年	6月20日	80.0	0.0	20.0	0.462	水田
	7月4日	78.9	5.3	15.8	0.247	野菜畑
	7月5日	67.7	25.8	6.5	0.457	水田
	7月7日	80.0	0.0	20.0	0.196	野菜畑
	7月15日	64.7	35.3	0.0	0.654	野菜畑
	7月22日	91.7	8.3	0.0	0.500	野菜畑
	8月22日	80.0	20.0	0.0	0.208	水田
	9月4日	70.4	25.9	3.7	0.529	水田
	9月5日	44.0	56.0	0.0	0.529	水田
	9月14日	87.5	12.5	0.0	0.444	水田
	10月3日	61.1	38.9	0.0	0.429	水田

(注) *O. sauteri* はナミヒメハナカメムシ，*O. minutus* はコヒメハナカメムシ，*O. nagaii* はツヤヒメハナカメムシを示す．

利用の方針に大きな示唆を与えている．ナス畑周辺のヒメハナカメムシ類の生息場所として白クローバや水田が重要であり，また積極的に圃場周辺に天敵が生息場所として利用している植物を栽培することも重要であることがわかった．

(2) 永年性作物における土着天敵の保護利用

ハダニ類に対する殺虫剤抵抗性のカブリダニ類の利用は，育種により殺虫剤抵抗性を賦与したカブリダニ類の放飼以外に，圃場に存在する土着の殺虫剤抵抗性個体群の利用という方法が考えられる．Mochizuki (1994) は，静岡県下の茶園で合成ピレスロイド剤抵抗性のケナガカブリダニ個体群を発見し，この個体群が有機リン剤やカーバメイト剤にも交差抵抗性を示すことを確認した (表6.18)．また野外系統との比較では，発育速度，産卵能力，休眠性などに差はなく，生殖的隔離も生じていないこともわかった．網室を利用した実験により，この個体群が実用濃度の合成ピレスロイド剤ペルメトリン散布下でもハダニ類を制御できることがわかった．さらに望月は合成ピレスロイド剤抵抗性個体群が定着している茶園で，ペルメトリン散布区と有機リン剤とネライストキシン剤を散布する慣行防除区における，ハダニ類とペルメトリン抵抗性ケナガカブリダニの発生消長，ハダニ類，チャノミドリヒメヨコバイおよびアザミウマ類の被害を比較した．合成ピレスロイド散布区と慣行区ではケナガカブリダニは同様の発生消長を示し，前者におけるハダニ類の被害は軽微で，ヨコバイ類やアザミウマ類の被害は慣行防除区より低く

表6.18　静岡県東部地域から採集した殺虫剤抵抗性ケナガカブリダニの殺虫剤に対する感受性 (Mochizuki, 1994より抜粋)

採集地	死虫率 (%)		
	DMTP (40ppm)	メソミル (50ppm)	ペルメトリン (20ppm)
沼津市平沼1	3.7	18.0	4.8
沼津市平沼2	–	–	8.3
沼津市井出1	23.3	43.9	27.9
沼津市井出2	20.0	35.7	47.7
沼津市根古屋	8.6	21.3	38.3

表6.19 防除のため性フェロモン剤を用いたリンゴのミダレカクモンハマキ卵に対するタマゴコバチ類の寄生率の上昇 (Ohira and Oku, 1993)

年	総卵塊数	卵塊寄生率 (%)	卵粒寄生率 (%)	防除手段	殺菌剤施用 (6月下旬)
1981	194	3.1	–	有機リン剤, マシン油	キャプタホル
1982	412	13.1	–	有機リン剤, マシン油	キャプタホル
1983	1143	7.1	11.5	卵にPAP散布	キャプタホル
1984	2206	23.4	14.7	無防除	キャプタホル
1985	1008	24.5	21.8	幼虫にIGR剤施用	キャプタホル
1986	1396	15.1	13.5	無防除	キャプタホル
1987	2070	20.2	16.5	無防除	キャプタホル
1988	1906	約55	約45	無防除	プロピネブ
1989	95	68.4	65.6	交信撹乱	プロピネブ
1990	174	57.6	49.8	無防除	プロピネブ
1991	137	約55	約45	–	–

(注) キャプタホルはタマゴコバチ成虫に有害, プロピネブは無害と思われる.

抑えられた. (望月, 2002 ; Mochizuki, 2003) ケナガカブリダニに合成ピレスロイド抵抗性を維持させるには薬剤による淘汰が必要なため, 圃場レベルでどのように対処するかは問題であるが, 薬剤抵抗性天敵の土着個体群の利用の可能性を示した研究である.

果樹のチョウ目害虫に対して, 合成性フェロモンを利用した交信撹乱による防除が行われるようになった. 殺虫剤の散布が削減されれば, 土着天敵の保護利用による害虫の抑圧効果が期待できる. Ohira and Oku (1993) はリンゴのミダレカクモンハマキ卵に対するタマゴコバチ類の寄生率が, リンゴの放棄園では極めて高いことに着目し, ハマキを殺虫剤の代わりに性フェロモンによる交信撹乱で防除すると, タマゴコバチ類による寄生率が高まり, 殺虫剤散布を行わなくとも防除が可能であることを示した (表6.19). 同様に福島県では, モモのチョウ目害虫を合成性フェロモンで防除すると土着のケナガカブリダニの効果が増強され, ハダニ類を防除することができた. また鳥取県のナシ園では, チョウ目害虫に対する性フェロモン剤による交信撹乱により殺虫剤施用が削減され, 増加したハダニアザミウマがハダニ類を抑圧した (伊澤, 2000).

(3) 水田における土着天敵の保護利用

栽培方法の変更も土着天敵の保護に重要である．Hidaka (1993, 1997) は広島県下で，稲作の集約的農法，伝統的農法および LISA (低投入持続型) 農法における土着天敵の効果を比較した．集約的農法は慣行の農法で，化学肥料，化学合成農薬を投入し耕起も行う．伝統的農法では，耕起はするが，化学肥料，化学合成農薬は使用しない．LISA 農法では肥料，農薬による化学的負荷を与えないことに加えて，耕起，定植は行わず，地面をマメ科植物で被覆する (表 6.20)．LISA 農法は撹乱を減少させ，天敵の生息場所を安定化させることをねらいの一つとしている．長期間伝統的農法を継続してきた水田では，トビイロウンカが少食性の線虫であるウンカシヘンチュウの寄生により低密度で抑えられていたが，セジロウンカは時として大発生した．一方，LISA 農法水田では，最も有力な捕食性天敵であるコモリグモ類が高密度で生息したため，伝統的農法による水田よりセジロウンカの密度は低く抑えられ，トビイロウンカの密度は同程度であった．またこれらの無農薬栽培を継続することにより，カマバチ類，ネジレバネ類などの移動性の少食性天敵が減少するのに対し，ウンカシヘンチュウのような定着性の少食性天敵が増加し，造網性クモ類などの移動性多食性天敵の密度は余り変化しない傾向

表 6.20 集約的農法，伝統的農法および LISA 農法による稲作の慣行 (Hidaka, 1993)

慣行	集約的農法	伝統的農法	LISA 農法
耕起	○	○	×
移植 (手植え)		○	×△
移植 (機械植え)	○	○	×△
薬剤散布	○	×	×
注油防除		△	×
化学肥料施用	○	×	×
厩肥施用	△	○	×
除草	△	○	○
機械による収穫	○	○	○
冬作	△	△	○
被覆作物	×	×	○

(注) ○：頻繁に行う．△：ときたま行う．×：行わない．

が認められた(日鷹, 1998).

このような農法の違いは，特に定着性の土着天敵に大きな影響を与えると考えられる．ウンカシヘンチュウのように，定着性で有力な土着天敵が存在すれば有効な方法と思われる．しかし農法の変更は農業生産そのものに根本的影響を与えるため，経済性，作業効率，環境負荷など多くの側面からの検討が必要である．そのような多方面からのニーズを調和させることができれば，いわゆる総合農法 (integrated farming) に発展させることが可能となろう．

(4) 総合農法 (integrated farming) の事例

ドイツの Lautenbach では，1978 年から総合農法のプロジェクトが行われた (El Titi and Landes, 1990)．害虫管理のプロジェクトが不十分な成功に終わった反省から生まれたもので，最初に総合農法で利用される種々の耕作，施肥技術が個々に評価され，さらにそれを組み合わせた総合農法の技術が体系化された．ともに穀類，ビートおよびマメ類の輪作を基本とする慣行区と総合農法区の圃場が隣接して設置され，両方の区にまたがってモニター区が設けられて比較が行われた．総合農法区では，土の反転を伴わない耕起，窒素施用の抑制，播種の深度の調節，生垣の設置，圃場周囲の自然植生の保護等の耕種的方法が利用された (表 6.21)．殺虫剤としてはアブラムシ剤を少数回施用するだけで，それ以外は全く施用することなく害虫，線虫の

表 6.21 ドイツの Lautenbach プロジェクトにおける総合農法と慣行農法の比較 (El Titi and Landes, 1990)

項目	総合農法	慣行農法
輪作	60％穀類，25％ビート，15％マメ類	同左
耕起	櫛の歯状の器具，ロータリー耕による土の膨軟化	プラウ耕
播種	ドリリングなし	ドリリングの利用
施肥	窒素施肥 25％削減	窒素通常施肥
除草	機械による除草と除草剤施用	除草剤施用
病害	多発時に殺菌剤施用	殺菌剤施用
虫害	多発時に殺虫剤施用	殺虫剤施用
圃場の周囲	自然植生保存	自然植生除去

発生を抑制できた．総合農法区では慣行区と比較して，土壌中の天敵や腐食性動物などの有用生物相もより豊かであり，収量も同等かもしくはそれ以上であった．

引用文献

Adkisson, P.L. (1958) The influence of fertilizer applications on populations of *Heliothis zea* (Boddie), and certain insect predators. J. Econ. Entomol. 51, 757-759.

Altieri, M.A. (1991) Increasing biodiversity to improve insect pest management in agroecosystems. Hawksworth, D.L. ed. Biodiversity of Microorganisms and Invertebrates : Its Role in Sustainable Agriculture. CAB International, Wallingford, U.K., 165-182.

Altieri, M.A. and L.L. Schmidt (1985) Cover crop manipulation in northern California apple orchards and vineyards : effects on arthropod communities. Biol. Agr. Hort. 3, 1-24.

Andow, D. (1991) Vegetational diversity and arthropod population response. Annu. Rev. Entomol. 36, 561-586.

Barbosa, P. ed. (1998) Conservation Biological Control. Academic Press, San Diego, 396 pp.

Baggen, L.R. and G.M. Gurr (1998) The influence of food on *Copidosoma koeleri* (Hymenoptera:Encyrtidae) and the use of flowering plants as a habitat management tool to enhance biological control of potato moth, *Phthorimaea operculella* (Lepidoptera : Gelechiidae). Biol. Control 11, 9-7

Bellows. T.S. and R.G. Van Driesche (1999) Life table construction and analysis for evaluating biological control agents. Bellows, T.S. and T.W. Fisher eds. Handbook of Biological Control. Academic Press, San Diego, 199-223.

Bellows, T.S., R.G. Van Driesche and J.S. Elkinton (1992) Life-table construction and analysis in the evaluation of natural enemies. Annu. Rev. Entomol. 37, 587-614.

Benrey, B. and R.F. Denno (1997) The slow-growth-high-mortality hypothesis : A test using the cabbage butterfly. Ecology 78, 987-999.

Boavida, D., P. Neuenschwander and H.R. Herren (1995) Experimental assessment of the impact of the introduced parasitoid, *Gyrannusoidea tebygi* Noyes, on the mango mealybug *Rastrococcus invadens* Williams, by physical exclusion. Biol. Control 5, 99-103.

Bobb, M.L. (1939) Parasites of the oriental fruit moth in Virginia. J. Econ. Entomol. 32, 605-609.

Brust, G.E., B.R. Stinner and D.A. McCartney (1985) Tillage and soil insecticide effects on predator-black cutworm (Lepidoptera : Noctuidae) interactions in corn agroecosystems. J. Econ. Entomol. 78, 1389-1392.

Brust, G.E., B.R. Stinner and D.A. McCartney (1986) Predation by soil inhabiting arthropods in intercropped and monoculture agroecosystems. Agr. Ecosys. Environ. 18, 145-154.

Chambers, R.J., K.D. Sunderland, I.J. Wyatt and G.P. Vickerman (1983) The effects of predator exclusion and caging on cereal aphids in winter wheat. J. Appl. Ecol. 20, 209-224.

Coombes, D.S. and N.W. Sotherton (1986) The dispersal and distribution of polyphagous predatory Coleoptera in cereals. Ann. Appl. Biol. 108, 461-474.

Croft, B.A. (1977) Susceptibility surveillance to pesticides among arthropod natural enemies : Modes of uptake and basic responses. Z. Ang. Entomol. 84, 140-157.

Debach, P. (1946) An insecticidal check method as a measure of the effect of entomophagous insects. J. Econ. Entomol. 39, 695-697.

Dempster, J.P. (1960) A quantitative study of the predators on the eggs and larvae of the broom beetle, *Phytodecta olivacea* Forster, using the precipitin test. J. Anim Ecol. 4, 485-500.

El Titi, A. and H. Landes (1990) Integrated farming system of Lautenbach : A practical contribution toward sustainable agriculture in Europe. Edwards C.A. et al. eds. Sustainable Agricultural Systems, Soil and Water Conservation Society, Ankeny, Iowa, 265-286.

Elkinton, J.S., J.P. Buonaccorsi, T.S. Bellows, and R.G. Van Driesche (1992) Marginal attack rate, *k*- values and density dependence in the analysis of contemporaneous mortality factors. Res. Popul. Ecol. 34, 29-44.

Foster, M.A. and W.G. Ruesink (1984) Influence of flowering weeds associated with reduced tillage in corn on a black cutworm (Lepidoptera : Noctuidae) parasitoid, *Meteorus rubens* (Nees). Environ. Entomol. 13, 64-668.

Fox, L.R., D.K. Letourneau, J. Eisenbach and S. Nouhuys (1990) Parasitism rates and sex ratios of a parasitic wasp: Effects of herbivore and host plant quality. Oecologia 83, 414-419.

Gould, J.R., T.S. Bellows and T.D. Paine (1992) Evaluation of biological control of *Siphoninus phillyreae* (Haliday) by the parasitoid *Encarsia partenopea* (Walker), using life-table analysis. Biol. Control 2, 257-265.

Greenstone, M.H. (1996) Serological analysis of arthropod predation:past, present and future. Symondson, W.O.C. and J.E. Lidell eds. The Ecology of Agricultural Pests. Chapman and Hall, London, 265-300.

Gurr, G.M., H.F. van Emden and S.D. Wratten (1998) Habitat manipulation and natural enemy efficiency : Implications for the control of pest. Barbosa, P. ed. Conservation Biological Control. Academic Press, San Diego, 155-183.

Hassan, S.A. ed. (1992) Guidelines for testing effects of pesticides on beneficial organisms. IOBC/WPRS Bull. 15 (3), 186pp.

Hickman, J.M. and S.D. Wratten (1995) Use of *Phacelia tanacetifolia* (Hydrophyllaceae) as a pollen source to enhance hoverfly (Diptera : Syrphidae) population in cereal fields. J. Econ. Entomol. 89, 832-840.

Hidaka, K. (1993) Farming systems for rice cultivation which promote the regulation of pest populations by natural enemies : Plant hopper management in traditional, intensive farming and LISA rice cultivation in Japan. FFTC Extension Bull. 374, 15 pp.

Hidaka, K. (1997) Community structure and regulatory mechanism of pest populations in rice paddies cultivated under intensive, traditionally organic and lower input organic farming in Japan. Biological Agriculture & Horticulture 15 (Special issue : Entomological Research in Organic Agriculture), 35-49.

日鷹一雅 (1998) 水田における生物多様性保全と環境修復型農法. 日本生態学会誌 48, 167-178.

Hirose, Y. (1998) Conservation biological control of mobile pests : Problems and tactics. Barbosa, P. ed. Conservation Biological Control. Academic Press, San Diego, 221-223.

Hodek, I. (1973) Biology of Coccinellidae. Prague : Academia.

Honda, J.Y., Y. Nakashima, T. Yanase, T. Kawarabata, M. Takagi and Y. Hirose (1999) Isoelectric focusing electrophoresis and RFLP analysis : Two methods for immature *Orius* spp. identification. Appl. Entomol. Zool. 34, 69-74.

Huffaker, C.B., M. van der Vrie and J.A. McMurtry (1970) Ecology of tetranychid mites and their natural enemies:A review. II. Tetranychid populations and their possible control by predators : An evaluation. Hilgardia 40, 391-458.

Hull, L.A. and E.H. Beers (1985) Ecological selectivity : Modifying chemical control practices to preserve natural enemies. Hoy, M.S. and D.C. Herzog eds. Biological Control in Agricultural IPM Systems. Academic Press, Orlando, FL, USA, 103-122.

Itô, Y., H. Yamanaka, F. Nakasuji and K. Kiritani (1972) Determination of predator-prey relationship with an activable tracer, Europium-151. Kontyû 40, 278-283.

伊澤宏毅 (2000) 果樹現場における IPM の取り組み. 今月の農業 44 (1), 28-32.

Johnson, M.W. and B.E. Tabashnik (1999) Enhanced biological control through pesticide selectivity. Bellows, T.S. and T.W. Fisher eds. Handbook of Biological Control. Academic Press, San Diego, USA, 297-317.

Kiritani, K., S. Kawahara, T. Sasaba and F. Nakasuji (1972) Quantitative evaluation of predation by spiders on the green rice leafhopper, *Nephotettix cincticeps* Uhler, by a sight count method. Res. Popul. Ecol. 13, 187-200.

Leius, K. (1967) Influence of wild flowers on parasitism of tent caterpillar and codling moth. Can. Entomol. 99, 444-446.

Letourneau, D.K. and M.A. Altieri (1999) Environmental management to enhance biological control in agroecosystems. Bellows, T.S. and T.W. Fisher eds. Handbook of Biological Control. Academic Press, San Diego, 319-354.

Longley, M. and P.C. Jepson (1996) Effects of honeydew and insecticide residues on the distribution of foraging aphid parasitoids under glasshouse and field conditions. Entomol. Exp. Appl. 81, 259-269.

Luck, R.F., R.M. Shepard and P.E. Kenmore (1988) Experimental methods for evaluating arthropod natural enemies. Ann. Rev. Entomol. 33, 367-391.

Luck, R.F., R.M. Shepard and P.E. Kenmore (1999) Evaluation of biological control with experimental methods. Bellows, T.S. and T.W. Fisher eds. Handbook of Biological Control. Academic Press, San Diego, 225-242.

McKinlay, R.G. (1985) Effect of undersowing potatoes with grass on potato aphid numbers. Ann. Appl. Biol. 106, 23-29.

Mochizuki, M. (1994) Variations in insecticide susceptibility of the predatory mite, *Amblyseius womersleyi* Schicha (Acarina : Phytoseiidae), in the tea fields of Japan. Appl. Entomol. Zool. 29, 203-209.

望月雅俊 (2002) 合成ピレスロイド剤抵抗性ケナガカブリダニによるチャのカンザワハダニの制御. 応動昆 46, 243-251.

Mochizuki, M. (2003) Effectiveness and pesticide susceptibility of the pyrethroid-resisitant predatory mite *Amblyseius womersleyi* in the integrated pest management of tea pests. BioControl 48 (in press)

Morris, R.F. (1959) Single-factor analysis in population dynamics. Ecology 40, 580-588.

永井一哉 (1990) 露地栽培ナスにおけるハナカメムシ *Orius* sp. によるミナミキイロアザミウマの密度抑制効果. 応動昆 34, 109-114.

Nagai, K. (1990) Effects of a juvenile hormone mimic material, 4-phenoxyphenyl (RS)-2-(2-pyridyloxy) propyl ether on *Thrips palmi* Karny (Thysanoptera : Thripidae) and its predator *Orius* sp. (Hemiptera : Anthocoridae). Appl. Entomol. Zool. 25, 199-204.

永井一哉 (1993) ミナミキイロアザミウマ個体群の総合的管理に関する研究. 岡山県農試臨時報告 82, 1-55.

Nakamura, M. and K. Nakamura (1977) Population dynamics of the chestnut gall wasp, *Dryocosmus kuriphilus* Yasumatsu (Hymenoptera : Cynipidae) V. Estimation of the effect of predation by spiders on the mortality of imaginal wasps based on the precipitin test. Oecologia 27, 97-116.

Nakata, T. (1995) Population fluctuations of aphids and their natural enemies on potato in Hokkaido, Japan. Appl. Entomol. Zool. 30, 129-138.

Nentwig, W., T. Frank and C. Lethmayer (1998) Sown weed strips : Artificial ecological compensation areas as an important tool in conservation biological control. Barbosa, P. ed. Conservation Biological Control. Academic Press, San Diego, 133-153.

Neuenschwander, P., F. Schulthess and E. Madojemu (1986) Experimental evaluation of the efficiency of *Epidinocarsis lopezi*, a parasitoid introduced into Africa against the cassava mealybug, *Phenacoccus manihoti*. Entomol. Exp. Appl. 42, 133-138.

Nyffeler, M. and G. Benz (1987) Spiders in natural pest control : a review. J. Appl.

Entomol. 103, 321-339.

Ohira, Y. and T. Oku (1993) A trial to promote the effect of natural control agents, especially of *Trichogramma* sp., on the apple tortrix, *Archips fuscocupreanus* Walsingham, by disrupting the mating of the pest. Proc. of an international symposium on the "Use of Biological Control Agents under Integrated Pest Management", FFTC, Kyushu Univ. Saga Univ., 251-265.

Ohno, K. and H. Takemoto (1997) Species composition and seasonal occurrence of *Orius* spp. (Heteroptera : Anthocoridae), predacious natural enemies of *Thrips palmi* (Thysanoptera : Thripidae), in eggplant fields and surrounding habitats. Appl. Entomol. Zool. 32, 27-35.

Perera, P.A.C.R. (1982) Some effects of insecticide deposit patterns on the parasitism of *Trialeurodes vaporariorum* by *Encarsia formosa.* Ann. Appl. Biol. 101, 239-244.

Pickett, C.H. and R.L. Bugg eds. (1998) Enhancing Biological Control. University of California Press, Berkeley, 422 pp.

Pollard, E. (1968 a) Hedges II. The effect of removal of the bottom flora of a hawthorn hedgerow on the fauna of the hawthorn. J. Appl. Ecol. 5, 109-123.

Pollard, E. (1968 b) Hedges III. The effect of removal of the bottom flora of a hawthorn hedgerow on the Carabidae of the hedge bottom. J. Appl. Ecol. 5, 125-139.

Pollard, E., K.H. Lakhani and P. Rothery (1987) The detection of density-dependence from a series of annual censuses. Ecology 68, 2046-2055.

Powell, W. (1986) Enhancing parasitoid activity in crops. Waage, J. and D. Greathead eds. Insect Parasitoids. Academic Press, London, U.K., 319-340.

Price, P.W. (1986) Ecological aspects of host plant resistance and biological control : Interaction among three trophic levels. Boethel, D.J. and R.D. Eikenbary eds. Interactions of plant resistance and parasitoids and predators of insects. Ellis Horwood, Chichester, U.K., 11-30.

Reddinguis, J. and P.J. Den Boer (1989) On the stabilization of animal numbers. Problems of testing. I. Power estimates and estimation errors. Oecologia 78, 1-8.

Riechert, S.E. and L. Bishop (1990) Prey control by assemblage of generalist predators: spiders in garden test systems. Ecology 71, 1441-1450.

Rogers, C.E. (1985) Extrafloral nectar: entomological implication. Bull. Entomol.

Soc. Amer. 31, 15-20.

Rosenheim, J.A. and M.A. Hoy (1986) Intraspecific variation in levels of pesticide variation in field populations of a parasitoid, *Aphytis melinus* (Hymenoptera : Aphelinidae) : The role of past selection pressures. J. Econ. Entomol. 79, 1161-1173.

Royama, T. (1981) Evaluation of mortality factors in insect life table analysis. Ecol. Monogr. 5, 495-505.

Ruberson, J.R., H. Nemoto and Y. Hirose (1998) Pesticides and conservation of natural enemies. Barbosa, P. ed. Conservation Biological Control. Academic Press, San Diego, 207-220.

Ryan, J., M.F. Ryan and F. McNaeidhe (1980) The effect of interrow plant cover on populations of cabbage root fly, *Delia brassicae* (Wied.). J. Appl. Ecol. 17, 31-40.

Sato, Y. and N. Ohsaki (1987) Host-habitat location by *Apanteles glomeratus* and effects of food-plant on host-parasitism. Ecol. Entomol. 12, 291-297.

Smith, H.S. and P. Debach (1942) The measurement of the effect of entomophagous insects on population densities of their hosts. J. Econ. Entomol. 4, 231-234.

Sopp, P.I., K.D. Sunderland, J.S. Fenlon and S.D. Wratten (1992) An improved quantitative method for estimating invertebrate predation in the field using an enzyme-linked immunosorbent assay (ELISA). J. Appl. Ecol. 29, 295-302.

Starý, P. (1983) The perennial stinging nettle (*Urtica dioica*) as a reservoir of aphid parasites (Hymenoptera, Aphidiidae). Acta Entomologica Bohemoslovaca 83, 81-86.

Sunderland, K.D. (1988) Quantitative methods for detecting invertebrate predation occurring in the field. Ann. Appl. Biol. 112, 201-224.

Sunderland, K.D. (1996) Progress in quantifying predation using antibody techniques. Symondson, W.O.C. and J.E. Lidell eds. The Ecology of Agricultural Pests. Chapman and Hall, London, 419-455.

Takemoto, H. and K. Ohno (1996) Integrated pest management of *Thrips palmi* in eggplant fields, with conservation of natural enemies : Effects of the surrounding and thrips community on the colonization of *Orius* spp. Hokyo, N. and G. Norton eds., Proc. Int. Workshop on the Pest Management Strategies in Asian Monsoon Agroecosystems (Kumamoto, 1995), Kyushu National Agricultural Experiment Station, Kumamoto, Japan, 235-244.

Telenga, N.A. and G.N. Zhigaev (1959) The influnce of different soil cultivation on reproduction of *Caenocrepis bothynoderis*, an egg parasite of beet weevil. Nauchnye Trudy Ukrainskogo Nauchno- Issledovatel'skogo Instituta Zaschity Rastenievodstva 8, 68-75.

Van den Bosch, R. and V.M. Stern (1969) The effect of harvesting practices on insect populations in alfalfa. Proceedings, Tall Timbers Conference on Ecological Animal Control by Habitat Management (Vol. 1, 47-54). Tall Timbers Research Station, Tallahassee, FL, USA.

Varley, G.C. and G.R. Gradwell (1960) Key factors in insect population studies. J. Anim. Ecol. 29, 399-401.

Waage, J.K. (1989) The population ecology of pest- pesticide- natural enemy interactions. Jepson, P.C. eds. Pesticides and Non- Target Invertebrates. Intercept, Wimborne, Dorset, UK, 81-93.

Wang, F., W. Zhou and R. Wang (1994) Studies on the overwintering survival rate of *Orius sauteri* (Hem. : Anthocoridae) in Beijing. Chinese J. Biol. Control 10, 100-102.

Wiles, J.A. and P.C. Jepson (1994) Sub- lethal effects of deltamethrin residues on the within- crop behavior and distribution of *Coccinella septempunctata.* Entomol. Exp. Appl. 72, 33-45.

Wipperfürth, T., K.S. Hagen and T.E. Mittler (1987) Egg production by the coccinellid *Hippodamia convergens* fed on two morphs of the green peach aphid, *Myzus persicae.* Entomol. Exp. Appl. 44, 195-198.

Wratten, S.D. and H.F. van Emden (1995) Habitat management for enhanced activity of natural enemies of insect pests. Glen, D.M., M.P. Greaves and H.M. Anderson eds. Ecology and Integrated Farming Systems. John Wiley and Sons, Chichester, U.K., 117-145.

Yasunaga, T. (1997) The flower bug genus *Orius* Wolff (Heteroptera : Anthocoridae) from Japan and Taiwan. Appl. Entomol. Zool. 32, 355-364, 379-386, 387-394.

第７章　天敵利用の新技術

１．情報化学物質を利用した行動制御

（1）情報化学物質に対する天敵の反応性の向上

天敵昆虫が寄主または餌を発見するには，寄主植物からの揮発性の化学物質に基づく寄主生息場所の発見，それに続く寄主植物由来の HIPV や寄主由来のカイロモンによる寄主発見という過程を経なければならない．寄主植物や寄主の選択が生得的に固定された反応であることも多いが，種によっては学習により効率的に寄主植物や寄主を発見している（Vet and Dicke, 1992）．プライミングによる反応性の強化と連合学習による利用可能な寄主への選好性の強化により，探索効率を向上させていると考えられる．天敵に学習させる方法としては，寄主由来の物質に暴露させる方法と，寄生蜂の場合は産卵を経験させる方法とがある（Prokopy and Lewis, 1993）.

野外で学習により探索効率を向上させた研究は少ないが，Papaj and Vet（1990）は，森林内にショウジョウバエの１種と，餌のリンゴとイーストまたはマッシュルームを与えた人工の生息場所を配置した後，同じ生息環境で２時間学習させたショウジョウバエの寄生蜂 *Leptopilina heterotoma* の成虫と学習させない成虫を放飼して，生息場所の発見能力を比較した．学習した個体は未経験の個体に比べ，より頻繁により早く生息場所を発見した．また寄生蜂が学習した生息場所と同じ環境の生息場所をより選好する傾向が見られた．Lewis and Martin（1990）は，タバコガ類の幼虫寄生蜂 *Microplitis croceipes* の成虫を人為的に寄主や寄主の糞を配置したダイズ畑に放飼し，寄生蜂の産卵経験と高い寄主密度により探索効率が高まることを示した．

幼虫期に経験した寄主の学習の影響は，室内で代替寄主を用いて飼育した場合に問題となる．スジコナマダラメイガを本来の寄主とするヒメバチの１種 *Venturia canescens* を，幼虫期に代替寄主である *Meliphora grisella* で飼

育した場合，成虫が *M. grisella* 幼虫に誘引された（Thorpe and Jones, 1937）．このような現象に対処するには，室内で飼育に利用する餌や寄主に，本来の寄主由来の情報化学物質を加えてやるなどの工夫が必要である（Prokopy and Lewis, 1993）．学習による探索能力の向上は，寄主植物由来の揮発性化学物質や HIPV に対する場合と，寄主由来のカイロモンに対する場合とが考えられるが，Vet and Dicke (1992) は，寄主植物由来の物質に対する学習がより可能性が高く応用上も重要であると考えている．

(2) 情報化学物質の人為的散布

情報化学物質の人為的散布による天敵の行動制御は，タマゴコバチ類を対象に主に行われている．米国ではトウモロコシやダイズの害虫であるタバコガの1種 *Helicoverpa zea* に対するタマゴコバチ類の寄生率が，寄主由来または寄主植物由来の情報化学物質の散布により上昇することが示された．ダイズ畑における *H. zea* の鱗粉の抽出物の散布で，タマゴコバチ類による寄生率は対照区に比べ 9 %上昇した（Lewis *et al.*, 1975 a, b）．*H. zea* の合成性フェロモンの発散で寄生率は対照区に比べ 15 %上昇した（Lewis *et al.*, 1982）．これら鱗粉の抽出物や性フェロモンは，タマゴコバチ類に対しカイロモンとしての効果を示すことがわかっている．しかし，これらのカイロモン処理によるタマゴコバチ類の寄生率の上昇効果はそれほど顕著ではなく，実用性があるとは言えない．その他アマランサスなど種々の植物の抽出物の散布により，タマゴコバチ類の寄生率が上昇することが証明された（Altieri *et al.*, 1981）．カリフォルニアでアカマルカイガラムシの防除に利用される *Aphytis melinus* は，室内ではシロマルカイガラムシで飼育されるが，アカマルカイガラムシの虫体に含まれ寄主選択に利用されるカイロモン *O*-caffeoyltyrosine を欠いている．シロマルカイガラムシで飼育した寄生蜂を放飼する前に，この物質でプライミングするとアカマルカイガラムシに対する寄生効率が改善された（Hare *et al.*, 1997）．

Hagen *et al.* (1970) は，ヤマトクサカゲロウを人工甘露で誘引することに成功した．人工甘露にはトリプトファンの分解物であるインドールアセトアルデヒドが含まれるが，クサカゲロウ成虫を誘引するカイロモンとしての効果をもつ．砂糖など他の成分はクサカゲロウに定着作用を持つと同時に産卵のための栄養源となる．この人工甘露をワタ畑に散布にすることにより，クサカゲロウの卵密度は3倍になりワタミゾウムシの密度，被害とも減少した．カイロモンの散布の成功した数少ない例である．

わが国においても，ダイズ害虫ホソヘリカメムシの集合フェロモンに，その卵寄生蜂カメムシタマゴトビコバチが誘引されることがわかり（Leal *et al.*, 1995），ホソヘリカメムシの合成集合フェロモンとその構成成分の誘引性がダイズ畑で調べられた（Mizutani *et al.*, 1997）．合成集合フェロモンはカメムシとトビコバチの両方を誘引したが，構成成分（*E*）-2 hexenyl（*Z*）-3-hexenoate（E2HZ3H）は，トビコバチのみ誘引し，カメムシは誘引しなかった（表7.1）．

このような情報化学物質の野外散布による寄生効率の向上の試みは余り成功していない．情報化学物質は野外では寄主の存在する周辺に局部的に分布して天敵の寄主発見に利用されているが，圃場一面に散布することにより，そのような寄主発見のための自然な情報化学物質の分布を壊してしまい，寄主発見をかえって阻害している可能性がある（Vet and Dicke, 1992）．寄主

表7.1　ホソヘリカメムシの集合フェロモンとその構成成分を誘引源としたトラップによるホソヘリカメムシとカメムシタマゴトビコバチの捕獲数（Mizutani *et al.*, 1997）

化学誘引剤	ホソヘリカメムシ捕獲数		カメムシタマゴトビコバチ捕獲雌数
	雌	雄	
フェロモン	5.0a	6.6a	51.6a
E2HZ3H	0.0b	0.2b	37.8a
E2HE2H	0.0b	0.0b	5.0b
MI	3.4a	6.4a	0.0b
対照区	0.2b	0.0b	1.2b

(注) 集合フェロモンはE2HZ3H : E2HE2H : MI = 1 : 5 : 1の混合物．トラップへの捕獲数は10個のトラップの3日の平均を示す．捕獲数の記号が列で異なる場合は1%水準で統計的有意差があることを示す．

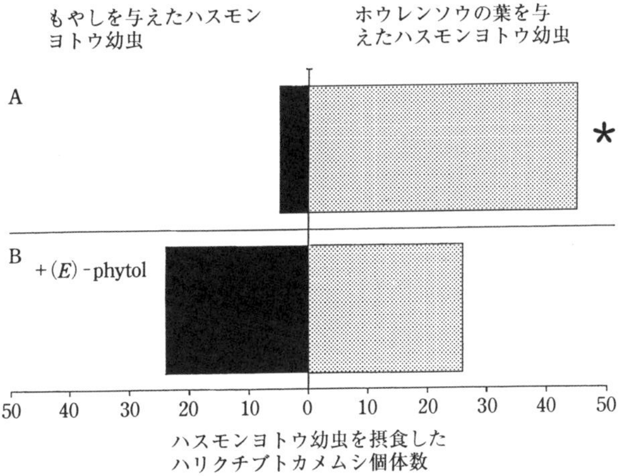

図 7.1　モヤシまたはホウレンソウの葉を食べさせたハスモンヨトウ幼虫に対するハリクチブトカメムシの口吻伸長行動に基づく摂食選好性 (Yasuda, 1998)

ホウレンソウは (*E*) - phytol を多量に含み，もやしはほとんど含まない．実験 B ではハスモンヨトウの体表に (*E*) - phytol を塗布した．星印は選好性に統計的有意差があることを示す．

発見にいたるまでの過程の正確な理解と情報化学物質の役割の解明が必要であろう．

カイロモンの利用場面としては，天敵を室内で代替寄主や人工飼料で飼育する際の利用が考えられる．タマゴコバチ類の人工卵への産卵刺激物質として利用される硫酸マグネシウムや塩化カリウムは，元来寄主卵内部に含まれるカイロモンの 1 種と考えられる．わが国においても，ハリクチブトカメムシのハスモンヨトウ幼虫に対する餌探索行動において，誘引には ***n*** - pentadecane，口吻伸長行動には (*E*) - phytol が関与 (図 7.1) していることが証明された (Yasuda, 1997, 1998)．人工飼料で飼育する場合，餌の摂食効率を上げるため役立つ可能性がある．

(3) 植物からの情報化学物質の発散の調節

Takabayashi *et al.* (1994) は，Y 字管 (図 7.2) を用いて，ナミハダニが植

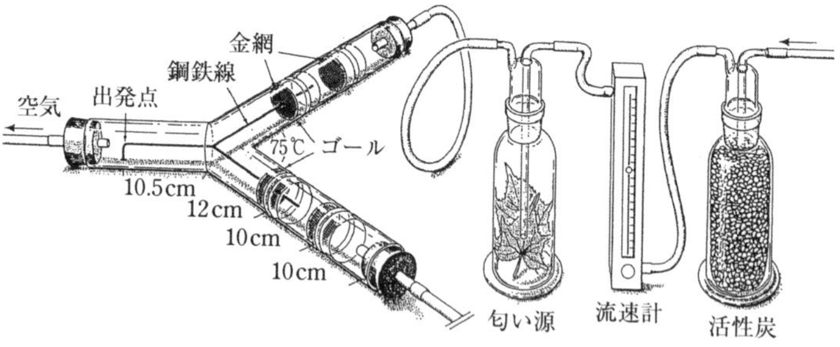

図 7.2　Y字型オルファクトメーター（高林，1997）
左右から未被害葉と被害葉の匂いを同時に流す．鋼鉄線上の出発点から歩き出したチリカブリダニはY字の分岐点でどちらかの匂いを選択する．ゴールを通過した個体を記録して，どちらかの匂いを好んだかを判定する．

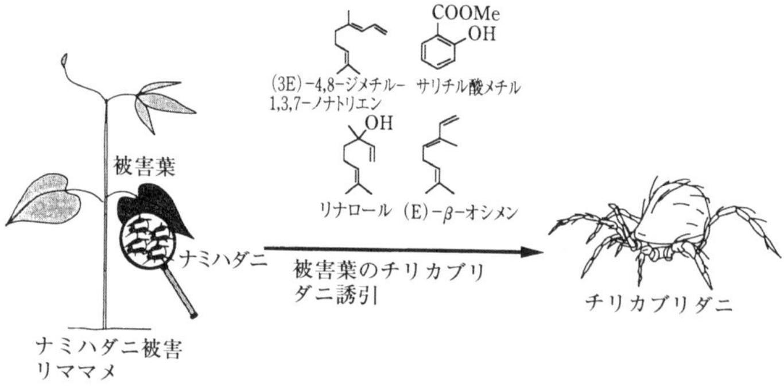

図 7.3　リママメがナミハダニに食害された場合，図にある揮発性化学物質が特異的に生産され，それに誘引されてチリカブリダニが被害植物を訪れる（高林，1997）．

物を加害すると植物から発散されるHIPVの組成に影響する要因を調べた（図 7.3）．HIPVの組成は，植物の種，品種，発育ステージで異なることが示された．例えば蔓性のマメとそうでないマメの品種では，同程度ナミハダニに加害された場合，蔓性の品種のみがチリカブリダニに対する誘引性を示した（高林，1997）．このような品種によるHIPVの生産能力の違いは，品種改良によってHIPVを多量に生産して効率的に天敵を誘引する品種の育成が可能であることを示唆している．最近になってHIPVが，植物が昆虫に食害されたとき植物体内で誘導される防御反応により生産されていることが明らかにされつつある(例えばKarban and Baldwin, 1997)．この防御反応の代謝系に関連する植物ホルモンであるジャスモン酸でリママメやガーベラの葉を処理すると，ナミハダニに加害された時に放出されるHIPVとほぼ同じブレンドの匂いが放出された．また室内試験でチリカブリダニはジャスモン酸で処理された葉の匂いに誘引された(Dicke *et al.*, 1999；Gols *et al.*, 1999)．一方，ナミハダニの加害を受けたリママメやワタから放出されたHIPVに無被害の植物を暴露すると，無被害であるにもかかわらずチリカブリダニを誘引するようになる(Dicke *et al.*, 1990；Bruin *et al.*, 1992)．さらに無被害のリママメにこのHIPVを暴露すると植物内で防御遺伝子が起動し，遺伝子発現のパターンがジャスモン酸に暴露した場合と類似していることが解明された(Arimura *et al.*, 2000)．将来は防御反応に関する植物の代謝系を遺伝子組換え技術により制御して，HIPVを大量に生産する組換え植物を作出できる可能性も出てきた．

2．天敵の育種

(1) 淘汰・交配による育種

育種による遺伝的改良は天敵の機能を高める有力な方法である．育種により改良された天敵の実用化の例としては，果樹・野菜害虫のハダニ類に対する薬剤抵抗性カブリダニ類の育種が代表的なものである．それ以外では非休眠性，高温耐性，高い産卵能力などをもつ天敵の育種が試みられた(表7.2)．

殺虫剤抵抗性天敵の育種が進んだのにはそれなりの背景がある．ハダニ類は現在では野菜や果樹の大害虫となっているが，有機合成殺虫剤が実用化するまでは二次的害虫に過ぎなかった．ハダニ類が害虫化した主要な原因は，殺虫剤抵抗性の発達と天敵の減少によるリサージェンスであると考えられる．ところが重要天敵であるカブリダニ類の中に，ハダニ類と同様に殺虫剤抵抗性を示す集団が野外で発見されるようになった．殺虫剤抵抗性のカブリ

表7.2 1971年以後の節足動物天敵の育種事例 (Whitten and Hoy, 1999)

育種特性	天敵の種名
産卵数	コバチの1種 *Dahlbominus fulginosus*
	チリカブリダニ
	タマゴバチの1種 *Trichogramma fasciatum*
	タマゴバチの1種 *T. brassicae*
非休眠性	ショクガタマバエ
	オキシデンタリスカブリダニ
薬剤抵抗性	ファラシスカブリダニ
	カブリダニの1種 *Amblyseius finlandicus*
	カブリダニの1種 *A. nicholsi*
	ツヤコバチの1種 *Aphytis holoxanthus*
	ツヤコバチの1種 *A. lingnanensis*
	ツヤコバチの1種 *A. melinus*
	ヤマトクサカゲロウ
	オキシデンタリスカブリダニ
	チリカブリダニ
	ズイムシアカタマゴバチ
	アブラバチの1種 *Trioxys pallidus*
	パイライカブリダニ *Typhlodromus pyri*
同調性	コマユバチの1種 *Cotesia melanoscela*
温度耐性	チリカブリダニ
産雌単性生殖	コガネコバチの1種 *Muscidifurax raptor*

ダニ類を積極的に利用すれば，カブリダニ類が抵抗性を示す殺虫剤で他の害虫を防除し，ハダニ類はカブリダニ類で防除するという方法が可能となる．そこで方向性として，野外に存在する殺虫剤抵抗性カブリダニ類を保護利用する方法と，室内で殺虫剤淘汰により抵抗性カブリダニ類を育成する方法の両面から研究が進められた．

カリフォルニアでブドウ畑のハダニの有力天敵であるオキシデンタリスカブリダニ *Metaseiulus occidentalis* は，野外で有機リン剤や硫黄剤に抵抗性を示すことが確認された．この機能を増強するため，NACやペルメトリン抵抗性の個体が室内淘汰で育成され，さらに複数の薬剤に対する抵抗性を持たせるため交配された．このようにして有機リン剤，NAC，硫黄剤およびペルメトリンのうち，2，3種類の薬剤に複合抵抗性をもつ個体が育成された．NAC，有機リン剤および硫黄剤に複合抵抗性をもつ系統は，商業的に大量生産されカリフォルニアのブドウ園やアーモンド園に大量放飼された．NAC

の抵抗性は不完全優性の主働遺伝子で支配され，ペルメトリン抵抗性はポリジーン支配である．抵抗性遺伝様式の差異は放飼の戦略に影響する．例えばペルメトリン抵抗性の個体は野外個体との交雑で失われていくので，野外個体の比率を下げたうえで放飼するべきである（Beckendorf and Hoy，1985；Hoy，1985）．

カリフォルニアでカンキツのカイガラムシ防除に利用されている *Aphytis* 属の寄生蜂についても薬剤抵抗性育種に成功した．カリフォルニアの異なる地点から採集した *A. melinus* は，種々の殺虫剤に対して感受性の変異を示した．NAC に対する抵抗性の淘汰の効率が高いことが予測されたので室内淘汰が行われ，野外で抵抗性を示していた系統でも 86 %以上の死亡率であったものが，18 日間の淘汰で 50 %以下に低下した．育成された NAC 抵抗性

表 7.3　ケナガカブリダニに対する DMTP による淘汰（浜村，1986）

淘汰圧	試験日	供試虫数	死亡率 (%)	LC_{50} (ppm)
	1981年8月			30.0
80ppm1回目	1983年1月20日	111	49.6	
2回目	1983年2月15日	83	44.6	
3回目	1983年3月8日	277	41.9	
4回目	1983年4月21日	105	15.2	
	1983年5月30日			181.8
200ppm1回目	1983年6月22日	84	61.9	
2回目	1983年7月15日	86	51.1	
3回目	1983年8月4日	162	48.2	
4回目	1983年8月20日	99	32.3	
5回目	1983年10月6日	191	24.6	
	1983年11月11日			246.7
400ppm1回目	1983年11月18日	348	86.8	
2回目	1984年1月7日	353	80.7	
3回目	1984年2月7日	345	62.9	
4回目	1984年3月2日	446	70.0	
5回目	1984年3月28日	260	73.5	
6回目	1984年5月9日	173	79.2	
7回目	1984年6月7日	145	80.7	
	1984年10月12日			212.2

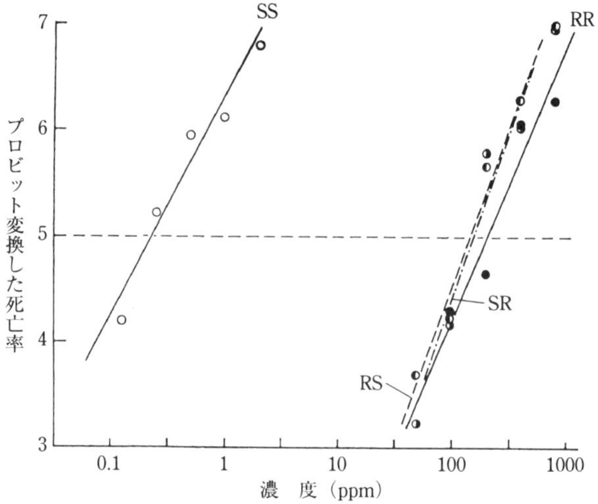

図 7.4 ケナガカブリダニ雌成虫の DMTP 抵抗性 (RR), 感受性系統 (SS) および交雑個体 (RS, SR) の DMTP 感受性 (浜村, 1986)

系統はジメトエートや DMTP (メチダチオン) にも抵抗性を示した. 感受性系統と抵抗性系統の間で雌当たり産卵数に差は無かったが, 感受性系統の方が雌性比が高かった (Spollen and Hoy, 1992 a). 得られた抵抗性は NAC 処理による淘汰をしなくても 9 カ月以上保持された. 抵抗性の遺伝様式は不完全優性であることが示唆されたが, 単一遺伝子支配かポリジーン支配かは解明できなかった (Spollen and Hoy, 1992 b).

わが国でも浜村 (1986) が, 土着のケナガカブリダニを用いて LC_{50} 付近の濃度でメソミルと DMTP による淘汰を行い, 後者に対する LC_{50} 値は 30.0 ppm から 212.2 ppm にまで上昇させることができた (表 7.3). この抵抗性は単一の完全優性の主働遺伝子に支配されていると考えられた (図 7.4). 感受性系統とメソミル, DMTP 抵抗性系統の増殖能力, 捕食能力および休眠性の比較では, いずれの形質についても差は認められなかった.

(2) 遺伝子組換え天敵の作出と利用

遺伝子組換え天敵の作出はまだ研究段階であり, 実際の利用となると解決

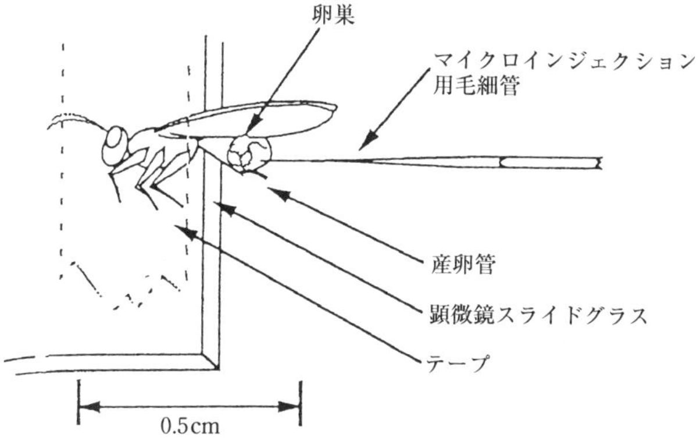

図 7.5　コマユバチの 1 種 *Cardiochiles diphaniae* 雌成虫の卵巣へのマイクロインジェクション (Presnail and Hoy, 1996)

するべき課題が多い．遺伝子導入の手法としては，ショウジョウバエ類で知られているトランスポゾンを使う方法，受精卵へのマイクロインジェクションなども考えられたが，トランスポゾンを使うと導入遺伝子の水平伝播の問題があり，卵へのマイクロインジェクションは技術的に困難であるということで，成熟卵を体内にもつ雌成虫へのマイクロインジェクション (maternal microinjection) (図 7.5) という方法が取られた．雌成虫の腹部に細いガラス管を挿入して，卵巣近くにプラスミド DNA を注入する．この方法でオキシデンタリスカブリダニとコマユバチの 1 種 *Cardiochiles diaphaniae* の雌成虫に DNA が注入され，産まれた卵内に導入された DNA の存在が確認された (Presnail and Hoy, 1992 ; 1996)．しかし実際に機能を持つ遺伝子を入れて組換え天敵を作るのは今後の課題である．特に天敵の場合野外に放飼して利用するため，放飼後の組換え天敵の管理の問題，組換え遺伝子の水平伝播の問題，非標的生物への影響など解決するべき問題は余りにも多い．

引用文献

Altieri, M.A., W.J. Lewis, D.A. Nordlund, R.C. Gueldner and J.W. Todd (1981) Chemical interactions between plants and *Trichogramma* wasps in Georgia soybean fields. Prot. Ecol. 3, 259-263.

Arimura, G., R. Ozawa, T. Shimoda, T. Nishioka, W. Boland and J. Takabayashi (2000) Herbivory-induced volatiles elicit defense genes in lima bean leaves. Nature 406, 512-515.

Beckendorf, S.K. and M.A. Hoy (1985) Genetic improvement of arthropod natural enemies through selection, hybridization or genetic engineering techniques. Hoy, M.A. and D.C. Herzog eds. Biological Control in Agricultural IPM Systems, Academic Press, Orlando, 167-187.

Bruin, J., M. Dicke and M.W. Sabelis (1992) Plants are better protected against spider mites after exposure to volatiles from infected conspecifics. Experientia 48, 525-529.

Dicke, M., R. Gols, D. Ludeking and M.A. Posthumus (1999) Jasmonic acid and herbivory differentially induce carnivore-attracting plant volatiles in Lima bean plants. J. Chem. Ecol. 25, 1907-1922.

Dicke, M., M.W. Sabelis, J. Takabayashi, J. Bruin and M.A. Posthumus (1990) Plant strategies of manipulating predator-prey interactions through allelochemicals : prospects for application in pest control. J. Chem. Ecol. 16, 3091-3117.

Gols, R., M.A. Posthumus and M. Dicke (1999) Jasmonic acid induces the production of gerbera volatiles that attract the biological control agent *Phytoseiulus persimilis*. Entomol. Exp. Appl. 93, 77-86.

Hagen, K.S., E.F. Swall Jr and R.L. Tassan (1970) The use of food sprays to increase the effectiveness of entomophagous insects. Proc. Tall Timbers Conf. Ecol. Anim. Control Habitat Manage. 2, 59-81.

浜村徹三 (1986) 薬剤抵抗性ケナガカブリダニによる茶園のカンザワハダニの生物的防除に関する研究. 茶試報 21, 121-201.

Hare, J.D. and D.J. Morgan (1997) Mass-priming *Aphytis*: Behavioral improvement of insectary-reared biological control agents. Biol. Control 10, 207-214.

Hoy, M.A. (1985) Recent advances in genetics and genetic improvement of the phytoseiidae. Ann. Rev. Entomol. 30, 345-370.

Karban, R. and I.T. Baldwin (1997) Induced Responses to Herbivory. The University of Chicago Press, Chicago and New York, 319pp.

Leal, W.S., H. Higuchi, N. Mizutani, H. Nakamori, T. Kadosawa and M. Ono

(1995) Multifunctional communication in *Riptortus clavatus* (Heteroptera : Alydidae) : conspecific nymphs and egg parasitoids *Ooencyrtus nezarae* use the same adult attractant pheromone as chemical cue. J. Chem. Ecol. 21, 973-985.

Lewis, W.J., R.L. Jones, D.A. Nordlund and A.N. Sparks (1975 a) Kairomones and their use for management of entomophagous insects:I. Evaluation for increasing rates of parasitization by *Trichogramma* spp. in the field. J. Chem. Ecol. 1, 343-347.

Lewis, W.J., R.L. Jones, D.A. Nordlund and H.R. Gross (1975 b) Kairomones and their use for management of entomophagous insects:II. Mechanism causing increase in rate of parasitization by *Trichogramma* spp. J. Chem. Ecol. 1, 349-360.

Lewis, W.J. and W.R. Martin (1990) Semiochemicals for use in biological control:status and future. J. Chem. Ecol. 16, 3067-3089.

Lewis, W.J., D.A. Nordlund, R.C. Gueldner, P.E.A. Teal and J.H. Tumlinson (1982) Kairomones and their use for management of entomophagous insects : XIII. Kairomonal activity for *Trichogramma* spp. of abdominal tips, excretions and a synthetic sex pheromone blend of *Heliothis zea* (Boddie) moths. J. Chem. Ecol. 8, 1323-1331.

Mizutani, N., T. Wada, H. Higuchi, M. Ono and W.S. Leal (1997) A component of a synthetic aggregation pheromone of *Riptortus clavatus* (Thunberg) (Heteroptera : Alydidae) , that attracts an egg parasitoid, *Ooencyrtus nezarae* Ishii (Hymenoptera : Encyrtidae). Appl. Entomol. Zool. 32, 504-507.

Papaj, D.R. and L.E.M. Vet (1990) Odor learning and foraging success in the parasitoid, *Leptopilina heterotoma*. J.Chem. Ecol. 16, 3137-3150.

Presnail, J.K. and M.A. Hoy (1992) Stable genetic transformation of a beneficial arthropod, *Metaseiulus occidentalis* (Acari : Phytoseiidae) by a microinjection technique. Proc. Natl. Acad. Sci. U.S.A. 89, 7732-7736.

Presnail, J.K. and M. A. Hoy (1996) Maternal microinjection of the endoparasitoid *Cardiochiles diaphaniae* (Hymenoptera : Braconidae). Ann. Entomol. Soc. Am. 89, 576-580.

Prokopy, R.J. and W.J. Lewis (1993) Application of learning to pest management. Papaj, D.R. and A.C. Lewis eds. Insect Learning, Chapman and Hall, New York, 308-342.

Spollen, K.M. and M.A. Hoy (1992 a) Genetic improvement of an arthropod natural enemy : relative fitness of a carbaryl - resistant strain of the California red scale parasite *Aphytis melinus* Debach. Biol. Control 2, 87 - 94.

Spollen, K.M. and M.A. Hoy (1992 b) Carbaryl resistance in a laboratory - selected strain of *Aphytis melinus* Debach (Hymenoptera : Aphelinidae) : mode of inheritance and implications for implementation in citrus IPM. Biol. Control 2, 211 - 217.

Takabayashi, J., M. Dicke and M.A. Posthumus (1994) Volatile herbivore - induced terpenoids in plant - mite interactions : variation caused by biotic and abiotic factors. J. Chem. Ecol. 20, 1329 - 1354.

高林純示 (1997) 植物―害虫―天敵間の化学情報：天敵利用の新技術開発. 遺伝 51 (9), 38 - 43.

Thorpe, W.H. and F.G.W. Jones (1937) Olfactory conditioning and its relation to the problem of host selection. Proc. R. Soc. Lond. B 124, 56 - 81.

Vet, L.E.M. and M. Dicke (1992) Ecology of infochemical use by natural enemies in a tritrophic context. Annu. Rev. Entomol. 37, 141 - 172.

Whitten, M.J. and M.A. Hoy (1999) Genetic improvement and other genetic considerations for improving the efficacy and success rate of biological control. Bellows, T.S. and T.W. Fisher eds. Handbook of Biological Control. Academic Press, San Diego, USA, 271 - 296.

Yasuda, T. (1997) Chemical cues from *Spodoptera litura* larvae elicit prey - locating behavior by the predatory stink bug, *Eocanthecona furcellata*. Entomol. Exp. Appl. 82, 349 - 354.

Yasuda, T. (1998) Role of chlorophyll content of prey diets in prey - locating behavior of a generalist predatory stink bug, *Eocanthecona furcellata*. Entomol. Exp. Appl. 86, 119 - 124.

第8章　導入天敵の環境への影響と管理

1．問題の発端

米国では建国以来侵入害虫の発生が頻発し，その対策として導入天敵の利用が図られてきた．しかし最近になって導入天敵が対象害虫以外の土着生物を直接的あるいは間接的に攻撃し，極端な場合絶滅させるような深刻な影響を与えているとする報告が出されるようになり，さらに米国だけに留まらず国際的な問題となった．そのためFAOでは，1995年に「外来の生物的防除素材の輸入と放飼のための取り扱い規約」を出して，各国政府が遵守することを求めた（FAO, 1995）．これを受けて，その後各国で天敵導入規制の法制化やガイドライン作成が進められた．しかし導入天敵の環境リスクは限定されており，過度の導入規制はかえって生物的防除の進展を阻害するという意見も，応用昆虫学者の間に根強くある．

2．導入天敵による土着生物への影響

(1) 導入天敵の永続的利用における土着生物への影響事例

最近になって，侵入害虫の永続的防除に導入された天敵が，対象害虫以外の土着昆虫を絶滅または絶滅寸前に追い込んでいる事例が報告されるようになった（広瀬, 1994；Howarth, 1991）．例えばフィジーでは，ココナツを加害するマダラガの1種 *Levuana iridescens* の防除のためマレーシアから導入されたヤドリバエの1種 *Bessa remota* は，対象害虫を絶滅させたが，同時に土着種のマダラガの1種 *Heteropan dolens* を絶滅させていたことが判明した．またハワイでは，侵入害虫ミナミアオカメムシ *Nezara viridula* の防除に導入されたヤドリバエ *Trichopoda pilipes* やクロタマゴバチ *Trissolcus basalis* の仲間が，土着のカメムシの1種 *Coleotichus blackburniae* を絶滅寸前に追い込んでいる（表8.1）．

表 8.1　有害生物防除のための導入天敵の永続的利用で防除対象外生物種が絶滅または絶滅寸前に追いやられた主要事例（Howarth, 1991 他より広瀬, 1994 が作成）.

導入天敵		防除対象有害生物		導入地	導入年	絶滅または絶滅寸前の防除対象外生物		絶滅推定年代
類別	種名	類別	種名			類別	種名	
寄生性天敵	ヤドリバエの一種 *Bessa remota*	害虫	マダラガの一種 *Levuana iridescens*	フィジー	1925	非害虫	マダラガの一種 *Heteropan dolens*	1940
寄生性天敵 寄生性天敵	ヤドリバエの一種 *Trichopoda pilipes* クロタマゴバチの一種 *Trissolcus basalis*	害虫	ミナミアオカメムシ *Nezara viridula*	ハワイ	1962	非害虫	カメムシの一種 *Coleotichus blackburniae*	–
捕食性天敵	カダヤシ *Gambusia affinis*	害虫	カ類*Aedes* spp., *Culex quinquefascatus*	ハワイ	1905	非害虫	トンボの一種 *Megalagrion pacificum*	–
捕食性天敵	マイマイの一種 *Euglandina rosea*	害貝	アフリカマイマイ *Achatina fulica*	ハワイ	1955	非害貝	マイマイの一種 *Achatinella mustelina*	1980
				モーリア（フランス領ポリネシア）	1977	非害貝	*Partula* 属のマイマイ7種 *P. suturalis, P. taeniata, P. tohiveana, P. mooreana, P. aurantia, P. mirabilis, P. exiqua*	1980
微生物天敵	*Mixoma* 属のウィルス	害獣	アナウナギ *Oryctolagus cuniculus*	イギリス	?	非害虫	シジミチョウの一種 *Maculina arion*	1970

害虫以外の有害動物の除去に導入天敵が利用された場合も，いくつかの事例が報告されている．熱帯農業の有害カタツムリとして著名なアフリカマイマイ *Achatina fulica* の防除のため，ハワイやタヒチに捕食性カタツムリの1種 *Euglandina rosea* が導入されたが，森林に生息する土着の *Partula* 属のマイマイ数種を絶滅に追いやった．ネズミの防除のために西インド諸島，ハワイ，モーリシャス，フィジーなどに導入されたマングースは，土着の鳥の減少や，は虫類の絶滅をもたらした．

導入天敵の競争種が影響を受けた例として，北米でムギのアブラムシ類の防除をねらいとして最近導入されたナナホシテントウおよびナミテントウが，土着のテントウムシ類を激減させたと報告されている．導入天敵の間接的影響により予期しない影響が出ることもある．イギリスでは害獣のアナウサギの防除に，ミクソーマウイルスが利用された．その結果，それまでウサギの摂食により草の繁茂が抑えられていた土地に生息していたアリの1種が激減し，アリの巣を住みかとしていたシジミチョウの1種 ***Maculina arion*** の絶滅をもたらした．

a. 米国における導入テントウムシ類の土着テントウムシ等への影響

ナナホシテントウは種々の作物のアブラムシ類の防除を目的として，1956年から全米各地で導入，放飼された．1987年には全米の大半に分布を拡大した．1988年に侵入した南ダコタ州の調査では，ナナホシテントウの侵入後捕食性テントウムシ類の群集構造が激変し，特に *Coccinella tansversoguttata richardsoni* と *Adalia bipunctata* の2種が激減した（表8.2）．またナナホシテントウがテントウムシ群集に加わったが，テントウムシ類全体の個体数は増加せず，アブラムシ類に対する効果に疑問が投げかけられている（Elliott, *et al*., 1996）．ナミテントウは古くは1916年にカリフォルニアで放飼された記録があるが，1978年から1982年にかけ多くの州で放飼された．1991年にオレゴン州に分布を広げ1993～1994年にかけ大発生して，

表8.2 サウスダゴタ東部にナナホシテントウが定着する前と後における土着テントウムシ類の密度の変遷．（Elliott et al., 1996）

テントウムシ種名	作物					
	アルファルファ		トウモロコシ		小粒穀類	
	定着前	定着後	定着前	定着後	定着前	定着後
Hippodamia convergens	1.18	1.65	7.95	4.94	1.48	1.94
H. tredecimpunctata tibialis	0.51	0.21	5.61	2.23	0.92	0.33
H. parenthesis	0.39	0.37	0.06	0.24	0.27	0.35
Coleomegilla maculata lengi	0.16	0.44	4.36	6.91	0.16	0.44
Cycloneda munda	0.01	0.02	0.04	0.21	0.03	0.02
Coccinella transversoguttata richardsoni	0.04*	0.002*	0.29*	0.009*	0.04*	0.003*
Adalia bipuncttata	–	–	0.04*	0.002*	–	–
ナナホシテントウを除く合計密度	2.30	2.69	18.4	14.5	2.90	3.08
ナナホシテントウを含む合計密度	–	3.31	–	15.8	–	3.84

(注) アルファルファと小粒穀類では50回スイーピングで捕獲された個体数，トウモロコシでは15分の観察による発見個体数の平均を示す

* 定着の前と後の密度が統計的に異なることを示す（危険率5％）

樹木上では全テントウムシ類の個体数の70％を占めた（Lamana and Miller, 1996）. 西バージニア州のリンゴ園では, 1983年以来ナナホシテントウがアブラムシ捕食性テントウムシの優占種であったが, 1994年にナミテントウが定着し, 翌年にはナナホシテントウに取って代わって優占種となった. それにともない土着のテントウムシ *Coleomegilla maculata lengi* が増加したが, ショクガタマバエ *Aphidoletes aphidimyza* は減少した（Brown and Miller, 1998）.

b. 北米において侵入雑草のアザミの防除に導入されたゾウムシの土着アザミへの影響

Rhinocyllus conicus（ゾウムシの1種）は欧州原産で, 北米における侵入雑草である *Carduus* 属（ヤハズアザミ属）のユーラシアアザミの防除を目的として, 1968年カナダで, 1969年米国で放飼された. 放飼前の寄主選択試験で, このゾウムシの寄主範囲に北米原産の *Circium* 属（アザミ属）, *Silybum* 属および *Onopordum* 属（オオヒレアザミ属）のアザミが含まれていたが, *Carduus* 属に対する強い産卵選択性や幼虫の同属における発育の良好さから, 北米原産のアザミ類は余り利用されないと考えられた. しかし Rocky Mountain 国立公園, Mesa Verde 国立公園, Wind Cave 国立公園, Sandhills Prairie 保護区での調査では, 1992年から1996年にかけて, このゾウムシによる *Circium* 属の頭状花の被害はどの場所でも急激に増加した（図8.1）. 中でも *C. canescens* の種子生産は, このゾウムシの加害により甚大な影響を受けた. これらの結果から, *R. conicus* は最近寄主範囲を拡大したものと考えられる. また *R. conicus* と同じ時期にアザミの頭状花を加害して, 競争関係にある picture-winged fly（ミバエの1種）が減少したことも確認された（Louda *et al.*, 1997, 2000）.

(2) 導入天敵の土着生物への影響の仕方

導入天敵の土着生物への影響としては, 直接的影響として一つ下の栄養段階, つまり標的生物以外の天敵の寄主または餌生物に対する影響と, 同じ栄養段階に属する競争関係にある天敵に対する影響が考えられる（Hirose,

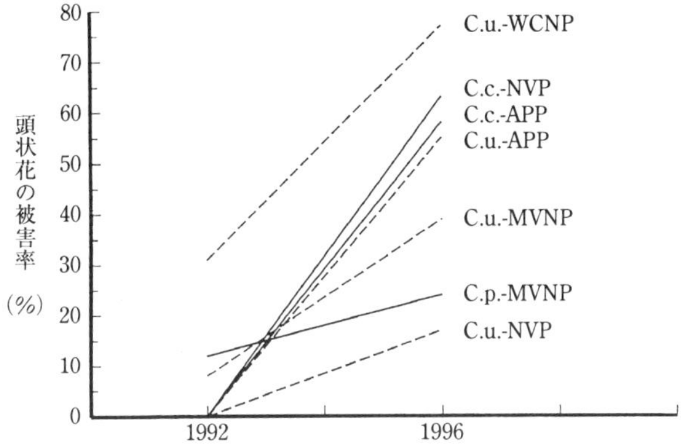

図 8.1 1992年と1996年における北米グレートプレーンズでゾウムシ *Rhinocyllus conicus* に加害されているのが確認された土着アザミ (*Cirsium* spp.) の被害率 (Louda, 2000)

C.u. = *Cirsium undulatum*, C.c. = *C. canescens*, C.p. = *C. pulchellum*, WCNP = Wind Cave 国立公園, NVP = Niobrara Valley 保護区, APP = Arapaho Prairie 保護区, MVNP = Mesa Verde 国立公園

1999). 前者は寄生や捕食を通じて, 後者は餌をめぐる競争の他, 種間捕食や高次寄生性により影響を及ぼす. 間接的影響としては, 導入天敵により標的生物が減少した結果, 標的生物に依存してきた生物が減少したりすることが考えられる (図 8.2). これらの直接的もしくは間接的影響により, 土着生物が激減するか極端な場合は絶滅する場合が, 顕著な環境影響と考えられる.

(3) 導入天敵の環境影響に関連する要因

天敵の種類や天敵を導入する環境, 天敵の利用方法は, 天敵の土着生物への影響の程度 (リスク) に深い関連がある (広瀬, 1994 ; 矢野, 1999). 天敵の中でも脊椎動物天敵は, 昆虫やダニ類のような節足動物天敵よりも, 土着生物に対するリスクが大きい. また先に挙げた例に見られるように, 防除対象外生物が絶滅やそれに近い状態に追い込まれた場所は海洋島が多い. 生物相が単純なうえに, 狭い隔離された環境であることが関係しているものと思われる. 逆に大陸や大陸に近い大きな島では, 導入天敵の土着生物への影響

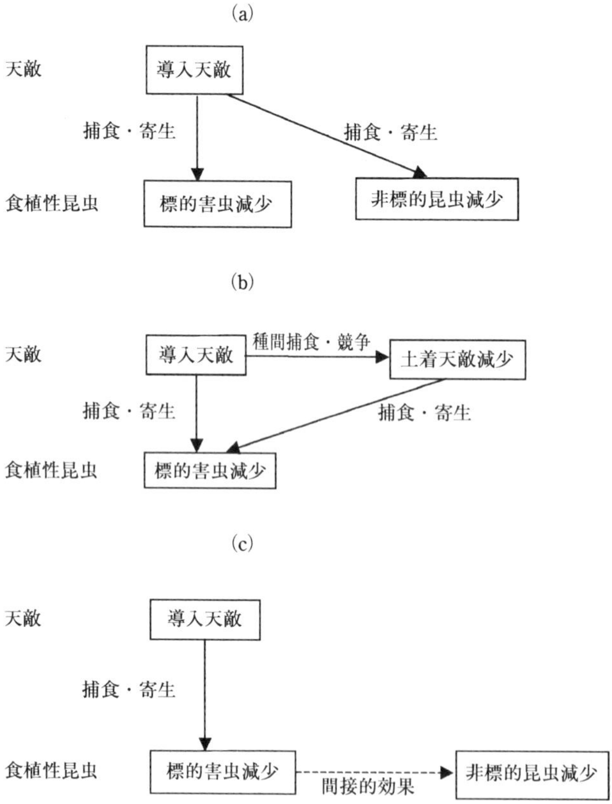

図 8.2　害虫防除のための導入天敵の土着生物への影響の仕方．食植性の非標的昆虫への直接的影響 (a)，競争関係にある土着天敵への直接的影響 (b)，および標的害虫の減少による間接的影響 (c)．

は余り大きくないと考えられる．米国のテントウムシ類の例は，大陸で目立って土着生物が減少した例ではあるが，絶滅に近い状態とは思われない．天敵の永続的利用と放飼増強法を比べた場合，前者が導入天敵の定着を前提としているのに対し，後者は定着がむしろ困難な天敵を利用するのが普通である．したがって放飼増強法の方がより安全で，事実，利用されている天敵が土着生物に顕著な悪影響を与えたという例は報告されていない．導入天敵が土着の生物に影響する場合，寄生，捕食，競争といった直接的影響やある別の種を介在して起こる間接的影響がある．この中で最もリスクが大きいのは，多食性捕食者であり，寄主特異性の高い捕食寄生者はリスクが小さいと言われている．餌をめぐる競争や間接的影響は，導入天敵が相手の生物を直接攻撃して死亡させることはないため，影響はより弱く絶滅させることはほとんど無いものと思われる．

(4) 導入天敵のリスク評価における問題点

導入天敵により土着種が絶滅もしくは激減させたという報告は，その因果関係を野外で確認することは容易ではないことから，他の理由で絶滅，減少した可能性もあることは念頭に置く必要がある．また，野外で絶滅したことを証明することは容易ではない．前述した例でも，天敵利用を推進する立場の研究者から，野外における因果関係の証明がなされていないとの反論がある．しかし一方で，これまで知られている導入天敵による土着種の激減や絶滅は，氷山の一角であるとの指摘もある．絶滅や激減の報告が少ないのは，導入天敵のリスクが低いからではなく，単に調査されなかったためかもしれない．

世界中に広く分布する天敵種の導入に関して，外国の系統や亜種を導入する場合，国内の系統，亜種への影響は，考え方によっては重大である．競争の影響だけではなく交雑の可能性が高い．ちなみにイギリスでは同種であっても，外国由来のものは土着種とは見なされておらず，導入種と同じ扱いをされている．

導入天敵のリスクを評価する際は，放飼する環境中の生物相が対象となる．しかし導入天敵は放飼後移動する．最初に放飼した環境への影響だけを考慮するだけでは不十分ではあるが，どこまで広げて考えなければならないかは難しい問題である．極端な場合，農業環境だけではなく，原生林のような自然生態系への影響まで考える必要が出てくる．

侵入生物は侵入後遺伝的な変化により，寄主範囲を拡大したり，毒性を変化させる可能性が指摘されている．後者については実際の事例がウイルスや糸状菌などの微生物天敵で知られている．寄主範囲は導入天敵のリスク評価において極めて重要な評価基準となっているため，もし導入天敵が導入後寄主範囲を拡大するとすれば，リスクの事前評価に大きな影響をもたらす (Simberloff and Stiling, 1996 a, b).

3. 導入天敵の環境リスク管理

(1) 導入天敵の環境リスク管理の考え方

リスク管理としては，導入前の事前評価による規制と導入後のモニタリングがある (矢野, 1999). 導入天敵を一度放飼してしまえば，リスクがあったとしても管理は困難となるため，当然導入前の事前評価が主体となる. 導入後のモニタリングによる事後評価は，導入天敵の監視と事前評価のための具体的情報収集の両方の意義がある. 事前評価において，導入天敵のリスク評価の項目として一般的に最も重視されるのが寄主範囲である. 寄主範囲が広い生物ほど，他種と寄生，捕食，競争といった種間関係をより多く持つためリスクが高くなる. 放飼増強法により利用する場合は，定着させる必要が無いため定着しない天敵は安全である. これには温度耐性や休眠性等多くの生活史に関連する要因が影響する. 生物種間で直接的な相互関係を持つためには，同じ場所で同じ時間に存在することが必要である. したがって導入天敵と土着種間で，空間的あるいは時間的な隔離機構があれば，導入天敵のリスクは大きくないと考えられる. 具体的には，生息場所や発生時期の違いは重要な要因である. 間接的な影響については，事前に評価することは困難であるが，防除対象害虫を含め導入天敵に直接強く影響される種が，環境中のキーストーン種 (生物群集における生物間相互作用の要をなす種) の場合は間接的影響の可能性がある.

(2) 導入天敵の環境リスク評価法

導入天敵の環境リスクを評価する場合，寄主範囲，定着性など環境リスクに関連する要因についての既往の知見を収集して文書 (dossier) を作成し，それに基づいて判断するのが基本である. 書類を審査する政府当局は，イギリスのような環境局，もしくはアメリカのような農務省の検疫部門が担当することになるであろう．審査に際しては場合により，行政サイドだけでなく，専門家によるエキスパートジャジメントが必要となる．

書類審査で判断できない場合は，室内において寄主選択試験や生存能力試験を行うことも考えられる．寄主選択試験は伝統的生物的防除において重視される性質であり，イギリスの国際生物的防除研究所 (IIBC) は，FAO の規約を支援する目的で寄主選択試験の技術指針を示した (IIBC，1995)．しかし雑草防除用の植食性天敵に比べ，害虫防除用の天敵に対する指針は不備である．放飼増強法に利用する天敵については，寄主特異性に加えて定着能力が重要となるが，休眠性や温度耐性についての試験は不可能ではないと思われる．

導入天敵と土着天敵との競争により土着天敵が減少する可能性があるが，その可能性を事前に判断するのは容易ではない．しかし室内試験で直接の種間干渉 (例えば高次寄生性) を調べることは可能であろう．競争能力に関連した他の重要な要因である増殖能力や寄主探索能力を推定するのは困難であり，また多大の労力をともなう．環境リスクの評価としては，これらの要因についての導入，放飼前の事前評価が主体となるが，場合によっては放飼後の監視 (モニタリング) が要求される．放飼後のモニタリングについては多くのガイドラインで必要性は指摘されているが，モニタリングの手法は天敵の種によって異なる上に，モニタリングを行う責任者の問題もある．

オンシツツヤコバチは北米原産の外来の寄生蜂であり，すでに導入された天敵ではあるが，わが国の土着の生物相への影響を検討する必要がある．この検討の第 1 のステップは，野外で定着する可能性の評価である．もし定着できなければ，野外へ逃亡したとしても土着の生物相へ与える影響は少ない．オンシツツヤコバチは非休眠性ではあるが，寄主のコナジラミ類，特にオンシツコナジラミが越冬できれば，野外で 1 年を通して生存できる可能性が高い．Kajita (1997) は福岡県下で雑草上のオンシツコナジラミが越冬していることを確認した．第 2 のステップは，どのような昆虫に寄生できるかである．もし寄主範囲に希少種や有用生物が含まれれば，重大な環境影響と判断される．オンシツツヤコバチは野外では14種のコナジラミへの寄生が確認されている．いずれも希少種でもなければ有用種でもない．第3のステップは，土着の競争関係にある種への影響である．わが国の土着の寄生蜂でコナジラミ類に寄生する種は，大部分は *Encarsia* 属の寄生蜂である．これらの種はすべてコナジラミ類への一次寄生とオンシツツヤコバチに対する二次寄生を行う．雌はコナジラミ類の一次捕食寄生者であるが，雄は同種やオンシツツヤコバチの幼虫に二次寄生する．最も普通に見られるヨコスジツヤコバチは，同種よりもオンシツツヤコバチに二次寄生する傾向が強い（Kajita, 1999）．したがってオンシツツヤコバチは，在来の土着寄生蜂に二次寄生を受けるため，それらとの競争関係において劣勢であり，野外で土着寄生蜂を減少させるとは思われない．結論としてオンシツツヤコバチは，わが国においては西日本で野外に定着する可能性は高いものの，土着の生物相に与える影響は弱いと思われる．

(3) 天敵導入のリスク・便益分析

植物の苗，種子，穀類等の国際的な流通は今後益々増加し，それにともなって外来害虫が侵入する機会も増えると考えられる．侵入害虫に対して化学的防除が困難な場合，原産地からの導入天敵の利用は有力な防除法として期待される．このような場合，導入天敵を利用しなかった場合の侵入害虫による被害（導入天敵利用の便益）と導入天敵の土着生物に対するリスクを比較して，導入の可否を決めるのが合理的な考え方である．欧米では外来天敵の導入の可否を決定するのに際し，このような天敵導入の便益と環境へのリスクの比較が行われている．リスク・便益分析の考え方は，わが国でも環境庁の「天敵農薬に係る環境影響評価ガイドライン」に取り入れられている．今のところ天敵導入の便益は，防除対象生物の被害などからある程度定量化可能であるが，環境リスクの定量化は困難であり，定性的記述に留まっている．

米国の動植物検疫局（APHIS）では，最近侵入したトネリココナジラミ（*Siphoninus phillyreae*）の防除を目的として，イスラエルから寄生蜂 *Encarsia inaron* を導入する際に，導入天敵の環境影響評価とリスク・便益分析を行った．*E. inaron* は 2，3 種のコナジラミにしか寄生しない厳密な一次寄生蜂である．他の天敵種との種間競争は予測されるが，地理的分布や密度に影響を与えることはあっても，絶滅を引き起こすとは考えられない．また寄主範囲には絶滅の危機にある種は含まれていない．したがって，*E. inaron* の環境リスクは小さいと考えられる．一方，利用した場合の便益は利用しない場合にともなう環境インパクトに基づいて考察する．トネリココナジラミは米国の農業および土着生物相に重大な脅威を与えており，特にスス病の被害が深刻である．通常，防除には化学農薬が使われるが，既存の天敵群集を破壊することになり，トネリココナジラミの被害を悪化させ，多数の標的外生物（授粉者，野生生物，魚）に深刻な影響をもたらす．*E. inaron* の放飼はこれらの影響を軽減させることを意図しており，放飼により得られる便益は大きいと結論された（APHIS, USDA, 1994）．

（4） 導入天敵の環境リスクの事前評価のための規約・ガイドライン

a. FAO の外来天敵の輸入と放飼に関する規約

FAO（1995）の規約は，研究，伝統的生物的防除および放飼増強法において利用する天敵の輸入を扱っている．天敵の輸入者は外来天敵の導入に際し，審査を行う政府当局に，導入天敵の分類および分布，導入天敵の標的生物の有害性，導入天敵の寄主範囲および非標的生物への潜在的悪影響，土着天敵に付随する寄生者等，人畜に対する潜在的悪影響等についての書類を提出することが求められる．政府当局は，輸入者から提出された書類を審査して放飼の認可を与え，放飼後のモニタリングと問題が生じた場合の対処を勧告する．輸入者は導入天敵の安全性と環境への影響についての情報を，いつでも公表できるようにしなければならない．

FAO の規約は導入天敵利用を阻害するためのものではないが，この規約が結果的に導入天敵利用を阻害しているという批判がある．またこの規約は研究，伝統的生物的防除および放飼増強法といった異なる目的の天敵の輸入を区別していないという批判もある（van Halteren, 1997）．

表8.3 イギリスで外来天敵放飼認可のため DoE（環境局）に提出する情報（Cheek, 1997）

外来天敵に関する生物学的情報
天敵の学名と一般名
天敵の由来
地理的分布と生息場所
生息地における生活史
他種との相互作用
生存に関連する環境パラメーター
生存に関わる生理学的特性
天敵放飼の目的，場所，方法
放飼環境の詳細
放飼環境における外来天敵と土着生物の相互作用の可能性
外来天敵のモニタリングと制御法

b. イギリスにおける外来生物の導入規制

イギリスでは天敵昆虫の輸入は，Wildlife and Countryside Act で規制されており，外来種だけではなく，同種でも外来の亜種や系統の野外放飼には，環境局（DoE）の許可が必要である．DoE の審査に要求される情報は表8.3の通りである．これまで施設園芸で利用される *Macrolophus caliginosus*, *Delphastus pusillus*, *Amblyseius degenerans*, *Amblyseius californicus* などが DoE の審査の結果，輸入が許可された（Cheek, 1997）.

c. EPPOによる生物的防除の安全性と有効性のためのガイドライン

欧州地中海植物保護機構（EPPO）では，生物的防除に利用する外来天敵の輸入規制に関するパネルを発足させた．パネルの目的は FAO の規約に沿って，macroorganism（節足動物および線虫）に属する外来天敵を対象として，欧州地中海地域への導入を審査するためのガイドラインを作成することである．このパネルの作業のもう一つの目的は，審査無しに欧州地中海地域内で新たに導入可能な天敵の positive list を作成することである．ガイドラインは「生物的防除の安全性と有効性のためのガイドライン」と呼ばれ，研究のため隔離環境で扱うことを前提として外来天敵を導入する場合のガイドラインと，野外放飼を目的として導入する場合のガイドラインに分かれている．ガイドラインで要求される情報の内容としては，導入天敵の分類，由来，寄主特異性や定着能力に関する情報，これまでの利用状況，既往の環境影響についての知見，放飼の目的とその便益等が含まれる．また EPPO の基準によるリスク分析が行われる．放飼後も必要に応じてモニタリングを行うことや，知的所有権や生物多様性条約の尊重がうたわれている．positive list に入れる天敵としては，これまで 5 年以上問題なく利用されてきた実績のある天敵が考えられている (Waage，私信)．

d. 米国における天敵昆虫等の導入規制

米国では，外来の macroorganism 天敵の輸入，州間移送，野外放飼に関する規制は，連邦植物保護法 (EPPA) および植物検疫法 (PQA) の下に，農務省 (USDA) 動植物検疫局 (APHIS) の植物検疫部 (PPQ) が行っている．申請者は州の担当官と PPQ に書類を提出する．審査の中心は環境影響評価であり，PPQ は節足動物天敵の導入に関する情報として，表 8.4 に示すものを要求している．PPQ は審査の結果を環境評価書 (EA) としてまとめ，環境に重大な影響が無いと判断される場合は，その判断と根拠を簡単にまとめた文書 (Finding of No Significant Impact，FONSI) を作成し，EA に添付する．これは EA/FONSI と呼ばれ一般に公開される．環境に重大な影響を生じると判断される場合は，環境影響の詳細な評価を記した環境影響評価書 (EIS) が作成され，導入は許可されない．また PPQ における環境影響評価では，導入天敵の絶滅危惧種への影響が慎重に検討され，影響する恐れがある場合は，魚類・野生生物局 (FWS) との協議が持たれる．米国における環境影響評

表 8.4　米国で EPPA (連邦植物保護法) の下での節足動物天敵の導入に対する情報要求項目 (Knutson and Coulson, 1997)

導入天敵に関する情報
　系統分類学的同定，地理的分布および生息域，寄主範囲，分散特性
　死亡要因 (気象要因，天敵競争者)
標的害虫に関する情報
　経済的重要性，防除による便益，経済的，社会的，文化的要因
　地理的分布および生息域，寄主範囲，死亡要因 (気象要因，天敵，競争者)
　導入天敵による影響の受け易さ
放飼場所に関する情報
導入天敵の潜在的インパクト
　生物群集，絶滅危惧種，受粉昆虫，その他の導入天敵，その他の標的外生物へのインパクト
現在の標的害虫の管理手法との関係
害虫防除が成功した場合の害虫集団に対する影響

価に基づく天敵導入の認可には，リスク・便益分析の考え方が強く反映されているのが特徴である (Knutson and Coulson, 1997).

e. わが国における規制—天敵農薬に係る環境影響評価ガイドライン

環境庁水質保全局は，FAOの規約の公表後，天敵昆虫（ダニを含む）の環

情報調査

天敵生物に関する情報

a. 分類学上の位置づけ
b. 原産地，分布等
c. 地域個体群の分布（国内生息種）
d. 生物学的特性
・生態特性〔生息場所，繁殖特性（生殖様式・能力），寄生・捕食習性，発生時期〕
・越冬の可能性（温度耐性，休眠の有無）
・他の生物との相互作用（寄主範囲，捕食範囲，競争種，食物網）
・上記を踏まえた生活史
e. 野外での生存・増殖能力を制限する要因
f. 諸外国における登録等に関する資料（導入種）
g. 諸外国で導入後に生じた問題事例（導入種）

標的害虫・雑草に関する情報

a. 経済的重要性（被害の程度）
b. 標的害虫・雑草の防除による便益
c. 既存の防除法
d. 地理的分布及び生息域
e. 標的害虫の寄主植物等
f. 野外での生存を制限している要因
g. 導入天敵による防除の効果
h. 標的害虫・雑草の天敵相

非標的生物種に関する情報

a. 希少種，導入天敵の近縁種，標的生物の近縁種，土着・既存天敵，キーストーン種，シンボル種の有無
b. 天敵により負の影響（寄生，捕食，競争）を受けうる非標的生物種の分布，生息場所，発生消長，生活史

天敵生物の生態学的影響の分布に関する情報

a. 非標的生物及び環境一般に起こりうる潜在的な影響要因の特定およびリスク分析
b. 天敵の放飼方法，放飼場所

その他関連する項目

a. 天敵の増殖および管理方法
b. その他

図 8.3　天敵の環境影響評価における情報調査（環境庁水質保全局, 1999）

境影響評価に関する調査を行い，1999 年 3 月にその結果を報告すると同時に，新たに天敵農薬を利用しようとする場合は事前に環境影響評価を行うべきであるとして，環境影響評価ガイドラインを示した (環境庁水質保全局，1999)．このガイドラインは導入天敵だけではなく土着天敵も対象としている．また審査は農薬登録が必要な天敵に対して行われる．事前評価は基本的には図 8.3 に示すような情報調査に基づいている．しかし情報が不十分な場合は，補完試験やリスク・便益分析を行って，天敵農薬の環境影響が許容できる範囲かどうかの判断を行う (図 8.4)．リスクが多少懸念されても便益が大きいとの判断から利用が許容される場合は，天敵農薬の利用開始後に事後評価としてモニタリングを行う場合もある．環境影響評価のリスク評価項目

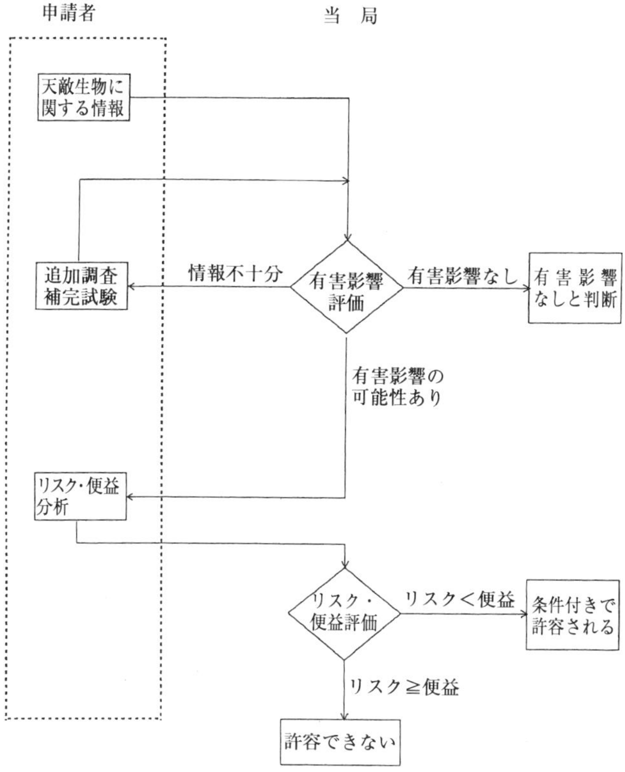

図 8.4　天敵の環境影響評価のフローチャート (環境庁水質保全局，1999)

としては，希少種への影響，有用生物への影響，土着種との交雑，非標的生物種への影響，農作物への有害影響が考慮される．

引用文献

APHIS, USDA (1994) Field releases of a nonindigenous species (*Encarsia inaron* Walker) for biological control of ash whitefly. Environmental Assessment.

Brown, M.W. and S.S. Miller (1998) Coccinellidae (Coleoptera) in apple orchards of eastern West Virginia and the impact of invasion by *Harmonia axyridis*. Ent. News 109, 143-151.

Cheek, S. (1997) Biological control and plant health in the UK. Bulletin OEPP/EPPO Bulletin 27, 37-43.

Elliott, N., R. Kieckhefer and W. Kauffman, (1996) Effects of an invading coccinellid on native coccinellids in an agricultural landscape. Oecologia 105, 537-544.

FAO (1995) Code of conduct for the import and release of exotic biological control agents. International Standards for Phytosanitary Measures no.3 FAO, Rome (IT).

広瀬義躬 (1994) 天敵導入の生態系へのリスク. 農業技術 49, 145-149.

Hirose, Y. (1999) Evaluation of environmental impacts of introduced natural enemies. Yano, E., K. Matsuo, M. Syiyomi and D.A. Andow eds. Biological Invasions of Ecosystem by Pests and Beneficial Organisms. National Institute of Agro-Environmental Sciences, Tsukuba, Japan, 224-232.

Howarth, F.G. (1991) Environmental impacts of classical biological control. Annu. Rev. Entomol. 36, 485-509.

IIBC (1995) Technical guidelines in support of the FAO code of conduct for the import and release of biological control agents.

Kajita, H. (1997) Dispersal of the greenhouse whitefly *Trialeurodes vaporariorum* (Westwood) from greenhouse to the field and its overwintering on weeds. Jpn. J. Appl. Entomol. Zool. Chugoku Branch 39, 11-16. (in Japanese with English summary)

Kajita, H. (1999) Interactions between *Encarsia formosa*, an introduced parasitoid of *Trialeurodes vaporariorum*, and native parasitoids. Yano, E., K. Matsuo, M. Syiyomi and D.A. Andow eds. Biological Invasions of Ecosystem by Pests and

Beneficial Organisms. National Institute of Agro-Environmental Sciences, Tsukuba, Japan, 164-174.

Knutson, L. and J.R. Coulson (1997) Procedures and policies in the USA regarding precautions in the introduction of classical biological control agents. Bulletin OEPP/EPPO Bulletin 27, 133-142.

環境庁水質保全局 (1999) 天敵農薬環境影響調査検討会報告書－天敵農薬に係る環境影響評価ガイドライン－46pp.

Lamana, M.L. and J.C. Miller (1996) Field observations on *Harmonia axyridis* Pallas (Coleoptera : Coccinellidae) in Oregon. Biological Control 6, 232-237.

Louda, S.M., D. Kendall J. Connor and D. Simberloff (1997) Ecological effects of an insect introduced for the biological control of weeds. Science 277, 1088-1090.

Louda, S.M. (2000) Negative ecological effects of the musk thistle biological control agents, *Rhinocyllus conicus*. Follett, P.A. and J.J. Duan eds. Nontarget Effects of Biological Control. Kluwer, Boston, U.S.A., 215-243.

Simberloff, D. and P. Stiling (1996 a) How risky is biological control? Ecology 77, 1965-1974.

Simberloff, D. and P. Stiling (1996 b) Risks of species introduced for biological control. Biological Conservation 78, 185-192.

Van Halteren, P.A. (1997) A code of conduct for the import and release of exotic biological control of agents for Europe? Bulletin OEPP/EPPO Bulletin 27, 45-48.

矢野栄二 (1999) 害虫防除のための導入天敵のリスク. 農業および園芸 74, 435-436.

英文索引

和文索引

キ

ク

ス

セ

ト

ナ

ニ

ネ

ノ

ハ

ヒ

フ

ヘ

ホ

ヨ

ラ

リ

ル

レ

ロ

ワ

JCLS 〈㈱日本著作出版権管理システム委託出版物〉

2003 年 3 月 10 日　第 1 版発行

2003

天　敵
生態と利用技術

著者との申
し合せによ
り検印省略

本体 4000 円

著 作 者　矢野栄二（やのえいじ）

発 行 者　株式会社 養賢堂
代表者 及川 清

印 刷 者　猪瀬印刷株式会社
責任者 猪瀬泰一

発行所　〒113-0033 東京都文京区本郷 5 丁目30番15号
株式会社 養賢堂
TEL 東京(03)3814-0911 [振替00120
FAX 東京(03)3812-2615 7-25700]
URL http://www.yokendo.com/

ISBN4-8425-0345-9 C3061

PRINTED IN JAPAN　製本所　板倉製本印刷株式会社